FFmpeg

音视频开发基础与实战

殷汶杰　编著

电子工业出版社

Publishing House of Electronics Industry

北京·BEIJING

内 容 简 介

全书内容分为三部分，共 15 章。第 1~6 章为第一部分，主要讲解音视频开发的基础知识，简要介绍音视频技术的发展背景，以及主流的音视频压缩编码算法、音视频容器格式和网络流媒体协议等。第 7~9 章为第二部分，主要讲解命令行工具 ffmpeg、ffprobe 和 ffplay 的使用方法，包括如何使用这些工具进行视频播放、格式检测、编转码、格式转换和流媒体推拉流等操作；第 10~15 章为第三部分，主要讲解基于 FFmpeg SDK 的开发实战，主要介绍如何在工程中调用 libavcodec 和 libavformat 等库提供的接口实现音视频处理的相关功能。

本书适合从事音视频编解码、多媒体应用开发和流媒体技术的初、中级开发者，以及各大院校学生阅读，也适合有一定经验的开发人员参考使用。

图书在版编目（CIP）数据

FFmpeg 音视频开发基础与实战 / 殷汶杰编著. —北京：电子工业出版社，2022.1
ISBN 978-7-121-42555-4

Ⅰ．①F… Ⅱ．①殷… Ⅲ．①视频系统－系统开发 Ⅳ．①TN94

中国版本图书馆 CIP 数据核字（2021）第 270754 号

责任编辑：安　娜
印　　刷：天津千鹤文化传播有限公司
装　　订：天津千鹤文化传播有限公司
出版发行：电子工业出版社
　　　　　北京市海淀区万寿路 173 信箱　　邮编：100036
开　　本：787×980　1/16　印张：26　字数：545 千字
版　　次：2022 年 1 月第 1 版
印　　次：2022 年 1 月第 1 次印刷
定　　价：108.00 元

凡所购买电子工业出版社图书有缺损问题，请向购买书店调换。若书店售缺，请与本社发行部联系，联系及邮购电话：（010）88254888，88258888。
质量投诉请发邮件至 zlts@phei.com.cn，盗版侵权举报请发邮件至 dbqq@phei.com.cn。
本书咨询联系方式：（010）51260888-819，faq@phei.com.cn。

前　　言

多年来，音视频、多媒体技术一直以各种各样的形式对社会产生深刻影响，从专业领域的广播电视到消费领域的个人数字摄像机等这些都已融入人们生活的方方面面。进入互联网时代，在线视频、短视频等娱乐场景，以及远程会议、远程医疗等专业应用进一步扩展了音视频技术的应用领域，使其与现代文明的联系更加密不可分。

音视频技术推动泛娱乐行业高速发展

从 21 世纪的最初几年开始，在线视频产业便渐渐开始兴起。随着宽带网逐渐走入寻常百姓家，消费者们无须再忍受拨号网络缓慢的传输速度，部分知名门户网站（如搜狐等）也逐渐开始涉足在线视频领域。此后，如乐视网、优酷网、土豆网、PPLive、PPS、酷 6 等在线视频网站层出不穷，再加上背靠互联网巨头公司的腾讯视频、爱奇艺等，国内在线视频行业呈现百花齐放的场景。然而，随着版权和带宽等成本的日渐高涨，多数平台逐渐沉寂，最终形成了"爱（奇异）优（酷视频）腾（讯视频）"三足鼎立的格局。此外，如 Acfun 和 bilibili 等二次元主题网站和芒果 TV 等以综艺为特色的平台也在各自的领域逐渐扩大了影响力。

在视频网站平台的发展起起伏伏之际，另一种在线视频娱乐的形态——网络互动直播开始异军突起。直播本是历史最悠久的视频应用之一，多年以来广电领域的数字电视广播、闭路电视系统一直是直播系统的最典型应用。进入互联网时代，直播的整体形态与产品细节与传统的闭路电视系统相比发生了翻天覆地的变化，最典型的升级是从主播到观众的单方面放送，转变为主播与观众的双向互动，如通过弹幕或连麦等方式。网络互动直播从萌芽到兴起，到最为繁荣的"千播大战"，直到最终经历多次的兼并和淘汰，其中的幸存者已经寥寥无几。当前仍较为活跃的直播平台有头部的斗鱼、虎牙和主要用于带货的淘宝直播和京东直播等。

除中、长视频外，随着以智能手机为代表的移动智能设备的日渐普及，短视频作为一项新的业务形态逐渐占据了消费者的碎片时间。通常认为短视频起源自本世纪早期的微电影、网络短片和校园 DV 等形态，伴随着各种 UGC 视频平台的蓬勃发展而越发兴盛。但由于平台的定位、资本及政策等的多重影响，多数平台在昙花一现后迅速消失在市场中，甚至腾讯旗下的微视也难逃被雪藏多年的命运。在智能移动设备全面进入人们的生活后，通过移动设备进行"短、平、快"风格的内容分享重新点燃了短视频行业的星星之火，低成本、快节奏的短视频拍摄成为人们分享生活和观点的重要手段。今天，以抖音和快手为代表的移动短视频平台凭借其丰富的内容和对用户心理与喜好的研究在用户中产生了巨大影响，成为当前基于音视频的泛娱乐场景中新的一极。

音视频技术给商务与办公领域带来新生命

目前，远程办公已成为必然选择。当前市场上多家科技企业发布了多款远程办公产品软件或一体式解决方案，典型的有 Microsoft 的 Teams、Google 的 Google Meet、腾讯的腾讯会议、字节跳动的飞书、阿里巴巴的钉钉和 Zoom 的同名产品 Zoom 等。这些产品的共同特点是基于互联网、云计算等技术，集成了电子邮件、电子白板、远程连接与桌面共享等模块，旨在为异地办公的员工和团队提供强大而可靠的交流和共享服务。构建一个稳定而完备的远程办公系统需要多个不同的系统精密配合，而实时音视频通信可谓其中技术最为复杂、挑战最大的模块之一，其稳定性和性能直接决定了系统整体的性能与用户体验。

目前主流的实时音视频通信解决方案主要基于 WebRTC 标准。与传统的 RTMP+CDN 系统相比，基于 WebRTC 的方案延迟更低，卡顿情况更少，且支持直接接入浏览器进行推流与播放。

音视频技术具有广阔的发展前景和学习价值

从上述音视频应用的发展历史我们可以看出，音视频技术始终在行业内占据重要地位。从在线视频网站到互动直播，再到短视频与实时音视频通信，当音视频领域在某一个行业发展到顶峰，甚至随后开始逐渐衰落时，也总是有另一个风口异军突起成功接棒。究其原因在于，音视频由于具有可以生动形象地携带大量信息，且易于被人们快速理解的特性，已成为信息传输效率最高的通信媒介。几乎所有的商业形态都可以通过音视频技术实现信息的快速理解与交换，实现效率的倍增。因此，近年来无论社会如何发展变化，音视频领域依然以朝阳产业的面貌蓬勃发展。

另一方面，音视频技术是软件编程的一项高阶技术，具有较高的准入门槛。一名优秀的音视频工程师应当从原理到实践做到融会贯通，至少需要掌握以下领域的知识与技能：

数学、信息与编码理论、计算机系统原理、算法理论、编程语言（如 C++、Java、Go 等）、网络开发、跨平台软件开发（如移动端、服务端和客户端）和系统架构设计等。

因此，音视频技术的学习之路比普通的软件开发之路更加艰难、漫长。而另一方面，这也成为音视频领域技术人员最好的护城河，为行业内的开发者提供了深入沉淀的机会。

本书的价值

音视频技术并不是一项可以轻松掌握的技术，为了解决这个问题，许多天才程序员贡献了多项开源工程对音视频开发的底层技术进行了封装与集成，以提升整体的开发效率，FFmpeg便是其中的典型。作为最强大的音视频开源项目之一，FFmpeg 提供了音视频的编码与解码、封装与解封装、推拉流和音视频数据编辑等操作，屏蔽了许多底层技术细节，使得开发者可以将更多的精力专注在业务逻辑的实现上，大幅提升了开发如播放器、推流、音视频编辑等客户端或 SDK 等产品的效率。

尽管如此，对初学者来说，FFmpeg 提供的命令行工具和 SDK 的使用方法仍然较为困难。除音视频的基本概念外，繁冗复杂的命令行参数与 API 常常让初学者无从下手，除官方提供的文档外，几乎没有完备的技术资料可供参考。本书系统地讲解了音视频领域的基础知识，并由浅入深地介绍了 FFmpeg 的基本使用方法，笔者希望本书的面世可以进一步降低音视频开发的入门门槛，让更多有志于从事音视频开发的同学可以为整个行业添砖加瓦。

本书的内容及学习方法

本书内容分为三部分，各部分之间的内容相互关联但又相对独立，读者可以根据自身的需求按顺序阅读或选择性学习。

◎ 第 1～6 章为本书的第一部分，主要讲解音视频技术的基础知识，包括音视频编码与解码标准、媒体容器的封装格式和网络流媒体协议简介。建议对音视频技术不够熟悉的读者从该部分开始阅读，有一定基础的读者可以选择泛读或跳过该部分。

◎ 第 7～9 章为本书的第二部分，主要讲解命令行工具 ffmpeg、ffprobe 和 ffplay 的主要使用方法。命令行工具在搭建测试环境、构建测试用例和排查系统 Bug 时常常起到重要作用。如果想要在实际工作中有效提升工作效率，那么应熟练掌握 FFmpeg 命令行工具的使用方法。

◎ 第 10～15 章为本书的第三部分，主要讲解如何使用 libavcodec、libavformat 等 FFmpeg SDK 进行编码与解码、封装与解封装，以及媒体信息编辑等音视频基本功能开发的方法。在实际的企业级音视频项目中，通常采用调用 FFmpeg 相关的 API 而非使用命令行工具的方式实现最基本的功能，因此该部分内容具有较强的实践意义，推荐所有读者阅读并多加实践。此部分的代码实现基本来自 FFmpeg 官方文档中的示例代码，笔者在此基础上进行了一定的改编。书中代码整体上遵循了示例代码的指导，稳定性较强，且更易于理解。

勘误与联系方式

由于本书内容较为繁杂，且笔者在撰写稿件的同时仍承担繁重的一线开发任务，因此书中极有可能出现部分疏漏或错误，望广大读者阅读后不吝指正，提出宝贵的意见或建议，联系邮箱：yinwenjie-1@163.com。

致谢

自本书初步策划开始，截至今日已一年有余。这是我第一次独立撰写书稿，其间所经历的困难甚至痛苦不言而喻。最终初稿得以完成，首先必须感谢我的伴侣，在本书定稿的过程中，你完成了身份从女朋友到妻子的升级，没有你的支持，本书断无问世的可能。此外还必须感谢我的父母，你们的关爱、期望与督促，也是本书问世的源动力之一。

感谢博文视点的编辑老师，你们的专业程度一直令我叹服。没有你们从开始到最终的指导和帮助，本书是一定无法完成的。

感谢各个技术交流群中的同行与朋友，以及我的博客与课程的读者，有了你们的支持，我才克服了所经历的困难，将本书带到你们的面前。

希望在不久的将来，能有更多更有价值的内容贡献给大家，谢谢！

殷汶杰

2021 年 6 月于上海

目　　录

第一部分　基础知识

第二部分 命令行工具

第三部分　开发实战

第一部分　基础知识

本部分主要讲解音视频技术的基础知识，包括音视频编码与解码标准、媒体容器的封装格式和网络流媒体协议等。

第1章
音视频技术概述

音视频技术在生活中几乎无处不在，从广播电视节目、直播与短视频服务，到安防监控系统，再到远程医疗、远程办公、在线会议等，音视频技术都作为基础技术服务而存在，其性能、稳定性和用户体验等直接决定了产品的竞争力和创造价值的效率。随着技术的发展，音视频技术在云和端等各个技术方向上都取得了长足进步，如音视频压缩编码、网络流媒体传输、实时音视频信息通信和多终端媒体应用等。同时，行业内无数优秀的工程师为了技术的发展贡献了多个知名的开源工程，其中，常用的有 FFmpeg、GStreamer、WebRTC 和 LAV Filters 等。本章从音视频技术的基本概念入手，介绍典型的音视频与多媒体系统架构。

1.1　音视频信息与多媒体系统

"媒体"即表示信息的媒介。信息的生产者将自己发出的信息通过某种格式记录下来，并通过某种方式传递给消费者；消费者从该媒介中读取内容并获得生产者生产的信息。自人类文明起源至今，媒体的形态和使用方法已经发生了天翻地覆的变化，但无论何种方式，都始终服务于信息传递这一根本目的。

1.1.1　信息传输系统的发展

人类文明之所以历经千年发展而生生不息，其关键在于建立了一套较为高效的信息记录与传输体系，使得技术、经验等信息能有效传承，并在此基础上可以继续创新和进步。在文明诞生之初，人类的祖先就通过图画的方式记录事件等信息，并将其绘制在居住的洞穴岩壁、日常使用的器皿和祭祀使用的用具上。

随着文字的诞生，人类记录信息的效率大大提升。由于撰写文字的难度与复杂度远低于绘制壁画，因此更多的信息通过文字保留和传承了下来。东方文明最早的文字印记可追溯至商朝的甲骨文。

几千年来，图画和文字扮演了人类文明仅有的信息记录方法，其载体从甲骨文的龟甲、金文的青铜器皿，到竹简和绢帛，再到纸张，向越来越轻便、便于书写和保存的方向发展。时至今日，在实体书籍和网络中，文字仍是信息传递和保存的最主要的方式之一。

长久以来，声音是人们相互交流的最主要途径之一。在没有文字和图画的时期，通过声音口口相传成为人类传递信息的唯一方式。但在漫长的时期内，使用声音传递信息始终受困于其固有的缺陷，其一为传播距离近，讲话者与收听者仅能在有限距离内方可进行交流；其二为信息保存困难，在技术不完善的时代，声音信号难以进行捕捉和记录，无法还原讲话者原有的声音。直到 18 世纪后期，亚历山大·贝尔和托马斯·爱迪生分别发明了电话和留声机，解决了声音的长距离传输与声音信号的记录保存问题，使得人们不仅可以突破交流距离，还可以较为准确地记录和还原交流的内容。从此，通过声音传输和记录信息的技术发展进入了快车道，直到今天，使用音频进行高质量通信仍然是多媒体通信领域的核心目的之一。

相比于文字和声音，图像信号传输与保存的诞生过程更为艰难。直到 20 世纪初，苏格兰发明家约翰·罗杰·贝尔德才成功使用电信号传输图像信息并在屏幕上显示，该实验也被视作电视诞生的标志。在随后的一百多年中，电视技术不断发展，直到现在，电视依然是家庭、娱乐等场景的主要显示设备。

电视的出现解决了图像信号在远端播放的问题，但仅仅依靠电视无法满足图像信号和视频信号的存储需求。在摄像机取得广泛应用之前，电视仅可播放直播节目，且节目内容无法保存。当需要再次播放节目时，演职人员不得不重新进行表演。摄像机的诞生最早可追溯到 19 世纪末，著名摄影师爱德华·麦布里奇为了拍摄马匹奔跑的姿态设计了一套照相机阵列，通过快速触发各个照相机快门的方式拍摄马匹奔跑的连续照片，并将其合成为原始的电影影片（为了纪念爱德华·麦布里奇，开发者用他的名字命名了 FFmpeg 的一个版本）。后来经过法国学者雷米·马莱和美国发明家托马斯·爱迪生的多次改进，摄影机逐渐变得实用化，并开始促进电影和电视行业的快速发展。如今，以 Sony 为代表的多家厂商不仅设计、生产了多种针对专业领域的摄影摄像设备，还针对家用和消费电子领域开发了多款民用产品，使得视频拍摄与内容创作延伸到普通民众中，大大促进了媒体产业的发展。

1.1.2 信息时代的音视频技术

1946 年 2 月 14 日，世界上第一台计算机 ENIAC 的诞生，为人类文明通向信息化时代的桥梁浇筑了最后一根桥墩，自此，信息技术驶上了发展的快车道。在科学研究、机械制造、医疗卫生和国防军工等领域，计算机凭借其高效的计算能力极大地推动了技术的进步，成为第三次科技革命的核心推动力。

尽管计算机的出现使得各行各业的面貌焕然一新，但在相当长的时间内，音视频技术并未能借助计算机实现跨越式发展。一方面，早期的视频拍摄和保存均以模拟信号的形式实现，不利于计算机处理；另一方面，早期计算机的价格较为昂贵，且运算能力难以满足音视频处理的大运算量要求。因此，早期的计算机通常仅用于处理数据和文字等单一媒体类型的数据，音视频节目则由其他专用设备处理。随着技术的发展，视频和图形加速卡、音频卡（通常简称为显卡和声卡）等计算机硬件扩展设备的出现使得计算机开始拥有处理多媒体信息的能力。音频和视频的解码加速、图像的渲染与显示等大运算量的工作逐渐从 CPU 转移到扩展卡的核心芯片中执行，大大提升了系统整体的运行流畅性。后来，随着游戏和娱乐需求的爆发，视频和图形加速卡在个人计算机中的地位愈发重要，成为评估计算机性能的核心指标之一。

1997 年，Intel 发布了当时最新的计算机 CPU 型号，即 Pentium MMX，其与早期的 Pentium 处理器相比，最核心的提升是加入了 MMX（Multimedia Extension，多媒体扩展）指令集。MMX 指令集包括专门用于处理音频、视频和图像数据的多条专用指令。随着 MMX 指令集的引入，计算机 CPU 解除了对音视频信号处理运算的大部分限制，自此计算机真正进入多媒体时代，为随后在音视频技术基础上发展出的多种不同的新业务形态奠定了基础。

随着芯片体积越来越小，计算机系统的集成程度越来越高，终端设备的体积也逐渐变得更加轻量化，从难以移动的台式计算机，到方便随身携带的笔记本电脑，再到如今风靡整个消费电子领域的平板电脑和智能手机。时至今日，以智能手机为代表的智能移动终端不仅具有远超早期计算机的运算性能，而且自带性能极强的音视频拍摄录制模块。无论音视频的拍摄、剪辑、发布，还是实时的视频现场直播，都可以很方便地通过智能移动终端实现。各种直播、短视频、在线会议等业务形式和平台如雨后春笋般破土而出。因此，今日的音视频应用场景，再也不是早期那种只能在一个固定的台式计算机前，以节目播放的形式单项接收信息，而是可以随时随地通过移动设备接收，并且仅需简单的操作，即可作为主播通过直播、短视频等形式向大众发布信息。通过音视频的形式，人与人之间的信息传播速率达到了史无前例的水平，也彻底改变了人们的生活方式。

1.1.3 音视频技术的未来展望

通过回顾信息技术和音视频技术的发展历程，我们有理由相信，当下的音视频技术的现状不会成为发展的终点，在未来必将有新的技术产生，并伴有新的业务形态出现。笔者认为，未来音视频技术的发展趋势如下。

1. 追求极致播放体验的超高清、高码率和高帧率视频

在电视、计算机和网络视频兴起的早期，由于存储介质价格、网络带宽，以及拍摄和播放设备规格的限制，视频流只能使用极低的分辨率、帧率和码率进行传输。例如，早期部分视频采集设备的标准采样分辨率仅为 358 像素×288 像素，甚至更低，如 176 像素×144 像素。而今，1080P（1920 像素×1080 像素）的视频分辨率几乎成为标配，部分场景甚至已经使用 4K（3840 像素×2160 像素）或 8K（7680 像素×4320 像素）作为标准分辨率。同样，为了减轻网络传输压力，早期视频的帧率通常被限制在 30fps 甚至更低，而当前的部分场景已经开始使用 60fps 甚至 120fps 进行拍摄，以求达到更加流畅的播放体验。视频技术取得如此快的发展是因为有以下几大前提：存储技术的进步、网络传输带宽的提升、设备运算能力的提升、显示设备制造工艺的进步等。未来，随着超大屏、超高分辨率拍摄和显示设备的普及，更加极致的播放体验将继续成为消费者下一步的需求，而这也对音视频技术的发展提出了新的挑战。

2. 低延迟流媒体传输

由于没有用于信号传输的专用网络，所以网络流媒体的传输质量和实时性一直不尽人意。近年来，随着 WebRTC 等知名开源项目的普及，音视频实时通信逐渐开始产业化，并在视频会议、远程办公等领域取得了较大进展。2020 年，全世界的线下交流在相当长的时间内几乎完全冻结，在这种条件下，实时音视频通信承担了大量如会议、教学等原本在线下完成的业务，人们的生活和观念都发生了巨大改变，未来对实时音视频通信的需求极可能继续延续甚至发展。因此，未来流媒体传输必须解决困扰机构与消费者的几大痛点，如在部分场景下，视频发送和接收间仍有较高的延迟；当网络卡顿时，用户体验仍不够好等。

3. 新型媒体显示设备形态

随着技术的发展，音视频信息的显示介质逐渐突破了电影、电视、计算机显示器和智能手机等平面显示设备，开始出现多种新型的显示形态。其中，最典型的有虚拟现实及其他一些可穿戴智能设备等。

虚拟现实（Virtual Reality，VR）是一种通过计算机以虚拟的方式模拟现实场景的技术。通

过计算机的复杂运算，VR 设备生成一个虚拟的三维空间，并通过 VR 显示设备在用户眼前显示。当用户进行位置移动等操作时，VR 设备通过实时运算改变模拟的场景，呈现给用户近似于完全逼真的视觉交互体验。目前，已上市的 VR 技术多以视觉体验为主，通过专用的 VR 显示设备显示模拟的场景，并通过改变虚拟场景的内容响应用户的交互动作。更完善的 VR 设备还应包含听觉、重力反馈甚至嗅觉等多重感官的集成。当前的技术瓶颈主要有以下几点：

◎ 设备运算能力限制：实时模拟现实场景需要计算机有极强的运算能力，而运算能力的不足将导致 VR 渲染模拟场景出现延迟，进而导致与用户的交互脱节。

◎ 数据传输带宽限制：VR 虚拟场景的数据量远超过普通的音视频媒体播放，传输带宽的不足将影响模拟场景的显示质量和响应速度，进而影响用户体验。

◎ 显示设备设计限制：当前，多数显示设备都是由普通的小屏显示器改进而成的，对视觉的生理成像机制适应性不足。

随着时间的推移和技术的进步，运算能力更强的设备、更优的网络传输线路将逐渐普及，这些限制因素都有望逐渐缓解乃至完全克服。

可穿戴设备是近年兴起的另一个热门领域，当前主流的可穿戴设备的形态有手表、手环、鞋及服装配件等。由于技术的限制，多数可穿戴设备并未加入摄像或视频播放功能，但在可穿戴设备上增加音视频功能毫无疑问是未来发展的必然方向，部分厂商已经在此领域开始了初步的尝试，最典型的就是 Google 公司于 2013 年发布的智能眼镜 Google Glass。

通过内置的摄像机，Google Glass 既可以实时拍摄高清视频，还可以通过其设计精妙的显示设备在用户的视野中以类似"抬头显示器"（Head Up Display，HUD）的方式显示内容。Google Glass 还配置了麦克风和骨传导耳机，实现声音信号的输入和输出，支持以语音控制的方式与设备交互。此外，Google Glass 还配备了触控板、陀螺仪、加速器和地磁仪等多种控制设备与传感器，应用空间十分广阔，可以支持多种如基于位置的服务（LBS）、智能场景分析和自动化控制等业务。遗憾的是，由于续航、工业设计和软硬件交互等若干问题尚未得到完美解决，以 Google Glass 为代表的支持视频显示的可穿戴设备很多并未在消费者群体中普及，但是它们为未来智能设备的发展提供了极为广阔的想象空间。

1.2 典型的音视频与多媒体系统结构

时至今日，音视频系统早已广泛应用于人们生产和生活的方方面面，在通信、娱乐、教育、医疗、工业甚至农业等传统领域都发挥着重要作用。本节主要简述在视频点播、视频直播、安防监控和视频会议四种场景下的系统结构和简单运行原理。

1.2.1　视频点播

视频点播（Video On Demand，VOD）是个人用户最常用的功能之一，也是许多媒体平台的支柱业务，如国外的 Netflix、Hulu 和国内的爱奇艺、优酷、腾讯视频、B 站等。视频点播的核心在于将媒体传输内容的选择权交给用户，将用户选择的音视频媒体内容通过网络传输到用户的播放器进行播放。视频点播的内容可能来源于专业生产内容（PGC）、用户生成内容（UGC）或直播回放内容等，在通过云端服务器转码处理后保存。当用户向平台网站请求某个音视频节目时，媒体流信息通过内容分发网络（CDN）加速后发送至用户的播放客户端。

一个典型的视频点播系统结构如图 1-1 所示。

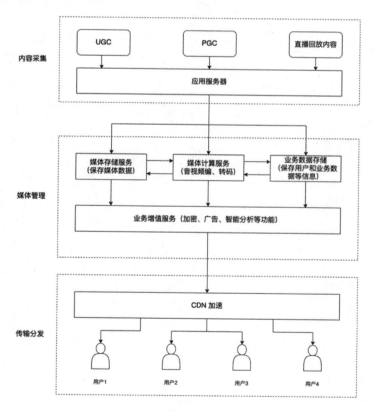

图 1-1

1.2.2 视频直播

视频直播产生的历史实际上比视频点播更加久远，在早期的有线电视中，几乎所有的节目都只能通过直播的方式呈现给观众。随着网络流媒体的兴起，各种直播平台经历了如"千播大战"的爆发式增长，最后兼并整合为几大巨头平台，如国内的斗鱼、虎牙和 B 站，以及国外的 Twich 等。视频直播的整体结构与视频点播有一定的相似性，如都依赖音视频转码服务和内容分发网络进行数据的标准化和加速传输等，它们之间最主要的区别在于，视频直播的内容来自主播端通过采集端实时获取的数据，而视频点播的内容来自内容发布方预先制作的节目内容。

一个典型的视频直播系统结构如图 1-2 所示。

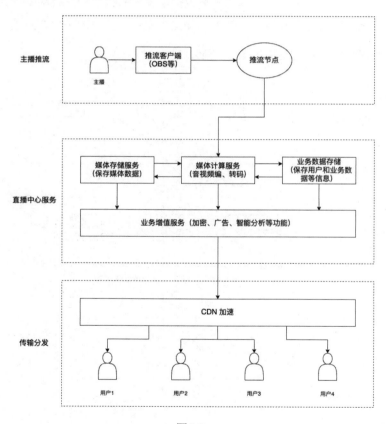

图 1-2

1.2.3　安防监控

安防监控是音视频领域的重要应用场景，也是最具商业价值的业务之一。在一个典型的安防监控系统中，通过监控摄像机采集的视频流信息会经由网络视频录像服务器进行录制存储或转发。客户端通过管理服务器控制媒体流转发或录制的逻辑，并可以请求某一路实时流或录像文件的播放。

一个典型的安防监控系统结构如图 1-3 所示。

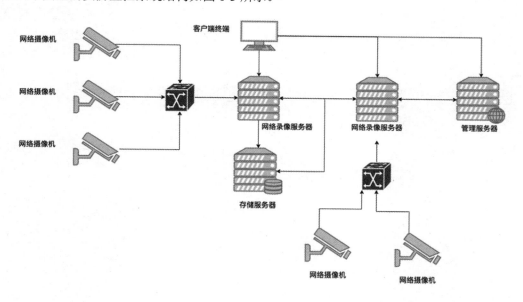

图 1-3

1.2.4　视频会议

视频会议是近年来蓬勃发展的新兴领域之一。2020 年，在许多行业均因新冠肺炎疫情遭到重创的情况下，视频会议逆流而上，创造了自诞生以来最为迅速的增长。许多基于公网的视频会议系统都以 WebRTC 为基础，以尽可能低的延迟提供高质量的音频和视频实时通信服务。

一个典型的视频会议系统结构如图 1-4 所示。

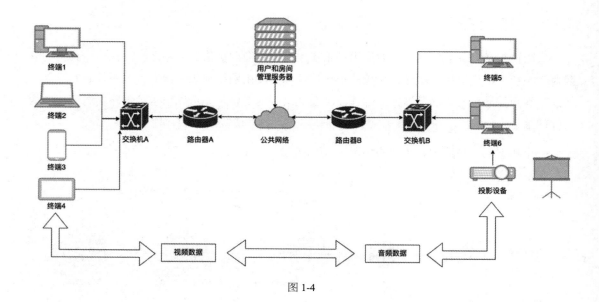

图 1-4

第 2 章
图像、像素与颜色空间

一个连续播放的视频文件是由一串连续的、前后存在相关关系的图像构成的，并通过连续的图像中的内容及图像间的相互关系表达整个视频文件所包含的信息。这些组成视频基本单元的图像被称为帧，其在本质上与普通的静态图像没有任何区别，只是在进行压缩编码的过程中使用了不同的技术，以达到更高的效率。

本章首先介绍图像与像素的基本概念，以及图像的颜色空间，然后介绍常用的图像压缩编码技术。

2.1 图像与像素

图像（Image）一般特指静态图像。图像是一种在二维平面上通过排列像素（Pixel）来表达信息的数据组织形式。在整个图像区域中，各个位置上的像素点无缝隙地呈密集阵型排列，通过每个像素点的不同取值为整幅图像赋予特有的意义。像素是构成图像的基本单元，每个像素都表示图像中一个坐标位置上的亮度或色彩等信息。

在一幅图像中，像素的组织形式如图 2-1 所示。

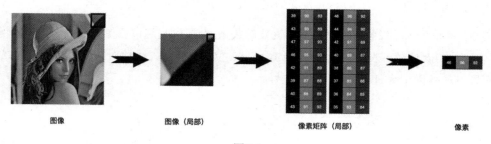

图像　　　　　　图像（局部）　　　　　像素矩阵（局部）　　　　　像素

图 2-1

在实际场景中，图像通常分为彩色图像和灰度图像两种。在彩色图像中，每个像素都由多个颜色分量组成；在灰度图像中，每个像素都只有一个分量用来表示该像素的灰度值。同一幅图像的彩色图像和灰度图像如图 2-2 所示。

彩色图像　　　　　　　　　　　　灰度图像

图 2-2

2.2　图像的位深与颜色空间

2.2.1　图像的位深

对于灰度图像，在每个像素点上只有一个分量，即该点的亮度值。常用的表示像素值所需的数据长度有 8 bit 或 10 bit 两种，即图像的位深为 8 bit 或 10 bit。

◎　8 bit：即用 8 bit（1 Byte）表示一个像素值，取值范围为[0,255]。
◎　10 bit：即用 10 bit 表示一个像素值，取值范围为[0,1023]。

在目前的实际应用场景中，8 bit 位深已经足够满足多数需求，且由于处理代价低、运算速度快，因此应用范围非常广泛。而 10 bit 位深表示的数据范围更广，可以对像素值进行更精细的表达，因此在特定场合下，10 bit 位深的图像比 8 bit 位深的图像更具优势。

图 2-3 简单表示了像素值变化与亮度变化的关系。纯黑色与纯白色像素值分别定义为像素 0 和 1，由于 10 bit 位深可表示的像素值数约为 8 bit 位深的 4 倍，因此对纯黑色与纯白色之间的灰度级别表现得更加精细，即图像质量更好。

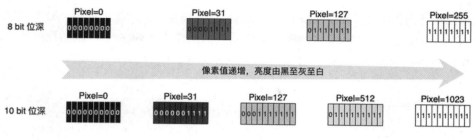

图 2-3

对于彩色图像，其每个像素点都包含多个颜色分量，每个颜色分量被称为一个通道（Channel）。图像中所有像素的通道数是一致的，即每个通道都可以表示为一幅与原图像内容相同但颜色不同的分量图像。以 RGB 格式的彩色图像为例，一幅完整的图像可以被分割为蓝（B分量）、绿（G 分量）、红（R 分量）三基色的单色图，如图 2-4 所示。

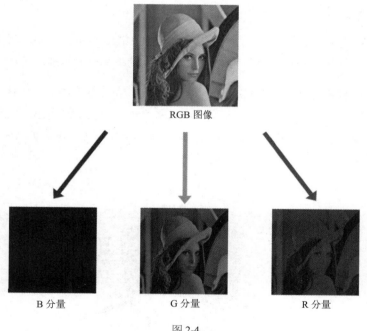

图 2-4

对于 RGB 图像，每个分量都可以类比为灰度图像，即如果每个通道的位深为 8 bit，则 RGB 图像中每个像素需要用 24 bit（8 bit×3）表示。如果图像中包含用来表示图像透明度的 Alpha 通道，即图像为 ARGB 格式，则每个像素需要用 32 bit（8 bit×4）表示。

在确定图像的位深后，根据图像的宽、高尺寸即可确定图像的数据体积。例如，RGB 图像的宽、高为 1920 像素×1080 像素，每个颜色通道的图像位深为 8 bit，则图像的数据体积为 1920×1080×3×8bit，即 49,766,400bit，约为 6.22MB 左右。

2.2.2　图像的颜色空间

彩色图像在多种实际应用场景下都发挥了广泛作用，如图像显示和图像处理等。在不同场景下，对图像色彩的表达方式有不同的要求，例如，RGB 格式的图像更适合用来显示，而不适合用在图像处理系统中。因此，针对不同的场景有不同的彩色数据表达方式，即颜色空间。颜色空间是一种利用整数区间来表示不同颜色的模型，其维度可分为一维、二维、三维甚至更高维，其中，三维颜色空间的应用最为广泛。常用的三维颜色空间除 RGB 外，还有 CIEXYZ、YUV 和 HSV 等。本节详细讲解 RGB 和 YUV 这两种颜色空间的定义和特点。

1．RGB 颜色空间

RGB 颜色空间是由红、绿、蓝三基色构成的三维线性颜色空间，其中，三基色分别使用波长 645.16nm（红）、526.32nm（绿）和 444.44nm（蓝）的单色光为标准。

RGB 颜色空间通常可以用三维空间直角坐标系表示。在三维空间直角坐标系中，有效的颜色取值范围为一个边长为 MAX 的正立方体，其中，原点（0,0,0）表示纯黑色，（MAX,MAX,MAX）表示纯白色，MAX 为某位深所支持的像素值上限，即如果位深为 8 bit，则 MAX 的值为 255，纯白色的像素值为（255,255,255），如图 2-5 所示。

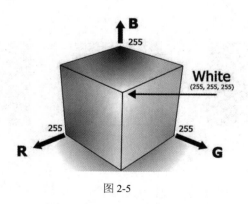

图 2-5

在 RGB 颜色空间中，每种像素取值都由 R、G、B 三基色的取值组合而成，与主流显示系统的实现原理高度契合，因此可广泛用于图像显示领域。由于每个颜色都与三个分量相关，并且各个分量之间不存在主次关系,所以无法针对次要信息进行特定的亚采样,因此 RGB 颜色空间不适用于视频信号压缩编码。

2. YUV 颜色空间

广义上的 YUV 颜色空间指一类三维颜色空间定义的总称,YUV 颜色空间自模拟电视时代起便广泛用于视频信号的编码与传输,并延续至今。YUV 颜色空间包括一个亮度分量 Y 和两个色度分量,色度分量的采样率可与亮度分量相同或低于亮度分量。YUV 颜色空间具体可分为以下几类。

◎ YUV:狭义的 YUV 颜色空间,多用于亚洲和欧洲的数字电视制式(如 PAL 和 SECAM 等)。

◎ NTSC:多用于北美数字电视制式(如 NTSC)。

◎ Y'CrCb:广泛用于数字图像与视频信号的压缩编码,如 JPEG 和 MPEG 等编码标准。

在讨论图像与视频压缩的场景下,通常默认 YUV 格式可等价于 Y'CrCb 格式。一幅彩色 YUV 格式的图像分解为 Y'CrCb 格式的图像的效果如图 2-6 所示。

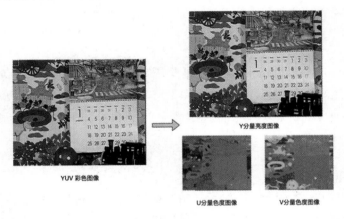

图 2-6

2.3 图像压缩编码

在数字电视广播、图像网络传输、电视电话会议等应用场景下,传输带宽通常会占据高昂的成本。为了降低传输图像信息的成本,最常用的方法是对图像信息先压缩再传输,并在接收端解压缩后显示在设备上。

2.3.1 图像压缩算法分类

为了适应不同的场景,研究人员设计了多种不同的图像压缩算法。根据压缩后是否存在信息损失可分为无损压缩和有损压缩两大类。

◎ 无损压缩:压缩率较低,压缩后体积较大,没有信息损失,可通过压缩信息完全恢复原始信息。

◎ 有损压缩:压缩率较高,压缩后体积较小,存在信息损失,解压缩后只能近似逼近原始信息,无法完全还原原始信息。

无损压缩格式有 TIFF、BMP、GIF 和 PNG 等,主要使用基于预测或熵编码的算法;有损压缩格式有 JPEG 等,主要使用基于变换和量化编码的算法。本节先讨论无损编码和有损编码的基本算法,再讨论两类比较有代表性的图像编码格式:BMP 和 JPEG。

2.3.2 图像压缩基本算法

各种图像压缩算法均非单一的算法,而是若干不同算法的组合,以此尽可能提升数据的压缩效率。本节简单介绍无损编码中使用的游程编码和哈夫曼编码。

1. 游程编码

游程编码(Run-Length Coding)是所有数据压缩算法中最简单的一种,特别适合处理信息元素集合较小(如二值化的图像,只包含 0 和 1 两个信息元)的信息。游程编码压缩数据量的主要思路为将一串连续的、重复的字符使用"数目"+"字符"的形式表示。例如,有一串未压缩的原始字符串如下:

AAAAABBCCCCCCDDAEE

在这个字符串中,5 个连续的字符"A"可被称作一个"Run"。类似的,这个字符串共有 6个"Run",分别为 5 个"A"、2 个"B"、6 个"C"、2 个"D"、1 个"A"和 2 个"E"。因此,这个字符串可以用游程编码表示如下:

5A2B6C2D1A2E

对于信息元素集合较大的数据,出现连续相同字符的概率很低,因此游程编码难以提供很高的压缩比率。进一步,如果信息具有较高的随机性,则游程编码甚至可能会增大编码后数据的体积。而在图像与语音信号中,出现连续字符串的情况较为常见(如语音中用连续的 0 表示静默音频、图像中的单色或相近色的背景等）。由于运算极为简单，所以游程编码在无损压缩中应用较为广泛，如在 BMP 图像中可择选游程编码对像素数据进行压缩。

2．哈夫曼编码

1952 年，戴维·哈夫曼在麻省理工学院攻读博士学位时，发明了一种基于有序频率二叉树的编码方法，该方法的编码效率超过了他的导师罗伯特·费诺和信息论之父香农的研究成果，因此又被称作"最优编码方法"。

哈夫曼编码是可变长编码方法的一种，该方法完全依赖于码字出现的概率，是一种构造整体平均长度最短的编码方法。哈夫曼编码的关键步骤是建立符合哈夫曼编码规则的二叉树，该二叉树又被称作哈夫曼树。

哈夫曼树是一种特殊的二叉树，其终端节点的个数与待编码的码元个数相同，而且在每个终端节点上都带有各自的权值。每个终端节点的路径长度乘以该节点的权值的总和为整个二叉树的加权路径长度。在满足条件的各种二叉树中，路径长度最短的二叉树即为哈夫曼树。

在使用哈夫曼编码对码元进行实际编码的过程中，码元的权值可以被设置为其概率值，即可以根据其权值来构建哈夫曼树。我们假设使用哈夫曼编码对表 2-1 中的码字进行编码。

表 2-1

码　　字	概　　率
A	0.1
B	0.1
C	0.15
D	0.2
E	0.2
F	0.25

根据概率表构建哈夫曼树的过程如图 2-7 所示。

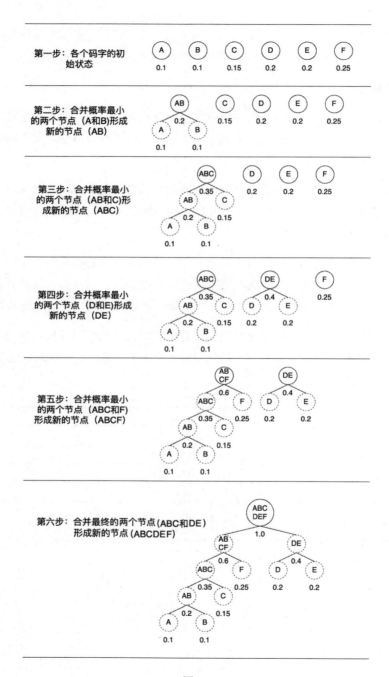

图 2-7

最终可以得到如图 2-8 所示的哈夫曼树。

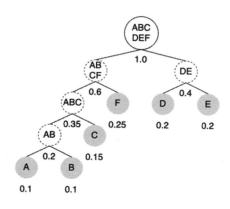

图 2-8

在构建哈夫曼树后，便可以得到每一个码元的哈夫曼编码的码字。具体方法是：从哈夫曼树的根节点开始遍历，直至每一个终端节点，当访问某节点的左子树时赋予码字 0，当访问其右子树时赋予码字 1（反之亦可），直到遍历到终端节点，这一路径所代表的 0 和 1 的串便是该码元的哈夫曼编码码字。

例如，对于图 2-8 中的哈夫曼树，首先，根节点访问左子树 ABCF，赋予码字 0；然后，访问左子树 ABC，赋予码字 0，此时整个码字为 00；接着，访问右子树得到终端节点 C，赋予码字 1，此时便可以得到 C 的哈夫曼编码码字 001。依次类推，六个元素的码元集合的编码码表如下所示。

◎　　A：0000。
◎　　B：0001。
◎　　C：001。
◎　　D：10。
◎　　E：11。
◎　　F：01。

从这个码表中可以看出另外一个规律 ，即哈夫曼编码的任意一个码字，都不可能是其他码字的前缀。因此通过哈夫曼编码的信息可以紧密排列且连续传输，而不用担心解码时出现歧义。

2.3.3 常见的图像压缩编码格式

1. BMP 格式

BMP 格式是在 Windows 等操作系统中最常用的位图格式之一，其命名取自位图 Bitmap 的缩写。BMP 格式的图像可以保存位深为 1 bit、4 bit、8 bit、16 bit、24 bit 或 32 bit 的图像，图像数据可以使用未压缩的 RGB 格式。

2. JPEG 格式

JPEG 格式是一种基于离散余弦变换（Discrete Cosine Transform，DCT）的有损压缩编码格式，可以通过较小的数据损失获得较小的数据体积。离散余弦变换具有以下特点。

◎ 变换后的频域能量分布与实际的图像信号更加吻合。

◎ 更容易兼容硬件计算，运算更高效。

离散余弦变换

离散余弦变换类似于一种实数类型的离散傅里叶变换（DFT），其定义有多种形式。通常来说，最常用的离散余弦变换是一个正交变换，变换的计算公式如下：

$$X_n = \sum_{k=0}^{N-1} C_k y_k \cos \frac{(2n+1)k\pi}{2N}$$

把一幅未压缩的图像压缩成 JPEG 格式的图像的主要流程如下。

（1）把像素格式的图像数据转换为 YUV 格式，并对两个亮度分量进行亚像素采样，最终生成 4:2:0 格式的图像数据。

（2）针对每个 YUV 格式的图像数据分别进行处理，将每个分量的图像等分为 8 像素×8 像素的像素块。

（3）对于每个 8 像素×8 像素的像素块，都使用离散余弦变换将像素数据变换为值频域，并根据给定的量化表将变换系数量化为特定值。

（4）对于某个分量图像的所有像素块，对其变换量化后的直流分量系数通过 DPCM 编码，在交流分量系数通过"之"字型扫描转换为一维数据后，再通过游程编码进行处理。"之"字形遍历顺序如图 2-9 所示。

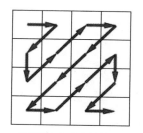

矩阵中系数索引与位置关系　　　　系数矩阵"之"字形遍历顺序

图 2-9

（5）对于处理后的变换系数，使用熵编码（如哈夫曼编码等）生成压缩码流输出。

根据大量实践得知，通常情况下，尺寸为 8 像素×8 像素的像素块为最优选择。如果像素块的尺寸小于 8 像素×8 像素（如 4 像素×4 像素），则一幅图像在分割后像素块数量容易过多；若尺寸大于 8 像素×8 像素，则在图像尺寸较小的情况下，像素块内各个像素之间的关联性会降低，每个像素块将残留过多的变换系数，导致压缩率降低。

JPEG 编码的整体流程如图 2-10 所示。

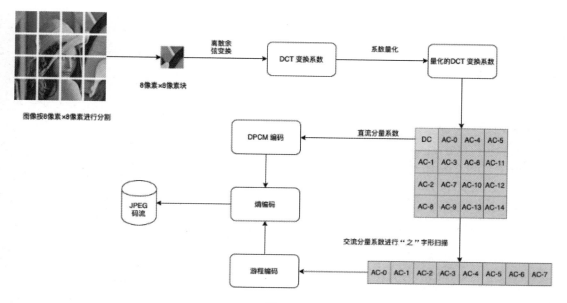

图 2-10

第3章
视频压缩编码

众所周知，视频数据是由一串连续的图像按照一定的显示频率依次排列构成的。通过对第2章的学习我们得知，对于未压缩的图像数据，其体积取决于图像的尺寸、像素的位深等参数，如大小为 1920 像素×1080 像素、位深为 8 bit 的图像，其将占据约 6.22MB 的存储空间。对于图像数据，JPEG 等图像压缩算法取得了广泛的应用。同理，对于视频数据也需要使用高效的压缩算法。本章主要介绍视频压缩编码的基础知识、视频压缩编码标准的发展历程、视频压缩编码的基本原理、视频编码标准 H.264 和高效视频编码标准 H.265 等。

3.1 视频压缩编码的基础知识

3.1.1 视频信息的数字化表示

早期视频拍摄的和显示系统所处理的都是模拟视频信号。随着计算机、网络传输与视频处理系统的发展，模拟视频信号已经难以满足需求，因此对其进行数字化处理势在必行。

数字视频是在采集过程中通过对模拟视频信号进行采样和量化获得的，其形式为一帧帧连续的图像。与静态图像类似，数字视频中的每幅图像都由呈平面紧密排列的像素矩阵组成，被称之为视频帧。视频中每秒内容所包含的视频帧的数量被称为帧率，单位为 fps（即 frame per second）。在各帧图像质量相近的情况下，帧率越高的视频其播放越流畅，但是体积、码率也会更高。

在视频压缩编码中，图像的颜色空间通常使用 Y'CrCb 颜色空间，在工程上常用 YUV 颜色空间指代。在视频帧中，每个像素所占字节数由其采样方式和位深决定。对于位深为 8 bit 的灰度图像，每个像素只有 1 个亮度值，因此只占 1 Byte（字节）。对于位深为 8 bit 的彩色图像，采样格式不同，图像像素所占据的空间也不同。

YUV 像素格式与采样格式

YUV 像素格式的视频帧，其像素使用亮度+色度的方式表示，其中，Y 分量表示亮度，U 分量和 V 分量表示色度。亮度分量与色度分量既可以一一对应，也可以对色度分量进行采样，即每个色度分量的数量可以少于亮度分量。在视频压缩编码中，常用的亚像素采样格式有 4:4:4、4:2:2 和 4:2:0（又称作 4:1:1）等，如图 3-1 所示。

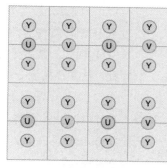

图 3-1

上述三种采样格式的特点如下。

◎　4:4:4 格式：每个亮度像素 Y 均对应一个色度像素 U 和 V，色度分量图的尺寸与亮度分量图相同。

◎　4:2:2 格式：每两个亮度像素 Y 对应一个色度像素 U 和 V，色度分量图的尺寸为亮度分量图的 1/2。

◎　4:2:0（4:1:1）格式：每四个亮度像素 Y 对应一个色度像素 U 和 V，色度分量图的尺寸为亮度分量图的 1/4。

在 YUV 像素格式中，使用这种方式的主要原因是人的感官对亮度信息的敏感度远高于对色度信息的敏感度。因此相对于其他像素格式，YUV 像素格式的最大优势是可以适当地降低色度分量的采样率，并保证不对图像造成太大影响，而且使用这种方式还可以兼容黑白和彩色显示设备。对于黑白显示设备，只需去除色度分量，显示亮度分量即可，不需要进行像素的转换计算。

3.1.2 常用的视频格式与分辨率

从数字视频采集设备中获取的原始图像信号需要转换为某中间格式后才能进行编码和传输等后续操作。其中，通用中间格式（Common Intermediate Format，CIF）为其他格式的基准。其他常用格式如下。

◎ QCIF：图像分辨率为 176 像素×144 像素，常用于移动多媒体应用。

◎ CIF：图像分辨率为 352 像素×288 像素，常用于视频会议与可视电话。

◎ 4CIF/SD：图像分辨率为 720 像素×576 像素，也称为标准清晰度（Standard Definition，SD）视频，常用于标清数字电视广播和数字视盘（DVD）。

◎ HD/720P：图像分辨率为 1280 像素×720 像素，也称为高清晰度（High Definition，HD）视频，常用于高清晰度数字电视广播和蓝光数字视盘（蓝光 DVD）。

◎ FHD/1080P：图像分辨率为 1920 像素×1080 像素，也称为全高清晰度（Full High Definition，FHD）视频，与 HD 视频一样，也常用于高清晰度数字电视广播和蓝光 DVD 视盘。

◎ UHD：分辨率比 FHD 视频更高的视频格式，也称为超高清（Ultra High Definition，UHD）视频。常用格式有 4K 和 8K 等，分辨率分别为 3840 像素×2160 像素（4K）和 7680 像素×4320 像素（8K），常用于超高清数字电视和高端数字娱乐系统。

3.1.3 对视频数据压缩编码的原因

视频压缩编码中最常用的色度采样格式为 4:2:0。对于未压缩的像素数据，即使对色度分量进行了采样处理，数据量依然过于庞大。对于最常用的 1080P，4:2:0 格式的一帧图像的大小为 1920 像素×1080 像素×1.5，约为 3.11MB，对于帧率为 30fps 的视频，其码率接近 750Mbps。

对于 4K 或 8K 等清晰度更高的视频，其码率更为惊人。这样的数据量，无论存储还是传输都无法承受。因此，对视频数据进行压缩成为了必然之选。

3.2 视频压缩编码标准的发展历程

从事视频编码算法的标准化组织主要有两个：ITU-T 和 ISO。

ITU-T：全称为 International Telecommunications Union - Telecommunication Standardization Sector，即国际电信联盟——电信标准分局。该组织下设的 VECG（Video Coding Experts Group）

主要负责制定面向实时通信领域的标准，主要制定了 H.261、H263、H263+、H263++等标准。

ISO：全称为 International Standards Organization，即国际标准化组织。该组织下属的 MPEG（Motion Picture Experts Group，移动图像专家组）主要负责制定面向视频存储、广播电视和网络传输的视频标准，主要制定了 MPEG-1、MPEG-4 等标准。

实际上，真正在业界产生较强影响力的标准均是由这两个组织合作产生的，比如 MPEG-2、H.264 和 H.265 等。

除上述两个组织外，其他比较有影响力的标准如下。

◎ Google：VP8/VP9。

◎ Microsoft：VC-1。

◎ 国产自主标准：AVS、AVS+、AVS2。

主流的视频编码标准的发展历程如图 3-2 所示。

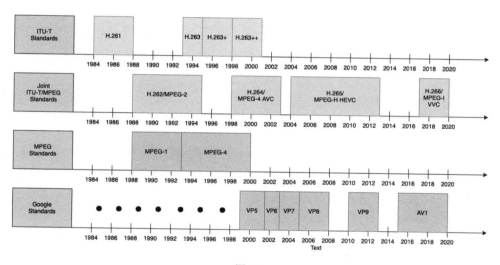

图 3-2

3.3 视频压缩编码的基本原理

3.3.1 视频数据中的冗余信息

像素格式的视频数据之所以能被压缩，其根本原因在于视频中存在冗余信息。我们可以通过多种不同的算法去除冗余信息，从而对数据进行压缩。视频数据中的冗余信息主要有：

◎ 时间冗余：视频中相邻两帧之间的内容相似，存在运动关系。
◎ 空间冗余：视频中某一帧内部的相邻像素存在相似性。
◎ 编码冗余：视频中不同数据出现的概率不同。
◎ 视觉冗余：观众的视觉系统对视频中的不同部分敏感度不同。

针对不同类型的冗余信息，在各视频编码的标准算法中都有专门的技术应对，以通过不同的角度提高压缩比率。

3.3.2 预测编码

预测编码是数据压缩中最常用的方法之一，例如，在脉冲编码调制（Differential Pulse Code Modulation，DPCM）中，就是用当前采样值与预测采样值的差进行编码的，即通过这种方式减少输出数据的体积。在视频压缩中，预测编码作为最核心的算法之一起到了重要作用。

在视频编码中，预测编码主要有两种方法。

◎ 帧内预测：帧内预测是根据当前帧已编码的数据进行预测，利用图像内相邻像素之间的相关性去除视频中的空间冗余。
◎ 帧间预测：帧间预测是将部分已编码的图像作为参考帧，利用前后帧之间的时间相关性去除视频中的时间冗余。

预测编码自早期视频编码标准开始就已引入规定的算法集合。在 H.261 和 MPEG-2 等早期标准中便引入了基于运动补偿预测的帧间编码算法，即通过视频帧中像素块的运动关系压缩时间冗余。在 H.264 及以后的标准中加入了帧内预测方法，即将视频帧按宏块和子宏块进行分割，并对子宏块用帧内预测方法压缩空间冗余。

帧内预测和帧间预测在编码过程中都需要将宏块分割后，在一个更小尺寸的子像素块内进行。在帧内预测中，一个子像素块先从已编码的相邻子像素块中获取参考像素，再从预设的预测模式候选中选择最佳模式进行编码，并将预测模式写入输出码流。在解码时通过解出的预测模式和从已解码的相邻像素信息生成重建像素块。

在帧间预测中，宏块分割生成的子像素块在参考帧中搜索最匹配的参考像素块，其中，匹配度最高的像素块相对于当前块在空间域的相对偏移称之为运动矢量（Motion Vector，MV）。将当前块与参考块的相对偏移称为运动矢量，是因为通过运动搜索得到的参考块，其内容可以作为当前像素块的运动起点，在某段时间内从参考像素块的位置运动到当前块的位置。在编码过程中，运动矢量和参考帧的索引号被编码到输出码流中，在解码端通过参考帧索引获得指定的参考帧，并通过运动矢量在参考帧中获取预测像素块。

编码运动矢量的方法通常不是直接编码运动矢量本身，而是将运动矢量分为运动矢量预测（Motion Vector Prediction，MVP）和运动矢量残差（Motion Vector Difference，MVD）两部分。其中，MVP 是通过已编码完成的信息预测生成的，MVD 是通过熵编码写入输出码流的。已完成编码的相邻像素块，其运动信息大概率具有相关性，甚至运动轨迹完全一致，因此通过预测的方式编码运动矢量在多数情况下可以有效减少码流的数据量。

在未发生场景切换的情况下，视频前后帧之间的相关性通常比视频帧内部相邻像素之间的相关性要大得多，因此帧间编码通常可以取得比帧内编码更高的压缩比。但是帧内编码的视频帧在解码时必须保证已经获取完整、且正确解码的参考帧，如果参考帧丢失或解码失败，则无法对当前帧进行正确解码，并且会导致后续解码失败。相比之下，虽然帧内编码的压缩比率较低，但是解码不需要依赖其他视频帧，因此可作为视频流的随机接入点和解码数据刷新点。

3.3.3　变换编码

与预测编码类似，变换编码是图像与视频压缩编码中最早使用的传统编码技术之一，在 JPEG 和 H.261 等早期压缩标准中就已经使用。变换编码的多种特性有助于提升图像与视频数据的压缩效率，变换编码的主要特性如下。

◎　有利于利用人眼的视觉特性。除对亮度与色度进行区分外，人的视觉系统对图像中的不同频率分量也有不同的敏感度。因此除对敏感度较低的色度分量进行采样外，以相对亮度更低的分辨率进行编码，对空间域的图像数据进行频域变换可以有效地分离高优先级的直流或低频信号和低优先级的高频信号，对高频和低频分别使用不同的参数进行压缩，可有效压缩视频帧的数据量。

◎　有利于利用图像与视频数据的能量特性。图像中的绝大部分信号能量集中在直流和低频区域，经过量化之后的高频分量变换系数大多为 1 或 0。

◎　相对于空间域图像信号中相邻的像素，变换到频域后系数之间的相关性明显降低。

与 JPEG 等图像压缩标准一致，在视频压缩编码中，变换编码的主要方法是离散余弦变换及其优化算法。离散余弦变换不仅具有上述适用于视频信号压缩编码的特征，而且其变换系数均为实数，方便以快速算法实现优化。

3.3.4 熵编码

在信息学领域，熵用来指代信息的混乱程度或相关性。某一段信息的熵越高，代表这段信息越无序、越不可预测。例如，对于以下两段字符，第一行字符的熵远低于第二行。

```
Line 1: AAAABBBBCCCCDDDD
Line 2: CADBABDECACBDCAD
```

在当前主流的视频压缩编码标准中，常用的熵编码算法如下。

◎ 指数哥伦布编码（UVLC）算法：常用于帧与 Slice 头信息的解析过程。

◎ 上下文自适应的变长编码（CAVLC）算法：主要用于 H.264 的 Baseline Profile 等格式的宏块类型、变换系数等信息的编码。

◎ 上下文自适应的二进制算术编码（CABAC）算法：主要用于 H.264 的 Main/High Profile 和 H.265 等格式的宏块类型、变换系数等信息的编码。

3.4 视频编码标准 H.264

3.4.1 H.264 简介

自 MPEG-2 在 DVD 和数字电视广播等领域取得巨大成功后，ITU-T 与 MPEG 合作产生的又一重要成果便是 H.264。严格地讲，H.264 是 MPEG-4 家族的一部分，即 MPEG-4 系列文档 ISO-14496 的第 10 部分，因此又被称作 MPEG-4 AVC。MPEG-4 重点考虑灵活性和交互性，而 H.264 着重强调更高的编码压缩率和传输可靠性，在数字电视广播、实时视频通信、网络流媒体等领域具有广泛的应用。

3.4.2 H.264 的框架

与早期的视频编码标准类似，H.264 同样使用块结构的混合编码框架，其主要结构如图 3-3 所示。

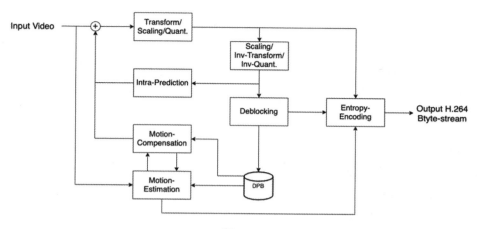

图 3-3

在 H.264 编码过程中，每一帧的 H 图像都被分割为一个或多个条带（slice）进行编码。每个条带包含多个宏块（Macroblock，MB）。宏块是 H.264 中的基本编码单元，其包含一个 16 像素×16 像素的亮度像素块和两个 8 像素×8 像素的色度像素块，以及其他宏块头信息。当对一个宏块进行编码时，每个宏块都会被分割成多种不同大小的子块进行预测。帧内预测的块大小可能为 16 像素×16 像素或者 4 像素×4 像素，帧间预测或运动补偿的块有 7 种不同的形状：16 像素×16 像素、16 像素×8 像素、8 像素×16 像素、8 像素×8 像素、8 像素×4 像素、4 像素×8 像素和 4 像素×4 像素。在早期的视频编码标准中，只能按照宏块或者半个宏块进行运动补偿，而 H.264 所采用的这种更加细分的宏块分割方法提供了更高的预测精度和编码效率。在变换编码方面，针对预测残差数据进行的变换块大小为 4 像素×4 像素或 8 像素×8 像素。相比于仅支持 8 像素×8 像素变换块的早期视频编码标准，H.264 支持不同变换块大小的方法，避免了在变换与逆变换中经常出现的失配问题。

在 H.264 中，熵编码算法主要有上下文自适应的变长编码（CAVLC）算法和上下文自适应的二进制算术编码（CABAC）算法。我们可以根据不同的语法元素类型指定不同的编码算法，从而达到编码效率与运算复杂度之间的平衡。

H.264 视的条带具有不同的类型，其中最常用的有 I 条带、P 条带和 B 条带。另外，为了支持码流切换，在扩展档次中还定义了 SI 条带和 SP 条带。

◎ I 条带：帧内编码条带，只包含 I 宏块。

◎ P 条带：单向帧间编码条带，可能包含 P 宏块和 I 宏块。

◎ B 条带：双向帧间编码条带，可能包含 B 宏块和 I 宏块。

在视频编码中采用的如预测编码、变化量化、熵编码等主要工作在条带层或以下，这一层通常被称为视频编码层（Video Coding Layer，VCL）。相对的，在条带层以上所进行的数据和算法通常称之为网络抽象层（Network Abstraction Layer，NAL）。设计网络抽象层的主要意义在于使 H.264 格式的视频数据更便于存储和传输。

为了适应不同的应用场景，H.264 还定义了多种不同的档次。

◎ 基准档次（Baseline Profile）：主要用于视频会议、可视电话等低延时实时通信领域。支持 I 条带和 P 条带，熵编码支持 CAVLC 算法。

◎ 主要档次（Main Profile）：主要用于数字电视广播、数字视频数据存储等。支持视频场编码、B 条带双向预测和加权预测，熵编码支持 CAVLC 算法和 CABAC 算法。

◎ 扩展档次（Extended Profile）：主要用于网络视频直播与点播等。支持基准档次的所有特性，并支持 SI 条带和 SP 条带，支持数据分割以改进误码性能，支持 B 条带和加权预测，但熵编码不支持 CABAC 算法和场编码。

◎ 高档次（High Profile）：适用于高压缩率和性能场景；支持 Main Profile 的所有特性，以及 8 像素×8 像素的帧内预测、自定义量化、无损压缩格式和 YUV 采样格式等。

3.4.3 H.264 的基本算法

1. 帧内预测

H.264 中采用了基于像素块的帧内预测技术，主要可分为以下类型。

◎ 16 像素×16 像素的亮度块：4 种预测模式。

◎ 4 像素×4 像素的亮度块：9 种预测模式。

◎ 色度块：4 种预测模式，与 16 像素×16 像素的亮度块的 4 种预测模式相同。

16 像素×16 像素的亮度块的 4 种预测模式如图 3-4 所示。

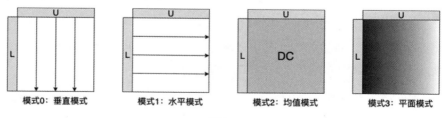

模式0：垂直模式　　模式1：水平模式　　模式2：均值模式　　模式3：平面模式

图 3-4

4 像素×4 像素的亮度块的 9 种预测模式如图 3-5 所示。

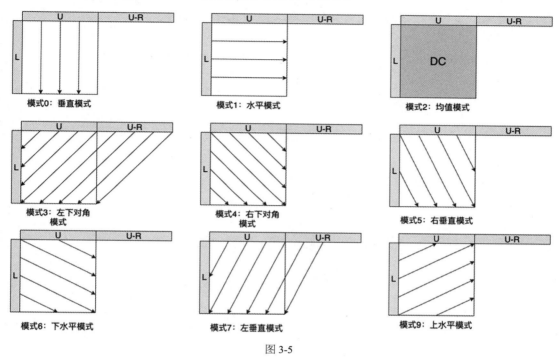

图 3-5

2. 帧间预测

H.264 中的帧间预测方法使用了基于块的运动估计和补偿方法，主要特点如下。

◎　有多个候选参考帧。

◎　B 帧可以作为参考帧。

◎　参考帧可以任意排序。

◎　有多种运动补偿像素块形状，包括 16 像素×16 像素、16 像素×8 像素、8 像素×16 像素、8 像素×8 像素、8 像素×4 像素、4 像素×8 像素和 4 像素×4 像素。

◎　有 1/4（亮度）像素插值。

◎　有对交错视频的基于帧或场的运动估计。

把帧间预测的宏块分割为子宏块的方式如图 3-6 所示。

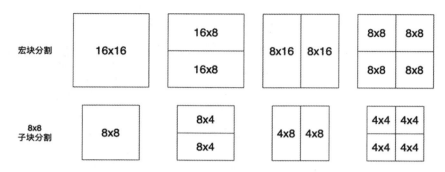

图 3-6

亚像素插值的表示如图 3-7 所示。其中，Pixel 表示图像中整像素点的位置，Half Pixel 表示 1/2 像素插值的位置，Quat.Pixel 表示 1/4 像素插值的位置。

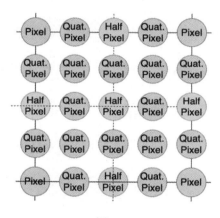

图 3-7

3．交错视频编码

针对隔行扫描的视频，H.264 专门定义了用于处理此类交错视频的算法。

◎　图像层的帧场自适应（Picture Adaptive Frame Field，PicAFF）。
◎　宏块层的帧场自适应（MacroBlock Adaptive Frame Field，MBAFF）。

4．整数变换算法和量化编码

H.264 的变换编码创新性地使用了类似离散余弦变换的整数变换算法，有效降低了运算复杂度。对于基础版的 H.264，变换矩阵为 4 像素×4 像素；在 FRExt 扩展中，还支持 8 像素×8 像素的变换矩阵。

H.264 的量化编码算法使用的是标量量化。

5．熵编码

H.264 针对不同的语法元素指定了不同的熵编码算法，主要有：

◎　指数哥伦布编码（Universal Variable Length Coding，UVLC）算法。

◎　上下文自适应的变长编码（CAVLC）算法。

◎　上下文自适应的二进制算术编码（CABAC）算法。

3.5　高效视频编码标准 H.265

3.5.1　H.265 简介

随着 4K、8K 等超高清视频的应用越发广泛，产业界对视频压缩算法的效率提出了更高的要求。从 2010 年开始，由 ITU-T 和 MPEG 联合成立的 JCT-VC（Joint Collaborative Team on Video Coding）开始着手指定 H.264 的后继编码标准，并于 2013 年作为国际标准正式发布，即 H.265/MPEG-H HEVC（简称 H.265）。

3.5.2　H.265 的框架

相对于前代标准 H.264，H.265 仍然使用类似的整体框架结构，即块结构的混合编码框架，如图 3-8 所示。H.265 中包括了帧内预测、帧间预测、变换量化、熵编码和去块滤波等，并且在这些模块中使用了大量的新技术，进一步提升了编码效率。

H.264 编码的最小单元为宏块，每个宏块的固定大小为 16 像素×16 像素。对于常用的 4:2:0 格式，每个宏块内包含一个 16 像素×16 像素的亮度块和两个 8 像素×8 像素的色度块。每个宏块都是按照帧内编码或帧间编码划分为子块的，分别进行预测编码、变换量化，并通过熵编码输出压缩码流。这种固定宏块大小的图像帧分割方式在 4K、8K 等超高清视频中，会导致过多的宏块被分割并产生相应的宏块信息，导致压缩效率降低。

为了解决这个问题，H.265 提出了树形编码单元（Coding Tree Unit，CTU）这一全新的图像帧分割方式。一个树形编码单元的大小为 64 像素×64 像素，并且可以根据其中的内容进行四叉树形的分割。每个树形编码单元包含 3 个树形编码块（Coding Tree Block，CTB），即 1 个亮度树形编码块和 2 个色度树形编码块，其中，亮度树形编码块的大小与树形编码单元相同，色度树形编码块的大小由色度采样格式决定，对于常用的 4:2:0 格式，两个色度树形编码块的大小均为树形编码单元的 1/4。每个树形编码单元都包含若干编码单元（Coding Unit，CU）。对于某个树形编码单元，其中既可以只包含一个编码单元（即树形编码单元本身），也可以按照四叉树的方式分割为不同大小的编码单元组合。从树形编码单元到编码单元的典型分割方式如图 3-9 所示。

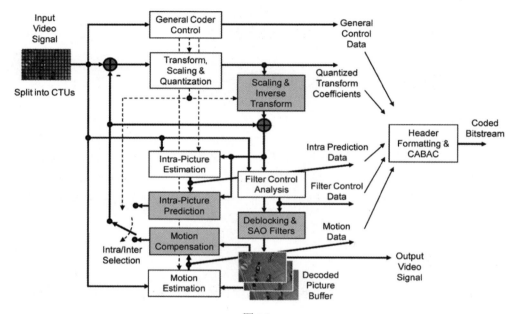

图 3-8

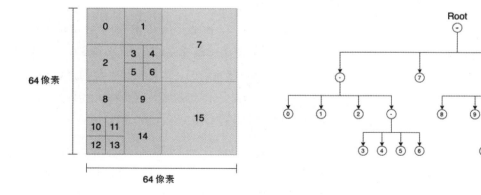

图 3-9

在图 3-9 中，一个 64 像素×64 像素的树形编码单元，首先进行四等分，即分割为 4 个 32 像素×32 像素的子块。其中，序号 7 和 15（32 像素×32 像素）的子块作为一个编码单元不再继续分割，其余两个 32 像素×32 像素的子块分别被分割为 4 个 16 像素×16 像素的子块，并且其中各有一个 16 像素×16 像素的子块进一步被分割为 8 像素×8 像素的子块。依次类推，一个树形编码单元最终被分割为 16 个编码单元。

与树形编码单元类似，每个编码单元同样包含三个像素块，分别表示三个颜色分量，该像素块被称为编码块（Coding Block，CB）。一个编码单元中包含一个亮度编码块和两个色度编码块，亮度编码块的大小与编码单元一致，色度编码块的大小为亮度编码块大小的 1/4（特指 4:2:0 格式）。

在把一个树形编码单元按四叉树分割为若干编码单元后，每个编码单元按照相应的编码方式可以继续划分。若该编码单元以帧间预测进行编码，则将编码单元分割为预测单元（Prediction Unit，PU），预测单元中的三个颜色分量分别构成三个预测块（Prediction Block，PB）。编码单元中的预测残差通过变换单元（Transform Unit，TU）执行变换和量化编码操作。在变换和量化编码操作中，变换单元按三个分量分别与三个变换块（Transform Block，TB）操作。

3.5.3　H.265 的基本算法

1. 帧间预测

一个按照帧间编码的编码单元，在编码之前首先按照某种方式分割为若干预测单元。每个预测单元由一个亮度预测块和两个色度预测块构成，其中，每个预测块都共享一组相同的运动信息，包括运动矢量和参考帧索引等。

H.265 中定义了 8 种把编码单元分割为预测单元的模式，即 4 种对称模式和 4 种非对称模式，如图 3-10 所示。

除新的像素块划分方式外，H.265 的帧间预测还使用了多种改进技术以提升编码性能，其中代表性的有先进运动矢量预测（Advanced Motion Vector Prediction，AMVP）和帧间预测块合并等。

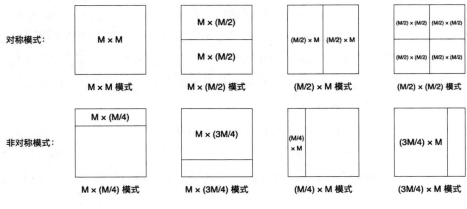

图 3-10

在 H.264 中，获取运动矢量预测通常为取与当前像素块相邻的三个已编码块的运动矢量的中间值。某些编码模式（如预测模式为 TemporalDirect 模式）可能使用相邻块的运动矢量值作为运动矢量预测。在 H.265 中，由于引入了树形编码单元，所以某个预测单元与其相邻预测单元的关系更加复杂，如一个 64 像素×64 像素的预测单元，其左侧邻域最多可能存在 16 个 8 像素×4 像素的相邻预测单元。为了适应这种情况，H.265 中引入的先进运动矢量预测并未使用从前期已编码的相邻块来估计当前块的运动矢量预测，而是将若干运动矢量预测的候选以列表的形式重建，并以显式编码索引值的方式获得运动矢量预测。通过该方式，不仅对编解码的实现较友好，而且保证了较高的压缩编码性能。

帧间预测块合并也是 H.265 中新增的方法。对于部分前景运动轨迹与背景差别较大，或运动物体的形状特殊的场景，树形编码单元的四叉树分割可能导致整帧图像的分割过于细碎，产生大量的无效边缘。无效边缘指边缘两侧的预测单元其运动参数完全一致或接近完全一致。过多相同参数的预测单元产生的数据将影响整体压缩效率。与先进运动矢量预测类似，H.265 的帧间预测块合并同样生成一个运动信息的候选列表，并且在码流中写入一个索引值，由它决定当前预测单元应选择哪一个候选的运动信息。帧间预测块合并与先进运动矢量预测的主要区别在于：先进运动矢量预测的候选列表中只包括各个相邻预测单元的运动矢量，而帧间预测块合并的候选列表包括所有的运动信息，除运动矢量外，还有选用单个或两个参考帧列表、参考帧索引等信息。

2. 变换编码

H.265 继承了 H.264 中使用的整数变换算法，并且针对 H.265 的特点进行了优化和扩展。

在 H.264 中，变换编码使用 4 像素×4 像素或 8 像素×8 像素大小的二维整数编码。H.265 中使用了新的四叉树结构的块分割方法，编码的基本单元大小更加灵活，因此变换块尺寸也更加灵活。

　　一个从树形编码单元分割出的编码单元在完成预测过程后，编码单元内部须进行变换编码。一个编码单元在变换编码过程中，不是对编码单元的整个像素块进行变换，而是以当前编码单元为根继续进行四叉树分割，经过分割之后生成若干变换单元（Transform Unit，TU），之后在每一个变换单元中进行实际的变换操作。每一个变换单元包括了若干变换块（Transform Block，TB），当亮度变换块的尺寸大于 4 像素×4 像素时，一个变换单元包含一个亮度变换块和两个色度变换块；当变换块尺寸为 4 像素×4 像素时，则变换单元包括 4 个亮度变换块和 8 个色度变换块。最终划分的变换单元的大小受到多个参数的限制，如四叉树的最大深度、变换块的最大尺寸和最小尺寸等。由于变换单元和预测单元的形状差异，一个变换单元可能跨越多个预测单元进行递归划分。把一个编码单元划分为变换单元的方法如图 3-11 所示。

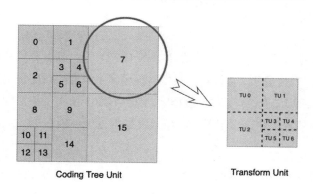

图 3-11

　　由于变换块的大小不同，所以 H.265 为不同尺寸的像素块定义了相应的整数变换矩阵。其中，4 像素×4 像素的变换矩阵如下：

$$A = \begin{bmatrix} 64 & 64 & 64 & 64 \\ 83 & 36 & -36 & -83 \\ 64 & -64 & -64 & 64 \\ 36 & -83 & 83 & -36 \end{bmatrix}$$

8 像素×8 像素的变换矩阵如下：

$$A = \begin{bmatrix} 64 & 64 & 64 & 64 & 64 & 64 & 64 & 64 \\ 89 & 75 & 50 & 18 & -18 & -50 & -75 & -89 \\ 83 & 36 & -36 & -83 & -83 & -36 & 36 & 83 \\ 75 & -18 & -89 & -50 & 50 & 89 & 18 & -75 \\ 64 & -64 & -64 & 64 & 64 & -64 & -64 & 64 \\ 50 & -89 & 18 & 75 & -75 & -18 & 89 & -50 \\ 36 & -83 & 83 & -36 & -36 & 83 & -83 & 36 \\ 18 & -50 & 75 & -89 & 89 & -75 & 50 & -18 \end{bmatrix}$$

除离散余弦变换外，H.265 还使用了另一种类似的变换算法，即整数离散正弦变换专门应用于帧内预测模式，对 4 像素×4 像素大小的亮度分量块的预测残差进行变换编码。整数离散正弦变换在实现时的运算复杂度与离散余弦变换相同，并且更适应与帧内预测时残差信号的分布规律。整数离散正弦变换的变换矩阵如下：

$$A = \begin{bmatrix} 29 & 55 & 74 & 84 \\ 74 & 74 & 0 & -74 \\ 84 & -29 & -74 & 55 \\ 66 & -84 & 74 & -29 \end{bmatrix}$$

3. 帧内预测

H.265 的帧内预测编码使用了全新的设计。在 H.264 中，亮度分量的帧内预测针对两种尺寸：16 像素×16 像素或 4 像素×4 像素，其中 4 像素×4 像素的亮度块定义了 9 种预测模式，16 像素×16 像素的亮度块定义了 4 种预测模式。由于 H.265 使用了树形编码单元图像帧分割方式，因此简单地针对某种尺寸定义若干预测模式便显得过于烦琐。

当一个树形编码单元按四叉树分割为若干编码单元后，每个编码单元都决定了自身使用帧内编码还是帧间编码。当一个编码单元使用帧内编码时，该编码单元的帧内预测模式将编码后写入输出码流，具体如下。

◎ 如果当前编码单元的大小大于指定的最小编码单元尺寸，则在编码单元中为亮度编码块指定一个帧内预测模式。

◎ 如果当前编码单元的大小等于指定的最小编码单元尺寸，则编码单元中的亮度编码块继续按四叉树分割为 4 个子块，并为每个子块分配一个帧内预测模式。

◎ 每个编码单元都为色度编码块分配了一个帧内预测模式，该模式适用于编码单元内的两个色度编码块。

针对亮度分量，总共可能有 5 种尺寸的像素块执行帧内预测的操作，分别为 64 像素×64 像素、32 像素×32 像素、16 像素×16 像素、8 像素×8 像素和 4 像素×4 像素。对于每一种尺寸，H.265 共定义了 35 种预测模式，包括 DC 模式、平面（Planar）模式、水平模式、垂直模式和 31 种角度预测模式。35 种模式如图 3-12 所示。

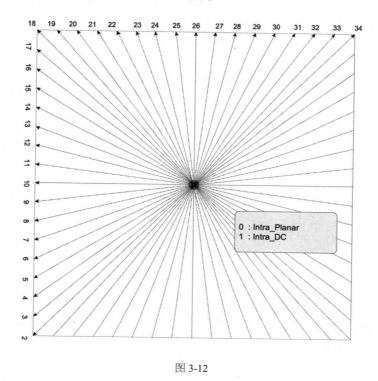

图 3-12

从图 3-5 可知，H.264 并未提供右上方向的预测模式。很明显，H.265 中定义的帧内预测模式继承了 H.264 的并进行了扩展，即 H.264 中定义的 9 种预测模式可以被认为是 H.265 定义的 35 种预测模式的子集，如 H.265 中的平面模式就是由 H.264 中的平面模式发展而来的。而 31 种角度预测模式是对 H.264 中的偏对角模式的扩展，与 H.264 中定义的 6 种对角、斜对角模式相比，31 种角度预测模式提供了更为精细的预测候选。另一方面，更多的预测模式带来了更高的算力需求，为了平衡算法性能与运算复杂度，H.265 还定义了多种帧内预测的快速算法。

在多种预测角度中，H.265 提供了若干右上方向的预测方式的原因之一在于其使用了比 H.264 更多的预测像素。在 H.264 中，由于当前像素块左下方的块尚未进行编码或解码，所以无法作为参考像素。而 H.265 使用了四叉树分割，因此在编码当前块时，有可能获取左下方的像素作为参考。H.265 在进行帧内预测的过程中，当前像素块与参考像素的相对位置关系如图 3-13 所示。

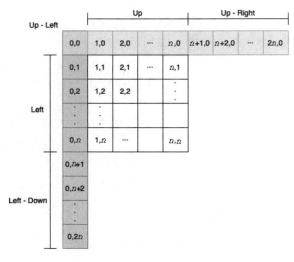

图 3-13

4. 熵编码

H.265 取消了对 CAVLC 算法的支持，所有的 profile 均以 CABAC 算法为主，并以指数哥伦布编码算法作为部分语法元素的解析方法。与 H.264 的 CABAC 算法相比，H.265 中的 CABAC 算法基本继承了其主要特性，并针对部分特性做了改进，主要包括优化对邻域数据的依赖性、提升对并行编码的适应性等。

5. 环路滤波

环路滤波（In-loop Filter）是在 H.264 等早期标准中便已使用的技术，其主要目的是降低块效应和振铃效应等副作用，提升重建图像的质量。从图 3-8 所示的编码框架结构中可以看出，滤波部分在反量化、反变换之后，位于解码子环路中，因此被称为环路滤波。在 H.265 中，环路滤波的主要功能有两个。

◎ 去块滤波（Deblocking Filter）：去除编码产生的块效应。

◎ 像素自适应补偿（Sample Adaptive Offset，SAO）：改善图像的振铃效应。

去块滤波在一帧中的各个树形编码单元解码完成后进行，针对每一帧中亮度和色度分量的 8 像素×8 像素块边沿进行，先处理垂直边界，再处理水平边界。如果操作的是色度分量，则边界两侧至少有一个像素块为帧内预测时方可进行滤波。针对某个 8 像素×8 像素边缘滤波时，最多修正边缘两侧的各 3 个像素，因此不同边缘的滤波操作相互不影响，利于并行操作。

像素自适应补偿主要用于改善图像中的振铃效应。所谓振铃效应，指的是由于有损编码带来的高频信息损失，图像剧烈变化的边沿产生的波纹形失真。H.265 引入的像素自适应补偿，可以降低振铃效应的影响。像素自适应补偿以一个树形编码单元为基本单元，对其中的像素进行滤波。对一个树形编码单元中的像素进行分类处理的方式有三种。

◎　边沿补偿（Edge Offset，EO）：计算当前像素与相邻像素的大小关系，进行分类和修正。

◎　像素带补偿（Band Offset，BO）：根据像素值所处的像素带进行补偿。

◎　参数合并（Merge）：直接使用相邻树形编码单元的参数进行计算。

第4章
音频压缩编码

声音是人们获取和传递信息的重要载体之一，听觉是人类仅次于视觉的第二大信息获取来源。因此人类自远古时期便开始了对声音信息的研究。随着科学技术的发展，音频信息的应用愈加广泛，除信息的传递与存储外，如身份识别、文字语音转换等技术也逐渐兴起。本章主要讨论音频压缩编码的基础知识、音频信息的采样与数字化，以及音频信号的编码标准等。

4.1　音频压缩编码的基础知识

4.1.1　声音信息的概念

音频技术以声音信号作为处理对象，声音信号是一种典型的机械波，与光信号等电磁波有本质的区别。声音的产生来源于物体的振动，只有当物体发生振动时才有可能产生声音。通过振动发出声音的物体称作声源。当物体发生振动时，物体所在的介质（如空气或水等）被振动物体激发，其分子随之产生有节奏的振动，造成其分布疏密的变化进而产生向四面八方传播的纵波，这就是声音的产生和传播。

在生活中，当鼓等打击乐器在受到演奏者的击打时，鼓面发生剧烈振动产生声音。音响设备在收到输入端的电信号后，通过电磁铁的转换带动扬声器的共振膜发生振动产生声音。

4.1.2　声音信息的基本要素

声音信息有三个要素，即振幅、频率和音色，这三个要素的组合决定了一段声音信息的特性。

1．振幅

顾名思义，振幅表示振动的幅度。声音的振幅体现了声音所包含的能量：能量越大，声音的振幅越大，其音量越高；能量越小，声音的振幅越小，其音量越低。

2．频率

不同频率的声音表现出的音调不同：声音的频率越高，其音调越高，声音越尖锐；声音的频率越低，其音调越低，声音越低沉。

声音的频率由振动发生的频率决定，即由振动物体的特性决定。通常物体振动的频率与振动长度、粗细、密度和厚度成反比。例如，观察打击乐器的发声板的排列可知，通常高频音符的发声板的长度比低频音符的要短。振动的计量单位为赫兹（Hz），其含义为每秒内发声的振动次数。声音的频率同样以赫兹为单位。

人类的听觉只能感知一定频率范围内的声音，此频率范围内的声音被称为可听声，频率范围为 20Hz~20kHz。超过 20kHz 的声音被称为超声波，低于 20Hz 的声音被称为次声波。超声波和次声波虽然无法通过人的听觉感知，但通过专业设备可以进行探测，并实现多种特殊功能。

3．音色

无论乐器演奏还是人的语言，世界上绝大多数声音信号都不是仅包含单一频率的声音，而是由多种频率的声音分量复合而成的。组成声音信号的各个频率的声音分量的强度不尽相同，其中，强度最大的频率分量由声源主体振动产生，称为"基因"，声源其他部分的振动同样产生频率不同、强度稍低的声音分量，称为"泛音"。声音的音色主要由泛音的特性决定，不同的泛音使我们可以根据感知对声音进行划分，如男声、女声、童声等不同人群的声音，如钢琴、古筝、吉他等不同乐器演奏的声音等。

4.2　音频信息采样与数字化

4.2.1　模拟音频

与视频信号类似，音频信号也分为模拟信号与数字信号两种。自然的音频信号是按时间连续输出的，并且其幅度同样连续的模拟信号。模拟音频的应用十分广泛，最典型的就是卡式磁带。

除卡式磁带外，模拟音频在部分高端需求中也有广泛的应用，最典型的就是黑胶唱片。

黑胶唱片的录音原理是将声音信号以纹路槽的形式刻录在唱片表面，播放时通过唱针在碟片表面的滑动读取声音信号并还原播放。相比于磁带以及 CD 等数字视频媒介，黑胶唱片的音质更接近原声，听觉失真最小，且播放时的沉浸感和现场感远超其他音乐媒介，因此在发烧友和复古爱好者中广受欢迎。

4.2.2 数字音频

随着时代的发展，黑胶唱片和卡式磁带所代表的模拟音频媒介的缺陷开始逐渐显露。例如，黑胶唱片的制作成本较高，且保存条件较为苛刻，唱片上的任何损伤甚至灰尘都会影响播放效果。卡式磁带的体积相对较大，当携带的数量较多时较为不便。此外，模拟音频的最大问题在于信息密度较低，难以大量存储和传输。随着计算机逐渐应用于各个领域，音视频媒体的数字化不可避免。数字化后的音频信息以二进制形式保存，非常便于后期的处理、复制和传输。

数字音频时代应用最为广泛的音频媒介是 Compact Disk，简称 CD。与黑胶唱片不同，CD 的存储方式是通过激光在盘片表面蚀刻凹点或平面，以二进制形式保存数字音频信号。在播放时，CD 播放器通过激光感应设备读取盘片表面的二进制数字音频信号并进行解码和播放。

与黑胶唱片相比，CD 的主要优势如下。

◎ 存储信息密度高，可存储的音频节目长度至少是黑胶唱片的两倍以上。

◎ 抗干扰性好，不会因为轻微划伤或灰尘造成播放效果下降。

◎ 体积更小，易于携带。

◎ 使用方便，可以从保存的节目中按要求进行跳跃播放。

最重要的是，CD 的制作成本远低于黑胶唱片，便于大规模量产。因此随着时间的推移，主流市场不可避免地被 CD 所占领，直到以 iPod 为代表的便携式 MP3 音乐播放器和以 iTunes 为代表的在线流媒体服务的兴起，CD 才逐渐让出民用音乐媒体的统治地位。

4.2.3 采样和量化

与图像等其他类型信号类似，模拟音频数字化的过程主要包括采样和量化两个步骤。不同的采样和量化方法会对输出的数字音频信息的特性产生影响。

1．音频采样

对音频信号的采样为模拟音频数字化的第一步。与图像、视频或其他类型的信号类似，音频采样的原理为按照指定的时间间隔获取并记录音频信息的幅值。一个波形为正弦波的信号按照某一指定频率采样的效果如图 4-1 所示。

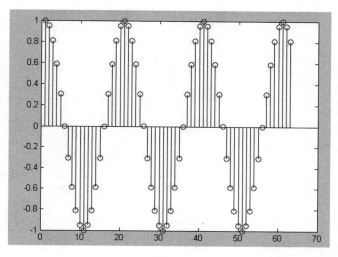

图 4-1

音频信号采样的频率对数字化后的播放输出效果有重大影响，过低的采样频率可能造成重建信号的信息失真。我们知道，几乎所有的声音信号都是由多个不同频率的信号复合而成的。根据奈奎斯特采样定理，信号的采样频率必须超过最高频率分量的 2 倍以上，否则将出现频率混叠现象，产生采样失真。因为人耳可听声的频率范围约为 20Hz~20kHz，所以对音频信号采样的频率通常需要超过 40kHz。在实践中，常用的采样频率为 44.1kHz。

2．采样点量化

模拟的声音信号经过采样后，其时间轴会从连续变为离散，但其取值范围仍然为一个连续的区间。为了便于以数字化形式表示，需要对采样后的音频采样值进行量化操作。

这里的"量化"可类比为一种"近似"的概念。例如，最简单的二值化可以认为是一种二进制的量化，即把小于 0.5 的数值量化为 0，把大于或等于 0.5 的数值量化为 1。实际使用的量化方法要复杂得多，例如，使用了更多的量化位数等。量化中所使用的量化位数体现了量化的精度，又称作位深或位宽，表示以多大的数据量表示一个量化后的数据。通常，量化算法使用的位深为 4 bit、8 bit、16 bit 或 32 bit 等，使用的位深越大，量化的结果就越精确，同时数据量也就越大。例如，使用 8 bit 位深进行量化，则输出的量化值的区间为[0,255]，每个样本点占用 1Byte 存储空间。使用 16 bit 位深进行量化，则输出的量化值的区间为[0,65535]，每个样本点占用 2Byte 字节存储空间。使用 4 bit 位深对一个正弦波形的信号进行量化的效果如图 4-2 所示。

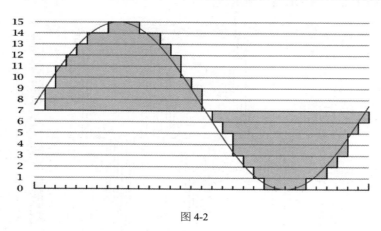

图 4-2

4.3 脉冲编码调制

通过采样和量化，时间和幅值均为连续取值的模拟信号已经转换为指定频率和取值范围的数字信号，但此时的信号为多进制信息，直接传输其幅值将存在诸多缺陷，如能耗高、抗误码性差等，因此在实际传输之前必须进行处理。在实际应用中，脉冲编码调制（Pulse Code Modulation，PCM）长期以来得到广泛应用，其核心思路是对量化产生的多进制电位进行进一步编码，统一以二进制电平的形式传输。

与均匀量化不同，脉冲编码调制使用的是非均匀量化。在国际标准中规定，脉冲编码调制可选择 A 律 13 折线法和 μ 律 15 折线法，二者思路基本一致，本节以 8 bit 位深为例介绍 A 律 13 折线法。

4.3.1 PCM 量化区间分割

在使用 PCM 对采样信号进行量化和编码之前，首先需要对采样信号的取值范围进行归一化，并进行分割。归一化后，每个采样信号的幅值绝对值范围被限定在[0,1]区间，并且按照对低半区二等分的方式进行非均匀分割。具体分割方式如下。

（1）将整个归一化的取值区间二等分，即分为[0,1/2)和[1/2,1]两个区间。

（2）分割当前区间的低半区，将[0,1/2)分割为[0,1/4)和[1/4,1/2)。

（3）循环分割低半区，共分割 7 次，得到 8 个子区间。

完成后，整个取值区间如图 4-3 所示。

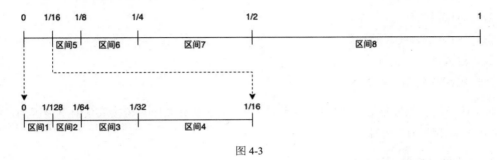

图 4-3

另一方面，对量化的输出区间进行 8 等分。量化的输入和输出对应关系如图 4-4 所示。

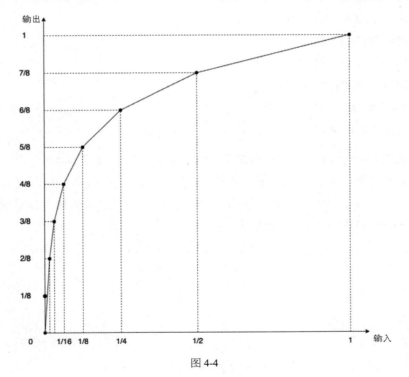

图 4-4

在图 4-4 中，纵坐标自下而上平均分割的 8 个区间分别对应一段折线，其斜率如下：

◎　区间[0,1/8)：斜率为 16。

◎　区间[1/8,2/8)：斜率为 16。

◎　区间[2/8,3/8)：斜率为 8。

◎　区间[3/8,4/8)：斜率为 4。

◎　区间[4/8,5/8)：斜率为 2。

◎　区间[5/8,6/8)：斜率为 1。

◎　区间[6/8,7/8)：斜率为 1/2。

◎　区间[7/8,1]：斜率为 1/4。

对于信号的负极性部分，其区间分割方式与正极性部分类似。越接近负值下限区间，折线斜率越低；越接近 0，折线斜率越高。

◎　区间(-1/8,0]：斜率为 16。

◎　区间(-2/8,-1/8]：斜率为 16。

◎　区间(-3/8,-2/8]：斜率为 8。

◎　区间(-4/8,-3/8]：斜率为 4。

◎　区间(-5/8,-4/8]：斜率为 2。

◎　区间(-6/8,-5/8]：斜率为 1。

◎　区间(-7/8,-6/8]：斜率为 1/2。

◎　区间(-7/8,-1]：斜率为 1/4。

因此，对[-1,1]区间绘制的完整的折线示意图如图 4-5 所示。在图 4-5 中，第一象限和第三象限各包含 8 段折线，因此共包含 16 段折线。而在纵坐标区间，(-2/8,-1/8]、(-1/8,0]、[0,1/8)和[1/8,2/8)对应的 4 段折线斜率相同，可视作一条折线，即在[-1,1]区间共有 13 段折线，因此该 PCM 量化编码方法被称为 A 律 13 折线法。

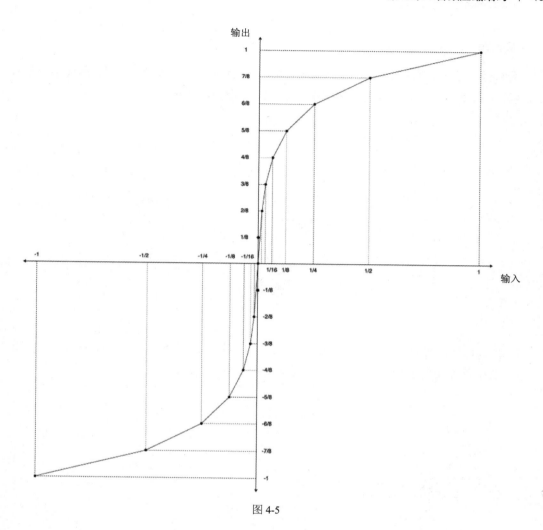

图 4-5

4.3.2 PCM 量化编码规则

假设使用 8 bit 位深进行 PCM 编码，则每个码字的位宽为 8 bit，其结构如表 4-1 所示。

表 4-1

名　　称	位　　置	长　　度	含　　义
极性码	b0	1 bit	表示电平的正负极性
段落码	b1b2b3	3 bit	表示码字所属的段落
段内码	b4b5b6b7	4 bit	表示码字在指定段落中的位置

极性码

极性码表示该码字所处的电平正负极性，0 表示该码字处于正极性区（即折线图第一象限），1 表示该码字处于负极性区（即折线图第三象限），如图 4-6 所示。

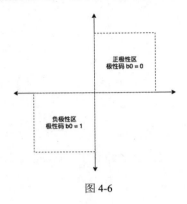

图 4-6

段落码

从前文已知，每个电平区都被分割为 8 个区间，对应 8 段折线。在 PCM 编码中，3 bit 的段落码表示当前码字处于哪一个段落中，对应关系如图 4-7 所示。

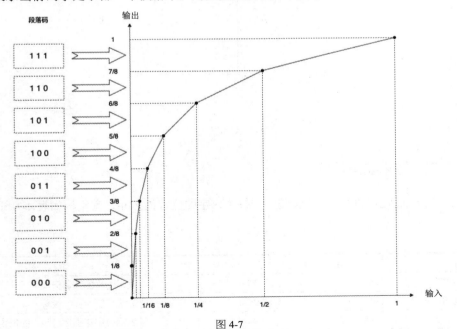

图 4-7

段内码

PCM 编码的最后 4 bit 为段内码，表示在每个段落中信号的具体取值。4 bit 的段内码可表示 0~15 的数值，即把每个段落的电平取值范围等分为 16 个子区间，为每个区间从小到大分配 0~15 的取值序号。段内码的取值可直接用段落中的电平取值序号的二进制码表示，如表 4-2 所示。

表 4-2

电平取值序号	段内码
0	0000
1	0001
2	0010
3	0011
4	0100
5	0101
6	0110
7	0111
8	1000
9	1001
10	1010
11	1011
12	1100
13	1101
14	1110
15	1111

4.4　MP3 格式与 MP3 编码标准

提到 MP3，很多人第一个想到的是在 21 世纪初曾风靡全球的便携式音乐播放器，如 iPod。实际上，MP3 作为音频压缩编码标准（简称 MP3 编码标准）的诞生时间比 MP3 播放器要早一些。MP3 编码标准自 1993 年起便随着 MPEG-1 音视频压缩标准一起发布，定义于 MPEG-1 标准集合的第三部分，即 MPEG-1 Audio Layer 3。需要注意的是，MP3 编码标准与 MPEG-3 标准集合没有任何直接联系，不应误解为 "MP3 编码标准是 MPEG-3 标准集合的简称"。此外，MP3 还是音频文件的封装格式（简称 MP3 格式）。本节简单讨论 MP3 格式和 MP3 编码标准。

4.4.1 MP3 格式

MP3 格式是最常用的音频文件格式之一，通常以".mp3"作为文件扩展名。一个 MP3 文件以帧（Frame）为单位保存音频的码流数据，每帧数据都由帧头和载荷数据构成。除保存在帧中的音频码流数据外，MP3 文件中还定义了两个标签结构，用来保存歌曲名称、作者、专辑和年份等音频文件的属性信息，并形成了 ID3 标签。目前常用的 ID3 标签包括 ID3V1 Tag 和 ID3V2 Tag 两部分。ID3V1 Tag 位于 MP3 文件的结尾，ID3V2 Tag 位于 MP3 文件的头部，整体结构如图 4-8 所示。

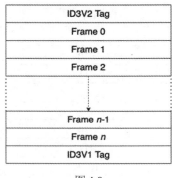

图 4-8

1. ID3V2 Tag

ID3V2 Tag 通常位于 MP3 文件的头部。下面以二进制形式打开一个 MP3 文件，如图 4-9 所示。

```
Offset: 00 01 02 03 04 05 06 07 08 09 0A 0B 0C 0D 0E 0F
00000000: 49 44 33 04 00 00 00 00 08 49 54 49 54 32 00 00    ID3......ITIT2.
00000010: 00 16 00 00 03 E6 8B 89 E5 BE B7 E6 96 AF E5 9F    ......f.e>7f./e.
00000020: BA E8 BF 9B E8 A1 8C E6 9B B2 54 50 45 31 00 00    :h7.h!.f.2TPE1..
00000030: 00 1F 00 00 03 E4 B8 AD E5 9B BD E4 BA BA E6 B0    .....d8-e.=d::f0
00000040: 91 E8 A7 A3 E6 94 BE E5 86 9B E5 86 9B E4 B9 90    .h'#f.>e..e..d9.
00000050: E5 9B A2 00 00 00 00 00 00 00 00 00 00 00 00 00    e.".............
00000060: 00 00 00 00 00 00 00 00 00 00 00 00 00 00 00 00    ................
00000070: 00 00 00 00 00 00 00 00 00 00 00 00 00 00 00 00    ................
00000080: 00 00 00 00 00 00 00 00 00 00 00 00 00 00 00 00    ................
00000090: 00 00 00 00 00 00 00 00 00 00 00 00 00 00 00 00    ................
000000a0: 00 00 00 00 00 00 00 00 00 00 00 00 00 00 00 00    ................
```

图 4-9

一个 ID3V2 Tag 包括一个标签头及若干标签帧，在必要时还可以增加一个扩展标签头。标签头的总长为 10 Byte，结构定义如下。

```
Typedef struct {
    char file_id[3];
    char version;
    char reversion;
    char flags;
    char size[4];
} TagHeader;
```

每个字段的含义如下。

◎　file_id：Tag 的标识符，即固定的三个字符"ID3"，如果找不到，则认定 Tag 不存在。

◎　version：Tag 的主版本号，在图 4-9 中为"4"。

◎　reversion：Tag 的次版本号，在图 4-9 中为"0"。

◎　flags：Tag 的标识位，仅最高 3bit 有效，格式为"%abc0000"，含义如下。

　　⦿　bita：使用非同步编码。

　　⦿　bitb：包含扩展标签头结构。

　　⦿　bitc：该 Tag 为试验性标准，未正式发布。

◎　size：Tag 中有效数据的大小（不包括 Tag 标签头）。

需要注意的是，ID3V2 Tag 标签头中的 size 字段在计算实际长度时，首先抛弃最高位，由剩余 7 位构成一个 28 bit 整数，方为 ID3V2 Tag 的实际大小，如图 4-10 所示。

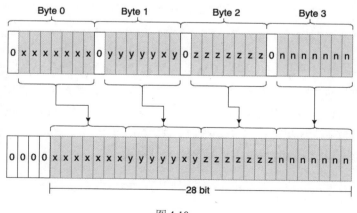

图 4-10

在上文示例中，size 字段保存的二进制内容为 0x00000849，通过上述方法计算得到的实际

Tag 大小为 0x0449，即 1097 Byte。

在 ID3V2 Tag 标签头之后，是若干 ID3V2 Tag 标签帧。每个 ID3V2 Tag 标签帧又由标签帧头和标签帧数据组成。标签帧头的长度为 10 Byte，结构定义如下。

```
Typedef struct {
    char frame_id[4];
    char size[4];
    char flags[2];
} FrameHeader;
```

在上述结构中，frame_id 用 4 Byte 表示当前标签帧的类型，每字节的取值范围在 "A" ~ "Z" 26 个字母和 "0" ~ "9" 10 个数字之间。常见的 frame_id 如下。

◎ TIT2：标题。

◎ TPE1：作者。

◎ TABL：专辑。

◎ TYER：年份。

◎ TRCK：音轨、集合中的位置。

在 frame_id 的后面，以 4 Byte 表示当前标签帧的长度。例如，在图 4-9 中，"TIT2" 对应的 size 字段取值为十六进制数值 0x16，即表示该标签帧的长度为 22 Byte。该长度为当前标签帧数据的长度。

在标签帧头中用 2 Byte 表示若干标志位，在 MP3 文件中，这些标志位通常设为 0。

2．Frame

我们知道，MP3 文件保存的是对 PCM 音频采样数据进行压缩编码之后的码流数据，而采样值在 MP3 文件中以 "帧" 的形式保存。在每帧中，采样值的数量根据使用编码算法的不同而不同，针对 MPEG-1 Audio 标准，Layer1 规定每帧保存 384 个采样值，Layer2 和 Layer3 规定每帧保存 1152 个采样值。如果确定了音频的采样率，则可以进一步计算得到每帧的持续时间，即对于采样率为 44.1kHz 的 MP3 音频，每帧的持续时间为

$$Duration = 1152 / 44100 \times 1000 \approx 26ms.$$

在 ID3V2 Tag 之后，帧的二进制数据内容如图 4-11 所示。

```
00000450: 00 00 00 FF FB 90 64 00 00 00 00 00 00 00 00 00    ....{.d.........
00000460: 00 00 00 00 00 00 00 00 00 00 00 00 00 00 00 00    ................
00000470: 00 00 00 00 00 00 00 00 49 6E 66 6F 00 00 00 0F 00  ........Info.....
00000480: 00 1A 9B 00 2B 71 A1 00 03 06 08 0A 0D 0F 12 14    ...+q!..........
00000490: 18 1A 1C 1F 21 24 26 28 2C 2E 31 33 36 38 3A 3D    ....!$&(,.1368:=
000004a0: 40 43 45 48 4A 4C 4F 51 54 57 5A 5C 5F 61 63 66    @CEHJLOQTWZ\_acf
000004b0: 68 6C 6E 71 73 75 78 7A 7D 80 83 85 87 8A 8C 8F    hlnqsuxz}.......
000004c0: 91 93 97 99 9C 9E A1 A3 A5 A8 AB AE B0 B3 B5 B8    ....!#%(+.0358
000004d0: BA BC C0 C2 C5 C7 CA CC CE D1 D3 D7 D9 DC DE E0    :<@BEGJLNQSWY\^`
000004e0: E3 E5 E8 EB EE F0 F2 F5 F7 FA FC 00 00 00 33 4C    cehknpruwz|...3L
000004f0: 41 4D 45 33 2E 39 39 72 01 AA 00 00 00 00 2E 32    AME3.99r.*.....2
00000500: 00 00 14 80 24 02 58 4C 00 00 80 00 2B 71 A1 40    ....$.XL....+q!@
00000510: 8F A4 A6 00 00 00 00 00 00 00 00 00 00 00 00 00    .$&.............
00000520: 00 00 00 00 00 00 00 00 00 00 00 00 00 00 00 00    ................
00000530: 00 00 00 00 00 00 00 00 00 00 00 00 00 00 00 00    ................
00000540: 00 00 00 00 00 00 00 00 00 00 00 00 00 00 00 00    ................
00000550: 00 00 00 00 00 00 00 00 00 00 00 00 00 00 00 00    .............]
00000560: 00 00 00 00 00 00 00 00 00 00 00 00 00 00 00 00    ].
00000570: 00 00 00 00 00 00 00 00 00 00 00 00 00 00 00 00    ................
00000580: 00 00 00 00 00 00 00 00 00 00 00 00 00 00 00 00    ................
00000590: 00 00 00 00 00 00 00 00 00 00 00 00 00 00 00 00    ................
000005a0: 00 00 00 00 00 00 00 00 00 00 00 00 00 00 00 00    ................
000005b0: 00 00 00 00 00 00 00 00 00 00 00 00 00 00 00 00    ................
000005c0: 00 00 00 00 00 00 00 00 00 00 00 00 00 00 00 00    ................
000005d0: 00 00 00 00 00 00 00 00 00 00 00 00 00 00 00 00    ................
000005e0: 00 00 00 00 00 00 00 00 00 00 00 00 00 00 00 00    ................
```

图 4-11

与 ID3V2 Tag 类似，MP3 Frame 由帧头（Header）和帧数据（Side Data、Main Data、Ancillary Data）组成，整体结构如图 4-12 所示。

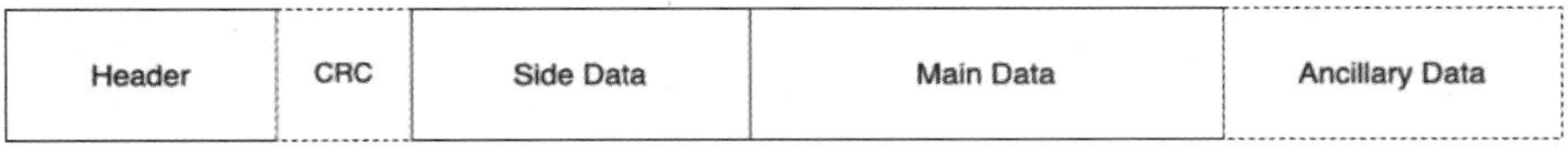

Header	CRC	Side Data	Main Data	Ancillary Data

图 4-12

帧头

帧头的固定长度为 4 Byte（即 32 bit），可以通过下面的定义表示。

```
Typedef struct {
    unsigned int sync:11;
    unsigned int version:2;
    unsigned int layer:2;
    unsigned int errorprotection:1;
    unsigned int bitrate_index:4;
    unsigned int sampling_frequency:2;
    unsigned int padding:1;
```

```
    unsigned int private:1;
    unsigned int mode:2;
    unsigned int modeextension:2;
    unsigned int copyright:1;
    unsigned int original:1;
    unsigned int emphasis:2;
} FrameHeader;
```

在图 4-11 中，帧头的 4 Byte 取值分别为 0xFF、0xFB、0x90 和 0x64。根据帧头定义可知，其每一 bit 所表示的含义如图 4-13 所示。

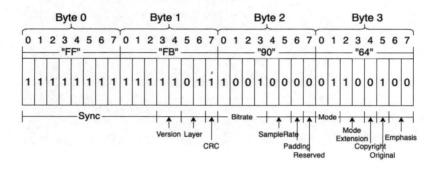

图 4-13

具体含义如下。

（1）Sync（同步标识）。在每个帧头结构中，前 11 bit 为帧同步标识，该部分的每个 bit 都始终为 1。

（2）Version（版本信息）。紧跟同步标识的两个 bit 表示所属 MPEG 标准的版本。版本号与取值的对应关系如下。

◎　00：MPEG-2.5。
◎　01：未定义。
◎　10：MPEG-2。
◎　11：MPEG-1。

从图 4-13 中可知，Version 取值为 11，对应的 MPEG 版本为 MPEG-1。

（3）Layer（层信息）。版本信息后的两个 bit 表示当前音频文件的层信息。层信息与取值的对应关系如下。

◎　00：未定义。

◎　01：Layer3。

◎　10：Layer2。

◎　11：Layer1。

从图 4-13 中可知，当前音频文件为 Layer3。综合版本信息和层信息可知，该测试音频文件的格式为 MPEG-1 Layer3。

（4）CRC（循环冗余校验）。第二字节的最低位表示循环冗余校验标识位。该位为 0 时表示启用循环冗余校验，该位为 1 时表示禁用循环冗余校验。

（5）Bitrate（码率）。第三字节的最高 4 位表示当前音频文件的码率。在不同的版本和层中，取值和码率可能有不同的对应关系。针对 MPEG-1（V1）、MPEG-2（V2）和 MPEG-2.5 的 Layer1（L1）、Layer2（L2）和 Layer3（L3），码率对应关系如表 4-3 所示，码率单位为 Kbps。

表 4-3

码流取值	V1,L1	V1,L2	V1,L3	V2,L1	V2,L2&L3
0000	free	free	free	free	free
0001	32	32	32	32	8
0010	64	48	40	48	16
0011	96	56	48	56	24
0100	128	64	56	64	32
0101	160	80	64	80	40
0110	192	96	80	96	48
0111	224	112	96	112	56
1000	256	128	112	128	64
1001	288	160	128	144	80
1010	320	192	160	160	96
1011	352	224	192	176	112
1100	384	256	224	192	128
1101	416	320	256	224	144
1110	448	384	320	256	160
1111	bad	bad	bad	bad	bad

当码流取值为"0000"时，码率设定为"free"，表示音频文件使用了标准限定之外的自定义值，此时使用的从码率必须固定，且小于允许的最高码率。当码流取值为"1111"时，应将

码率设定为"bad"，表示禁用该取值。

在 Layer2 中，部分码率不能兼容所有的声道模式，兼容关系如表 4-4 所示。

表 4-4

码率（Kpbs）	单声道	立体声	强化立体声	双声道
free	yes	yes	yes	yes
32	yes	no	no	no
48	yes	no	no	no
56	yes	no	no	no
64	yes	yes	yes	yes
80	yes	no	no	no
96	yes	yes	Yes	yes
112	yes	yes	yes	yes
128	yes	yes	yes	yes
160	yes	yes	yes	yes
192	yes	yes	yes	yes
224	no	yes	yes	yes
256	no	yes	yes	yes
320	no	yes	yes	yes
384	no	yes	yes	yes

表 4-4 中的"yes"表示该模式兼容某指定码率，"no"表示该模式与此码率不兼容。

音频文件可以使用固定码率或变码率。变码率表示每帧可以使用不同的码率值，该特性适用于各个 Layer，其中，对于 Layer1 和 Layer2，decoder 为可选特性；对于 Layer3，decoder 为必选特性。此外，针对 Layer3，一个帧还可以支持从前序帧获得的参考码率，以获得更大的码率取值范围，此情况将导致前后帧产生依赖，因此仅在 Layer3 中支持。

在图 4-13 中，码率部分的二进制取值为"1001"，音频文件版本为 MPEG-1 Layer3，从表 4-3 中可知其码率为 128Kbps。

（6）Sample Rate（采样率）。码率后面的 2bit 表示当前音频文件的采样率。采样率的取值与音频文件的版本有关，如表 4-5 所示。

表 4-5

码流取值	MPEG-1	MPEG-2	MPEG-2.5
00	44100Hz	22050Hz	11025Hz
01	48000Hz	24000Hz	12000Hz
10	32000Hz	16000Hz	8000Hz
11	保留	保留	保留

在图 4-13 中，采样率的取值为"00"，音频文件版本为 MPEG-1，由此可知采样率为 44100Hz。

（7）Padding（填充标识）。表示当前帧是否使用了填充位来达到指定的码率。0 表示未使用填充位，1 表示使用了填充位。

（8）Reserved（保留位）。该位的数据未被使用。

（9）Mode（声道模式）。帧头结构最后一个字节的高 2 位表示当前音频文件的声道模式。声道模式与取值的对应关系如下。

◎　00：立体声。

◎　01：联合立体声。

◎　10：双声道。

◎　11：单声道。

从图 4-13 中可知，该音频文件的声道模式为联合立体声。

（10）Mode Extension（扩展声道模式）。当声道模式为联合立体声时，可提供更多的关于声道模式的信息，该参数的含义与音频文件的版本和 Layer 值有关。

在 MPEG 的定义中，音频信息的完整频率范围被分为 32 个频率子带。对于 Layer1 和 Layer2，扩展声道模式用于指定音频信息的子带序号范围，具体如下。

◎　00：Bands 4 to 31。

◎　01：Bands 8 to 31。

◎　10：Bands 12 to 31。

◎　11：Bands 16 to 31。

对于 Layer3，扩展声道模式用于表示当前音频文件所使用的联合立体声的实际模式，即强化立体声模式或 MS 立体声模式，对应关系如表 4-6 所示。

表 4-6

码流取值	强化立体声模式（Intensity stereo）	MS 立体声模式（MS stereo）
00	off	off
01	on	off
10	off	on
11	on	on

从图 4-13 中可知，该音频文件的扩展声道模式为 MS 立体声模式。

（11）Copyright（版权标识）。在帧头结构中，使用 1bit 表示当前音频文件是否有版权信息。当该位为 0 时，表示无版权信息；当该位为 1 时，表示有版权信息。

（12）Original（原始媒体标识）。在帧头结构中使用 1bit 表示当前音频文件是否为原始媒体文件。当该位为 0 时，表示该音频文件为原始媒体文件；当该位为 1 时，表示该音频文件为原始媒体文件的备份。

（13）Emphasis（强调方式标识）。表示当前音频文件是否经过"强调"处理，以及使用的"强调"处理方式，取值含义如下。

◎ 00：none。

◎ 01：50/15ms。

◎ 10：reserved。

◎ 11：CCITJ.17。

此信息不常用。

帧数据

（1）Side Data。在帧头之后，Side Data 用于保存部分解码 Main Data 所需的信息。对于单声道音频流，Side Data 的长度为 17 Byte；对于多声道和立体声音频流，Side Data 的长度为 32 Byte。

（2）Main Data。Main Data 可用来保存实际编码后的音频采样值，结构如图 4-14 所示。在 MP3 中，一帧数据保存了 1152 个采样点。在帧的 Main Data 中，这 1152 个采样点分别保存在两个编码颗粒（granule）中，每个编码颗粒保存 576 个采样点，分别用 granule0 和 granule1 表示。

以立体声音频格式为例，一帧中的任意一个编码颗粒均按照左声道和右声道保存数据。每个声道的编码数据均由两部分组成，即增益因子和哈夫曼码流。

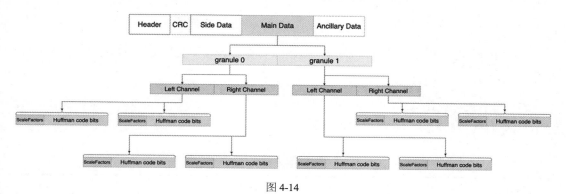

图 4-14

（3）Ancillary Data。Ancillary Data 为一个可选结构，不显式地指定长度，其实际包含的数据为从 Main Data 末尾到下一个 MP3 的起始。

3. ID3V1 Tag

在一个 MP3 文件的末尾可以包含一个 ID3V1 Tag，其作用与可能出现在文件头部的 ID3V2 Tag 相同，但其结构要比 ID3V2 Tag 简单得多。一个 ID3V1 Tag 的长度固定为 128 Byte，其主要结构如下所示。

AAABBBBB   BBBBBBBB   BBBBBBBB   BBBBBBBB

BCCCCCCC   CCCCCCCC   CCCCCCCC   CCCCCCCD

DDDDDDDD   DDDDDDDD   DDDDDDDD   DDDDDEEE

EFFFFFFF   FFFFFFFF   FFFFFFFF   FFFFFFFG

其每一部分的含义如下。

（1）ID3V1 Tag 标识符。字符"A"的位置表示 ID3V1 Tag 标识符，共 3 Byte，固定内容为字符"T""A""G"。

（2）标题。在 ID3V1 Tag 标识符之后，以 30 Byte 表示音频媒体的标题，即字符"B"所示位置。

（3）作者。在标题之后，以 30 Byte 表示当前音频媒体的作者信息，即字符"C"所示位置。

（4）专辑。在作者信息之后，以 30 Byte 表示当前音频媒体所属的专辑信息，即字符"D"

所示位置。

（5）年份。字符"E"所代表的 4 Byte 表示音频媒体的年份信息。

（6）注释信息。在年份信息之后，以 30 Byte 保存音频媒体的注释信息，即字符"F"所示位置。

（7）节目流派。在 ID3V1 Tag 的最后一字节，即字符"G"所示位置。流派的取值表示音频节目的风格，部分常用取值如表 4-7 所示。

表 4-7

取 值	含 义	取 值	含 义	取 值	含 义	取 值	含 义
0	Blues	20	Alternative	40	Altern Rock	60	Top40
1	Classic Rock	21	Ska	41	Bass	61	Christian Rap
2	Country	22	Death Metal	42	Soul	62	Pop/Funk
3	Dance	23	Pranks	43	Punk	63	Jungle
4	Disco	24	Soundtrack	44	Space	64	Native American
5	Funk	25	Euro-Techno	45	Meditative	65	Cabaret
6	Grunge	26	Ambient	46	InstrumentalPop	66	NewWave
7	Hip-Hop	27	Trip-Hop	47	Instrumental Rock	67	Psychadelic
8	Jazz	28	Vocal	48	Ethnic	68	Rave
9	Metal	29	Jazz+Funk	49	Gothic	69	Showtunes
10	NewAge	30	Fusion	50	Darkwave	70	Trailer
11	Oldies	31	Trance	51	Techno-Industrial	71	Lo-Fi
12	Other	32	Classical	52	Electronic	72	Tribal
13	Pop	33	Instrumental	53	Pop-Folk	73	Acid Punk
14	R&B	34	Acid	54	Eurodance	74	Acid Jazz
15	Rap	35	House	55	Dream	75	Polka
16	Reggae	36	Game	56	Southern Rock	76	Retro
17	Rock	37	SoundClip	57	Comedy	77	Musical
18	Techno	38	Gospel	58	Cult	78	Rock&Roll
19	Industrial	39	Noise	59	Gangsta	79	HardRock

4.4.2 MP3 编码标准

如前文所述，MP3 不仅是一种音频文件的封装格式，而且是音频编码标准。在 1993 年制定完成并发布的 MPEG-1 标准中主要包括以下几部分内容。

◎　系统（System）。

◎　视频（Video）。

◎　音频（Audio）。

◎　一致性测试（Conformance Testing）。

◎　参考软件（Reference Software）。

其中，"音频"部分就定义了对 MP3 音频格式的解码标准。随着技术的发展，在随后发布的 MPEG-2 标准中，MP3 编码标准得到进一步扩展，支持更多的码率和更多的声道数。此外，在另一个并未作为正式标准发布的 MPEG-2.5 中对 MP3 编码标准做了进一步扩展，提供对更低码率的支持。

在 MPEG-1 的音频部分，根据压缩效率和算法复杂度，共定义了 Layer1、Layer2 和 Layer3 三个层级。层级越高，压缩效率越高，同时算法越复杂。不同层级的压缩率和码率如表 4-8 所示。

表 4-8

编码方法	压缩率	码　　率
PCM	1:1	1.4Mbps
Layer1	4:1	384Kbps
Layer2	8:1	192Kbps
Layer3（MP3）	12:1	128Kbps

从表 4-8 中可知，作为一种有损压缩算法，MP3 可取得 12 倍的压缩比，并且可避免造成听觉上的显著失真。同时，为了得到更高的压缩比，MP3 编码标准使用了多种复杂的算法，本节仅讨论其中的若干主要模块。

1. 多相子带滤波器组

根据奈奎斯特采样定理，采样频率至少应当达到信号最高频率分量的两倍以上，否则将导致频域混叠、采样失真。若 MP3 的采用率为 44.1kHz，则可支持信号的频率范围为 0~22.05kHz。MP3 在对一个帧内的 1152 个 PCM 音频采样数据进行编码时，通过一个多相子带滤波器组将 0~22.05kHz 的频率范围分割为 32 个频率子带，每个频率子带的频率宽度约为 22050Hz/32 即 689Hz，每个频率子带的频率范围如下。

◎　子带 0：0~689Hz。

◎　子带 1：690 Hz ~1378Hz。

◎　子带 2：1379Hz~2067Hz。

......

每个子带中都保存了指定频率范围的 PCM 音频采样数据的分量，包含 1152 个时域采样点。相比于原始输入的 PCM 音频采样数据，整体的采样点数量增长了 32 倍。为了与原始输入的 PCM 音频采样数据的数据量一致，每个子带仅保留 1/32 的采样点值，即 36 个。

2．信号加窗与 MDCT

多相子带滤波器所划分的频率子带是等带宽的，此特性与心理声学模型的要求并不完全符合。为了解决这个问题，MP3 在编码时对多相子带滤波器的输出进行了处理，即使用改进离散余弦变换（Modified Discrete Cosine Transform，MDCT）。通过改进离散余弦变换，多相子带滤波器的 32 个频率子带中的每一个子带都将被进一步分割为 18 个频率线，即总共 576 个频率线，对应一帧中的一个编码颗粒。

由于在采样信号的处理中使用了时域截取信号，因此其截取边缘的信号突变可能引入附加的人造干扰信息。为了抑制此类干扰信息，多相子带滤波器的输出在改进离散余弦变换之前，需要进行加窗处理。MP3 定义了 4 种不同的窗类型，分别为长窗、开始窗、短窗和结束窗。4 种窗的波形特点如图 4-15 所示。

心理声学模型根据频率子带内的信号特性决定实际选择的窗类型。

◎　如果当前帧的某频率子带内的信号与前一帧大体一致，则使用长窗，以提升 MDCT 的频域分辨率，使变换结果更精细。

◎　如果当前帧的某频率子带内的信号与前一帧相比发生了较大变化，则使用短窗。相比于长窗，短窗可以提升 MDCT 的时域分辨率，有助于防止预回声等干扰信息。当使用短窗模式时，通常使用 3 个叠加的短窗来代替一个长窗。

◎　开始窗和结束窗用在长窗和短窗之间。当一个长窗后面紧跟一个短窗时，长窗变为开始窗；反之，当一个短窗后面紧跟一个长窗时，长窗变为结束窗。

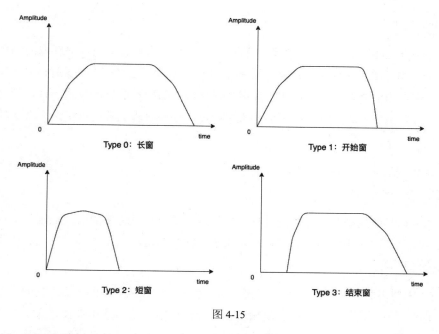

图 4-15

3. 心理声学模型

人对声音的感知原理十分复杂，例如，在安静的环境中我们可以清楚地听到夏日的午后蝉鸣，然而在机器轰鸣的工厂厂房内则几乎听不到其他声音。由此可见，人对声音的感知并非完全取决于声音的频率和强度等特性，而是可以根据音源和环境动态适应，此现象即人的听觉掩蔽效应。

为了在尽量不影响主观听觉效果的前提下提升压缩编码的性能，MP3 引入了心理声学模型作为编码的核心模块之一。MPEG-1 Audio 提供了两种心理声学模型。

◎ 模型 1：运算简单，适用于高码率场景。
◎ 模型 2：运算复杂，适用于低码率场景，是 MP3 编码的推荐选项。

在使用心理声学模型处理之前，音频采样值通过多相子带滤波器输出之后，通过 1024 点和 256 点快速傅里叶变换（FFT）即可转换为频域。通过分析频域信号，心理声学模型产生以下信息供后续编码时使用。

◎ 感知熵（PerceptualEntropy，PE）：用于判定信号窗的切换。
◎ 信掩比（Signal-to-MaskRatio，SMR）：决定量化编码时的比特数分配。

4．非均匀量化

音频信号采样在经过加窗处理和改进离散余弦变换后，需要在编码前对获取的频率线信息进行量化处理。MP3 编码所使用的量化方法为非均匀量化。非均匀量化需要两类输入信息，即改进离散余弦变换输出的频率线信息和心理声学模型输出的掩蔽信息。在编码时，量化与编码一次处理一个编码颗粒中的 576 个采样的频域采样值，处理过程大致可以用两层嵌套的循环处理表示。

◎　码率控制循环，即内层循环。

◎　混叠控制循环，即外层循环。

内层循环执行频域数据的实际量化过程。量化过程输出的量化值的取值范围与量化步长呈负相关关系，即对相同的频域数据，量化步长越大，输出的量化数据越小；反之，量化步长越小，输出的量化数据越大。

由于 MP3 所使用的哈夫曼编码对量化数据的取值范围有限制，即超过该限制的量化数据无法通过预定义的哈夫曼编码表，因此内层循环在执行过程中，使用量化步长递增的方式循环执行，直到获得长度为哈夫曼编码表所支持的量化步长。随后在对频率量化数据进行哈夫曼编码的过程中，如果输出的码流长度超出了当前帧允许的最大比特数，则循环终止，只有在提升量化步长后才能继续量化、编码。

外层循环的主要作用是控制内层循环在量化过程中产生的量化失真。由于量化失真在理论上无法彻底消除，因此外层循环希望通过检测内层循环的输出来控制每个频段的量化噪声。量化和编码中允许的噪声阈值由心理声学模型决定。每次在执行内层循环之前，编码器都记录针对该频段当次循环的比例因子。在该次内层循环结束后，如果输出的噪声超出了允许的阈值，则增加该频段的比例因子并重新执行内层循环。经多次循环后，使得所有频段的量化噪声均低于允许的阈值，即量化造成的整体失真已几乎无法被人的听觉所感知，此时外层循环结束并退出。

5．熵编码

MP3 编码器对量化的输出数据使用哈夫曼编码进行熵编码。作为基于概率统计特性的变长编码，哈夫曼编码的关键因素在于对应了输入元素与输出码流的哈夫曼编码表。为了进一步提升编码效率，MP3 编码标准对传统的哈夫曼编码进行了大量的优化和改善。在 MP3 编码标准中共定义了 32 张哈夫曼编码表，包括 30 张大数值码表和 2 张小数值码表，不同的码表适用于不同数据频段的编码。

由于是对频域的量化采样数据进行编码，所以待编码的数据呈现典型的频域分布特征，即低频部分的数据绝对值较大，而高频部分的数据绝对值较小，甚至多数为零。为了更加有效利用该特点，MP3 编码标准将整个频率区间（即直流部分到奈奎斯特频率的区间）分为以下 3 部分。

◎　大值区：量化数据绝对值大于 1 的区域。

◎　小值区：量化数据绝对值小于或等于 1 的区域。

◎　零值区：量化数据为 0 的区域。

对于大值区的量化数据，将每两个量化绝对值为一组进行哈夫曼编码。由于大值区的量化绝对值相对占据的长度更大，因此每两个量化绝对值组成的码元将被进一步细分为三个长度不定的区域，即 Region0、Region1 和 Region2，每个区域都可以使用不同的码表进行编码。对于小值区的量化数据，将每四个量化绝对值为一组进行哈夫曼编码。在哈夫曼编码后，整个输出的码流区域结构如图 4-16 所示。

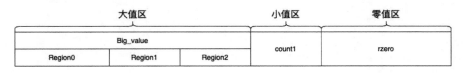

图 4-16

4.5　AAC 格式与 AAC 编码标准

4.5.1　AAC 格式

与 MP3 格式类似，AAC 标准也提供了对应的音频信号的文件封装格式，即 AAC 格式。在 AAC 的标准协议中，共定义了两种 AAC 格式。

◎　ADIF 格式：Audio Data Interchange Format，即音频数据交换格式。

◎　ADTS 格式：Audio Data Transport Stream，即音频数据传输流。

1．ADIF 格式

在一个 ADIF 格式的音频文件中通常包含一个单独的 ADIF Header()（文件头）和一个完整的 Raw Data Stream()（音频流数据）。当解码和播放 ADIF 格式的音频文件时，需要从文件的开始位置读取完整的文件头信息，并按顺序解析文件的音频流数据。一个 ADIF 格式的音频文件的结构如图 4-17 所示。

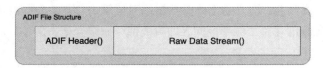

图 4-17

ADIF Header()

ADIF Header()通常位于一个 ADIF 格式的音频文件的头部，用来保存音频文件的版权、解码和播放参数等信息，如图 4-18 所示。

```
Syntax                                                    No. of bits    Mnemonic
adif_header()
{
        adif_id                                           32             bslbf
        copyright_id_present                              1              bslbf
        if( copyright_id_present )
                copyright_id                              72             bslbf
        original_copy                                     1              bslbf
        home                                              1              bslbf
        bitstream_type                                    1              bslbf
        bitrate                                           23             uimsbf
        num_program_config_elements                       4              bslbf
        for ( i = 0; i < num_program_config_elements + 1; i++ ) {
                if( bitstream_type == '0' )
                        adif_buffer_fullness              20             uimsbf
                program_config_element()
        }
}
```

图 4-18

其中，部分常用字段的含义如表 4-9 所示。

表 4-9

字　　段	数量（bit）	含　　义
adif_id	32	ADIF 格式的标识字段，固定值为 0x41444946
copyright_id_present	1	版权设置标识
copyright_id	72	版权标识
original_copy	1	原版或复制版标识
home	1	内容原创标识
bitstream_type	1	媒体流类型：0 表示 CBR，1 表示 VBR
bitrate	23	CBR 模式表示指定码率，VBR 模式表示最高码率
num_program_config_elements	4	program config elements 结构的数量
adif_buffer_fullness	20	program config elements 前的码流填充位
program_config_element()	-	program config elements 结构

在表 4-9 中，program_config_element()字段用于保存音频文件中某一路节目的配置信息，其数量与文件中保存的节目数量一致，由参数 num_program_config_elements 指定。program_config-element()如图 4-19 所示。

Syntax	No. of bits	Mnemonic
program_config_element()		
{		
element_instance_tag	4	uimsbf
object_type	2	uimsbf
sampling_frequency_index	4	uimsbf
num_front_channel_elements	4	uimsbf
num_side_channel_elements	4	uimsbf
num_back_channel_elements	4	uimsbf
num_lfe_channel_elements	2	uimsbf
num_assoc_data_elements	3	uimsbf
num_valid_cc_elements	4	uimsbf
mono_mixdown_present	1	uimsbf
if (mono_mixdown_present == 1)		
mono_mixdown_element_number	4	uimsbf
stereo_mixdown_present	1	uimsbf
if (stereo_mixdown_present == 1)		
stereo_mixdown_element_number	4	uimsbf
matrix_mixdown_idx_present	1	uimsbf
if (matrix_mixdown_idx_present == 1) {		
matrix_mixdown_idx	2	uimsbf
pseudo_surround_enable	1	uimsbf
}		
for (i = 0; i < num_front_channel_elements; i++) {		
front_element_is_cpe[i];	1	bslbf
front_element_tag_select[i];	4	uimsbf
}		
for (i = 0; i < num_side_channel_elements; i++) {		
side_element_is_cpe[i];	1	bslbf
side_element_tag_select[i];	4	uimsbf
}		
for (i = 0; i < num_back_channel_elements; i++) {		
back_element_is_cpe[i];	1	bslbf
back_element_tag_select[i];	4	uimsbf
}		
for (i = 0; i < num_lfe_channel_elements; i++)		
lfe_element_tag_select[i];	4	uimsbf
for (i = 0; i < num_assoc_data_elements; i++)		
assoc_data_element_tag_select[i];	4	uimsbf
for (i = 0; i < num_valid_cc_elements; i++) {		
cc_element_is_ind_sw[i];	1	uimsbf
valid_cc_element_tag_select[i];	4	uimsbf
}		
byte_alignment()		
comment_field_bytes	8	uimsbf
for (i = 0; i < comment_field_bytes; i++)		
comment_field_data[i];	8	uimsbf
}		

图 4-19

Raw Data Stream()

在 ADIF 格式的音频文件中，Raw Data Stream()用于保存主要的音频压缩数据流信息，如图 4-20 所示。

Syntax	No. of bits	Mnemonic
raw_data_stream()		
{		
while (data_available()) {		
raw_data_block()		
byte_alignment()		
}		
}		

图 4-20

Raw Data Stream()以循环的方式保存若干 raw_data_block()，并在每个 raw_data_block()的末尾都添加填充位，使其按照字节位置对齐。raw_data_block()如图 4-21 所示。

```
Syntax                                                    No. of bits    Mnemonic
raw_data_block()
{
    while( (id = id_syn_ele) != ID_END ){                     3           uimsbf
        switch (id) {
            case ID_SCE:    single_channel_element()
                break;
            case ID_CPE:    channel_pair_element()
                break;
            case ID_CCE:    coupling_channel_element()
                break;
            case ID_LFE:    lfe_channel_element()
                break;
            case ID_DSE:    data_stream_element()
                break;
            case ID_PCE:    program_config_element()
                break;
            case ID_FIL:    fill_element()
                break;
        }
    }
}
```

图 4-21

2. ADTS 格式

ADTS 格式是在 AAC 编码标准中定义的另一种音频文件格式。与 ADIF 格式不同的是，ADTS 格式没有一个独立且完整的文件头和音频流数据，而是将文件头和音频流数据与同步字节和差错校验信息组合为一个数据帧，如图 4-22 所示。

```
Syntax                                                    No. of bits    Mnemonic
adts_frame()
{
    byte_alignment()
    adts_fixed_header()
    adts_variable_header()
    adts_error_check()
    for( i=0; i<no_raw_data_blocks_in_frame+1; i++) {
        raw_data_block()
    }
}
```

图 4-22

其结构如图 4-23 所示。

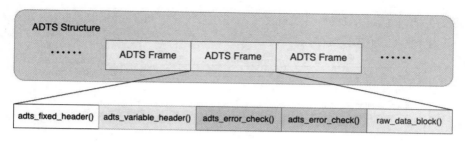

图 4-23

在这个结构中，一个数据帧的头部可分为固定头结构（adts_fixed_header()）和可变头结构（adts_variable_header()）两部分。其中，固定头结构如图 4-24 所示。

Syntax	No. of bits	Mnemonic
adts_fixed_header()		
{		
Syncword	12	bslbf
ID	1	bslbf
Layer	2	uimsbf
protection_absent	1	bslbf
Profile_ObjectType	2	uimsbf
sampling_frequency_index	4	uimsbf
private_bit	1	bslbf
channel_configuration	3	uimsbf
original/copy	1	bslbf
home	1	bslbf
Emphasis	2	bslbf
}		

图 4-24

在 ADTS 格式中，固定头结构的每一帧的数据都固定不变，其作用为在音频流媒体等信息连续传输场景下确认随机接入点。在固定头结构中，前端的 12 bit 为同步字节 Syncword，其固定取值为 0xFFF，解码器在码流中查找该字段作为解码的起始位置。

在 ADTS 格式中，可变头结构的每一帧的数据都可以变化，可变头结构如图 4-25 所示。

Syntax	No. of bits	Mnemonic
adts_variable_header()		
{		
copyright_identification_bit	1	bslbf
copyright_identification_start	1	bslbf
aac_frame_length	13	bslbf
adts_buffer_fullness	11	bslbf
no_raw_data_blocks_in_frame	2	uimsbf
}		

图 4-25

在可变头结构之后，ADTS 格式设置了循环冗余校验（adts_error_check()），用于在网络传输中进行差错控制，如图 4-26 所示。

Syntax	No. of bits	Mnemonic
adts_error_check() { if (protection_absent == '0') crc_check }	16	Rpchof

图 4-26

如图 4-25 所示，在一个 ADTS Frame 的末尾通常包含一个函数 raw_data_block。在 ADIF 格式中，函数 raw_data_block 是集中保存在 raw_data_stream 中的。而在 ADTS Frame 中，函数 raw_data_block 是按顺序依次保存在函数 adts_error_check 之后的，函数 raw_data_block 的个数由可变头结构中的参数 no_raw_data_blocks_in_frame 指定。

4.5.2 AAC 编码标准

随着技术的发展，先进音频编码（Advanced Audio Coding，AAC）已逐渐取代 MP3 编码成为主流。在相同的码率下，AAC 的音频信息质量更高。

作为音频压缩编码的国际标准之一，AAC 最早是作为 MPEG-2 标准集合的一部分发布的，即 MPEG-2 Part7 或 ISO/IEC 13818-7。随后在 MPEG-4 标准集合中，AAC 作为指定的音频压缩编码方式在 MPEG-4 Part3（即 ISO/IEC 14496-3）中发布。相比于 MPEG-2 Part7，在 MPEG-4 Part3 中定义的 AAC 进行了扩展，并引用了多种新技术，以提升编码的性能。

在 MPEG-2 Part7 中，AAC 定义的档次如下。

◎ AAC-LC：低复杂度档次，LC 是 Low-Complexity 的缩写。

◎ AAC-Main：主档次。

◎ AAC-SSR：可分级采样率档次，SSR 是 Scalable Sampling Rate 的缩写。

在 MPEG-4 Part3 中，AAC 定义的档次如下。

◎ AAC-Main：主档次。

◎ AAC-Scalable：可分级采样率档次。

◎ AAC-Speech：主要适用于语音编码。

◎ AAC-SyntheticAudio：以较低码率合成声音及语音信号。

◎ AAC-HighQuality：高质量档次。

◎ AAC-LD：低延迟档次，LD 是 Low Delay 的缩写。

◎ AAC-NaturalAudio：适用于自然声音信息的编码。

◎ AAC-MobileAudioInternetworking：适用于网络音频的扩展档次。

在随后更新的 AAC 编码标准中，增加了 HE-AAC 和 AAC-LC 档次。其中，HE 表示 High Efficiency，即高效率。在音频流媒体等传输码率受限制的场景中，HE-AAC 得到广泛应用。在 AAC-LC 的基础上，HE-AAC 在频率域使用了"频域子带复制"技术，即 SBR 技术，使得 MDCT 的效率得到提升，因此可以取得更高的压缩效率。SBR 技术的原理是，人的听觉通常对声音的低频分量具有较高的辨识精度，而对声音的高频分量的辨识精度较弱。在音频信号的整个频段中，对于低频分量和中频分量，由编码器直接进行编码；对于高频分量则不直接进行编码，而是在解码端从中、低频信号中复制相应的信息进行重建，把重建过程的依赖信息作为编码的附加信息进行传递。通过这种方式，高频分量的音频信号无须达到数学意义上的准确编码，只需在听觉感官方面达到低失真即可。

在随后升级的音频编码标准中，HE-AAC 升级为 HE-AAC v2，而原版的 HE-AAC 被称作 HE-AAC v1。除保留 HE-AAC v1 中使用的 SBR 技术外，HE-AAC v2 还增加了"Parametric Stereo"，即"参数化立体声"技术（简称 PS 技术），用于提升立体声音频的编码效率。立体声音频通常由两路相关的单声道音频信号构成，由于两个声道之间具有一定的相关性，因此完全按照两路独立的音频信息对其进行编码会造成较大的码率浪费。PS 技术通过编码立体声中的其中一路音频数据，将另一路音频数据的参数作为附加信息以 2~3Kbit/s 的速率进行传输。在解码端，HE-AAC v2 解码器通过完整编码的音频流和附加信息重建出立体声音频的另一路音频流进行播放。若使用 HE-AAC v1 解码器进行解码，则仅能解码出完整编码的音频流，并作为单声道信号输出。

HE-AAC 的各个档次之间的关系如图 4-27 所示。

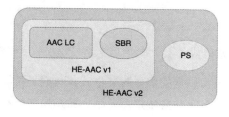

图 4-27

第 5 章
音视频文件容器和封装格式

5.1 概述

视频信号和音频信号都有各自的压缩编码标准，如视频信号的 MPEG-2、H.264 和 H.265，音频信号的 MP3 和 AAC。一路音频信号或视频信号在编码之后会生成各自的编码数据流，又称为基本流（Elementary Stream，ES）。一方面，一路基本流中只包含一路媒体数据，即通常不可能将两路不同的媒体信息流编码到一路基本流中。另一方面，在多数场合下，媒体信息在播放过程中会同时播放多路媒体流（部分场景除外，如音乐播放器可能只播放音频流，无视频信息；而在安防监控等场景中可能只有视频信号，无音频信息）。多路媒体流的参数事实上是相互独立的，因此可能造成在播放或处理时进度不同步等问题，影响使用体验。

为了解决多路音视频流的同步问题，基本流在经过处理后会复用到一个文件或数据流中。该文件严格按照规定的某一种数据格式包含了视频码流数据、音频码流数据和音视频同步信息，以及可能包含的字幕流数据、分集信息和元数据（如发行商、语言、演员信息）等。在复用后的文件中，信息的组织形式即为文件容器格式（File Container Format），又称作文件封装格式。文件封装格式除用少量的数据说明媒体信息的编码标准和基本参数外，不包含音视频数据在编码过程中的细节信息，其主要作用是组织容器中不同的基本流的保存和播放，以保证播放过程的同步。

不同的文件封装格式通常以媒体文件的扩展名进行区分，目前常见的音视频文件格式如下。

◎ FLV 格式：Adobe 公司制定的媒体封装格式，其数据结构十分简单，时间同步信息和数据包大小并不统一保存在某特定单元中，而是随着音视频媒体数据包进行传输，因此特别适用于直播和流媒体等场景。

◎ MPEG-TS 格式：源自 MPEG-2 标准中制定的用于数字电视广播等场景的"传输流（Transporting Stream）"格式。作为基本的封装格式，在 HLS（Http-Live-Streaming）等传输协议中得到广泛应用。

◎ MP4 格式：其应用最为广泛，适用于视频点播、存储等场景；支持编码协议可扩展，还支持 H.264 或 H.265 等编码标准。

◎ MKV 格式：开源文件封装格式，扩展性最强，广泛用于超高清视频文件等场景。

◎ AVI 格式：音视频交错格式（Audio-Video-Interleaved）的简称，由微软公司制定，常用于影视光盘。

◎ 其他格式，如 RealMedia、3GP、Ogg 等。

在上述诸多媒体封装格式中，FLV 格式、MPEG-TS 格式和 MP4 格式的应用相对较为广泛，本章重点介绍这三种格式。

5.2 FLV 格式

FLV（Flash Video）格式是由 Adobe 公司开发的，该格式的文件（后续统称为 FLV 文件）通常以.flv 为后缀名。由于 FLV 文件简单，且数据片之间包含前后联系，因此特别适合流媒体传输。在早期的视频直播和点播领域中，如在 RTMP 和 HTTP-FLV 等协议类型中都广泛使用了 FLV 格式，并构成了视频直播系统的技术基础。

在 Flash Video 的官方协议文本中定义了下面两种格式。

（1）F4V 格式：F4V 格式是继 FLV 格式后，Adobe 公司推出的支持 H.264 编码的流媒体格式。它和 FLV 格式的主要区别在于，FLV 格式使用的是 H.263 编码，而 F4V 格式使用的是 H.264 编码。

（2）FLV 格式：以 tag 为单位将音频和视频复用到一个文件。

其中，F4V 格式是与 MP4 格式同源的封装格式，ISO 基本媒体文件格式在本书的后面会介绍，本节主要介绍 FLV 格式。

5.2.1 FLV 文件结构

一个典型的 FLV 文件由 FLV 文件头（FLV Header）和 FLV 文件体（FLV Body）组成，主要结构如图 5-1 所示。

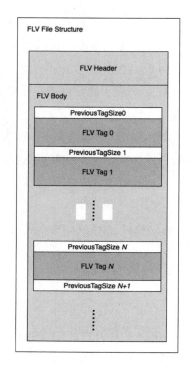

图 5-1

FLV 文件体由若干级联的 FLV 标签（FLV Tag）组成。每个 FLV 标签都先传递一个 PreviousTagSize（32 位无符号整型值）来保存前一个 FLV 标签的大小。FLV 文件体中的第一个 PreviousTagSize 为 0，后续的每一个 PreviousTagSize 都表示前一个 FLV 标签的大小。一个 FLV 文件中的所有数据，如视频头信息、音频流数据和视频流数据等都封装在不同类型的 FLV 标签中，并且在同一个 FLV 文件中保存或传输。

5.2.2 FLV 文件头

FLV 文件头中保存了最明显的特征，即使用前 3 Byte，以 8 位无符号整型值的形式保存 0x46、0x4C 和 0x56，即 F、L 和 V 的 ASCII 码。之后，以另一个 8 位无符号整型值表示 FLV 文件的版本，如 0x01 表示 FLV Version 1。

在 FLV 文件头的第 5 Byte 中，最低位（Video Flag）和倒数第三位（Audio Flag）分别为视频 Tag 标识位和音频 Tag 标识位，其余位均为 0。当 Video Flag 为 1 时，表示该 FLV 文件中存在视频 Tag；当 Audio Flag 为 1 时，表示该 FLV 文件中存在音频 Tag。在 FLV 文件头的最后，用 4 Byte 表示整个 FLV 文件头的长度，例如 FLV Version 1，该值通常为 9。

　　一个典型的 FLV 文件头结构如图 5-2 所示。

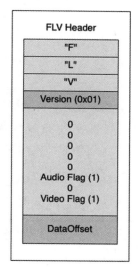

图 5-2

5.2.3　FLV 标签

　　FLV 文件中的所有有效数据，包括音频、视频和头数据都封装在不同类型的 FLV 标签中。每个 FLV 标签都由 FLV 标签头部信息（FLV Tag Header）和 FLV 标签载荷数据（FLV Tag Playload）组成。其中，FLV 标签头部信息（简称为头部信息）包含当前标签的类型、体积、时间戳等信息，FLV 标签载荷数据（简称为载荷数据）保存了一个完整的音频、视频或参数数据类型的标签，如脚本标签、FLV 视频标签和 FLV 音频标签。

1．头部信息

　　在一个 FLV 标签中，前 11 Byte 固定表示当前的头部信息，主要结构如下。

◎　保留位（Reserved）：2 bit，始终为 0。

◎　预处理标识（Filter）：1 bit，0 表示无预处理，1 表示需要加密等预处理。

◎　标签类型（TagType）：5 bit，8 表示音频，9 表示视频，18 表示参数数据。

以上三项组成了头部信息的第 1 Byte。

◎　数据体积（DataSize）：3 Byte，当前标签内载荷数据的体积。

◎　时间戳（Timestamp）：3 Byte，当前标签的时间戳。

◎　时间戳扩展（TimestampExtended）：1 Byte，时间戳扩展，可作为高位字节与 Timestamp 构成一个 32 位有符号整型值。

◎　SteamID：3 Byte，始终为 0。

2．脚本标签

当头部信息中的标签类型为 18 时，该标签的载荷数据就保存了一个脚本标签。脚本标签以不同类型的键值对形式保存了若干媒体文件的参数数据。脚本标签中的脚本标签体（ScriptTagBody）实际上是一个十分复杂的键值对结构，其 Name（键）和 Value（值）都用一个通用数据类型 ScriptDataValue 来表示，如表 5-1 所示。

表 5-1

字　　段	类　　型	含　　义
Name	ScriptDataValue（String）	参数名称
Value	ScriptDataValue（ECMA Array）	参数值

ScriptDataValue 是一种特殊的结构，它可以包含多种不同的数据类型。一个 ScriptDataValue 由 Type 和 Data 两部分组成，其中，Type 决定了 ScriptDataValue 中保存的数据的类型，Data 保存了 ScriptDataValue 的实际数据。

ScriptDataValue 的 Type 中共定义了 13 种合法取值，其中，9 种有实际意义的如表 5-2 所示。

表 5-2

类型索引	类　　型
0	双精度浮点数
1	布尔值
2	字符串（ScriptDataString）
3	对象结构（ScriptDataObject）
7	16 位无符号整数
8	ECMA 数组（ScriptDataECMAArray）
10	有序数组（ScriptDataStrictArray）
11	日期/时间（ScriptDataDate）
12	长数组（ScriptDataLongString）

在表 5-2 中，除双精度浮点数、布尔值和 16 位无符号整数外，其他类型多为复合数据类型。下面详细介绍部分常用类型。

字符串（ScriptDataString）

字符串表示字符串数据。一个字符串包含两部分，即 StringLength 和 StringData，如表 5-3 所示。

表 5-3

字　　段	类　　型	含　　义
StringLength	UI16	字符串长度
StringData	字符串	字符串数据

一个字符串最多可以保存 65535 Byte 的数据，其中，StringData 中的字符串不以\0 作为结束符。

对象结构（ScriptDataObject）

对象结构用于保存若干匿名的属性。一个对象结构主要包含两部分，即 ObjectProperties 和 List Terminator，如表 5-4 所示。

表 5-4

字　　段	类　　型	含　　义
ObjectProperties	ScriptDataObjectProperty[ ]	对象的属性列表
List Terminator	ScriptDataObjectEnd	属性列表终止符

ObjectProperties 是一种复合类型，用来保存某种属性的键值对。每个 ObjectProperties 都包含一个 PropertyName 和一个 PropertyData，如表 5-5 所示。

表 5-5

字　　段	类　　型	含　　义
PropertyName	ScriptDataString	属性名称
PropertyData	ScriptDataValue	属性值

其中，PropertyName 以字符串形式表示，PropertyData 以 ScriptDataValue 形式表示，可以以嵌套形式保存多层属性值。

List Terminator 包含固定的 3 Byte，分别为 0、0 和 9。

ECMA 数组（ScriptDataECMAArray）

ECMA 数组保存了 ECMA 格式的数组。每个 ECMA 数组中都保存了若干对象的属性列表。ECMA 数组与对象结构的主要区别在于，ECMA 数组中定义了一个用来保存 ECMA 数组长度的字段。

ECMA 数组的主要结构如表 5-6 所示。

表 5-6

字 段	类 型	含 义
ECMAArrayLength	UI32	ECMA 数组长度
Variable	ScriptDataObjectProperty[ ]	变量键值对
List Terminator	ScriptDataObjectEnd	属性列表终止符

onMetaData 结构

在一个典型的 FLV 文件中，第一个 Tag 结构通常为一个 Script Tag，其中包含一个 onMetaData 结构。onMetaData 结构在整个文件的封装层中起到记录媒体数据基本信息的作用。onMetaData 结构中包含的数据如表 5-7 所示。

表 5-7

字 段	类 型	含 义
audiocodecid	Number	音频解码器索引
audiodatarate	Number	音频流比特率
audioDelay	Number	音频流解码器延迟
audiosamplerate	Number	音频采样率
audiosamplesize	Number	音频包大小
canSeekToEnd	Boolean	能否寻找到结尾，即最后一个视频帧是否为关键帧
creationdate	String	创建日期时间
duration	Number	媒体文件总时长
filesize	Number	媒体文件大小
framerate	Number	视频帧率
height	Number	视频帧高度
stereo	Boolean	音频流是否为立体声
videocodecid	Number	视频解码器索引
videodatarate	Number	视频流比特率
width	Number	视频帧宽度

3. FLV 视频标签（FLV Video Tag）

当头部信息中的标签类型为 9 时，该标签的载荷数据中保存了一个视频标签。在 Video 视频标签中，紧随 StreamID 之后的为视频标签头和视频标签体。

视频标签头（Video Tag Header）

视频标签头中保存了视频流相关的 MetaData 数据，其主要结构如表 5-8 所示。

表 5-8

字　段	类　型	含　义
FrameType	UB[4]	当前标签中保存的视频帧的类型
CodecID	UB[4]	视频流编码格式索引
AVCPacketType	UI8	当前视频包数据的类型
CompositionTime	SI24	当前视频包的显式时间戳偏移量

（1）FrameType。表示当前标签中保存的视频帧的类型，可能的取值为 1～5，含义如下。

◎　1：H.264/AVC 的关键帧，可作为随机接入点。

◎　2：H.264/AVC 的非关键帧。

◎　3：可丢弃的非关键帧（仅用于 H.263 中）。

◎　4：后生成的关键帧（保留，通常不使用）。

◎　5：视频信息或命令帧。

通常来说，对于封装了 H.264 或 H.265 的 FLV 文件，视频帧的类型通常取值为 1 或 2，很少使用其他类型。

（2）CodecID。视频流编码格式索引。视频解码器根据 CodecID 对 FLV 文件中的视频流进行解码。CodecID 的取值范围为 2～7，分别表示不同的编码标准。

◎　2：Sorenson H.263。

◎　3：Screen video。

◎　4：On2 VP6。

◎　5：带 Alpha 通道的 On2 VP6。

◎　6：Screen video version 2。

◎　7：H.264/AVC。

需要注意的是，在原版的 FLV 封装协议中并不支持 H.265。在指定 FLV 封装格式的协议中（如 HTTP-FLV 等），为了应用 H.265，通常需要对 CodecID 的定义域进行扩展，如增加 CodecID 的取值为 10 或 12 等。此时，需要对整个解封装和解码功能进行二次开发，以支持这种扩展的"私有" FLV 封装格式。

（3）AVCPacketType。如果 CodecID 为 7，则在视频标签头中保存 AVCPacketType 值。AVCPacketType 的取值范围为 1～3，含义如下。

◎ 1：AVC 编码视频头结构，包括 SPS、PPS 和附加信息。

◎ 2：AVC NALU 数据包。

◎ 3：表示码流结束。

（4）CompositionTime。当 AVCPacketType 为 1 时，CompositionTime 表示显示时间相对于解码时间戳的偏移量。通过视频标签头中的时间戳和 CompositionTime，可以确定当前标签中视频帧的显示时间戳。

视频标签体（Video Tag Body）

当头部信息中的标签类型为 9 时，在视频标签头之后所保存的就是视频标签体，即视频码流数据。根据 CodecID 的不同，视频标签体中保存了不同格式的视频码流包。如前文所述，当 CodecID 为 7 时，FLV 标签中保存的为 H.264 格式的视频码流包，即 AVCVideoPacket。AVCVideoPacket 的内容由 AVCPacketType 决定。

◎ 当 AVCVideoPacket 为 0 时，AVCVideoPacket 以一个 AVCDecodeConfigurationRecord 结构的形式保存头信息和视频的参数配置数据。

◎ 当 AVCVideoPacket 为 1 时，AVCVideoPacket 包含一个或多个 H.264 格式的 NALU 单元。

在音视频封装格式中，AVCDecodeConfigurationRecord 结构是一种常用的结构，用于保存视频流的 SPS、PPS 等解码和播放的必要数据。该结构定义于 ISO 标准 14496-15 （即 MP4 封装格式的诸多标准之一）中，与 MP4 格式中的 AVCC 结构类似，详细介绍见 5.4 节。

4．FLV 音频标签（FLV Audio Tag）

当头部信息中的标签类型为 8 时，该标签为一个音频标签。与视频标签类似，在一个音频标签中，紧随 StreamID 之后的为音频标签头和音频标签体。

音频标签头（Audio Tag Header）

音频标签头保存了当前标签的音频参数，如表 5-9 所示。

表 5-9

字　　段	类　　型	含　　义
SoundFormat	UB[4]	音频编码格式
SoundRate	UB[2]	音频采样频率
SoundSize	UB[1]	每个音频采样点的数据大小
SoundType	UB[1]	音频类型，0 表示单声道，1 表示立体声
AACPacketType	UI8	AAC 数据包的类型

其中，各个字段的具体说明如下。

◎　SoundFormat：表示音频编码格式，常用的有 2（表示 MP3 格式）、10（表示 AAC 格式）和 11（表示 speex 格式）等。

◎　SoundRate：表示音频采样频率，可取的值如下。

  ◉　0：采样频率为 5.5kHz。

  ◉　1：采样频率为 11kHz。

  ◉　2：采样频率为 22kHz。

  ◉　3：采样频率为 44kHz。

◎　SoundSize：每个音频采样点的数据大小，0 表示每个采样点占 8 bit，1 表示每个采样点占 10 bit。

◎　SoundType：音频类型，0 表示单声道，1 表示立体声。

◎　AACPacketType：如果 SoundFormat 为 10，即音频流为 AAC 格式，则 0 表示当前标签保存 AAC 头结构，1 表示当前标签保存 AAC 数据包。

音频标签体（Audio Tag Body）

音频标签体中保存了 FLV 音频流的 SoundData 数据。对于 AAC 格式，音频标签体保存的是 AACAudioData，其中，实际数据类型由音频标签头中的 AACPacketType 决定。若 AACPacketType 为 0，则 AACAudioData 为 AAC 头结构，即 AudioSpecificConfig；若 AACPacketType 为 1，则 AACAudioData 为 AAC 数据包。

5.3 MPEG-TS 格式

MPEG-TS 格式的文件以.ts 作为扩展名，表示传输流（Transport Stream）。MPEG-TS 格式最初源自 MPEG-2 标准，它与节目流（Program Stream）一样，都是音视频数据流的复用形式。传输流和节目流的设计目的一致，即将对应的音频信息和视频信息复用到同一路数据流中，而其应用场景有所区别。节目流主要应用于可靠传输和存储场景（如 DVD 等），传输流主要应用于非可靠传输与存储场景（如卫星电视广播等）。传输流和节目流可以相互转换。

一个 MPEG-TS 文件由若干传输信息包（Transport Packet，TS）组成，每个传输信息包的长度均为 188 Byte。每个传输信息包都包括两部分：信息包头和载荷数据。其中，信息包头固定为 4 Byte，其余 184 Byte 为载荷数据。一个完整的 MPEG-TS 文件的结构如图 5-3 所示。

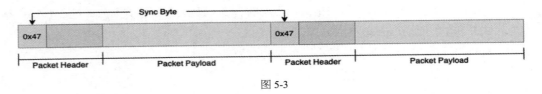

图 5-3

5.3.1 信息包头

一个传输信息包的信息包头固定为 4 Byte，共表示 8 个参数，如图 5-4 所示。

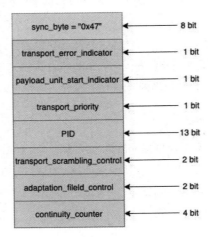

图 5-4

其中，部分参数的含义如下。

◎ sync_byte：同步字节，其值固定为十六进制值 0x47（二进制值为 0100 0111），用于在一串码流中进行二进制同步，即确定一个传输信息包的起始位置。

◎ transport_error_indicator：误码标识位，当该位为 1 时，表示当前传输信息包中存在误码。

◎ payload_unit_start_indicator：载荷数据的起始标识位，当该位为 1 时，表示当前传输信息包的载荷数据以一个 PES 包或 PSI 的数据为开始。

◎ transport_priority：传输优先级，如果该位为 1，则当前传输信息包在传输中与 PID 相同。当该位为 0 时，传输信息包具有更高的优先级。

◎ PID：当前传输信息包所包含的载荷数据的类别，长度为 13 bit。PID 取值与数据类型的关系如表 5-10 所示。

表 5-10

PID 取值	数据类型
0x0000	节目关联表（PAT）
0x0001	条件接收表（CAT）
0x0002~0x000F	保留值
0x0010~0x1FFE	其他有效数据
0x1FFF	空包

◎ transport_scrambling_control：表明载荷数据的混淆方式，长度为 2 bit；当该值为 0 时，表示不加混淆。

◎ adaptation_field_control：表明当前传输信息包所承载的数据中是否有调整字段，长度为 2 bit。当该值为 00 时，为保留字段，当该值为 01、10 和 11 时，分别表示"无调整字段，仅包含载荷数据"、"仅有调整字段，无载荷数据"和"既有调整字段，又有载荷数据"。

◎ continuity_counter：连续计数器，当该传输信息包中存在载荷数据（即 adaptation_field_control 为 01 或 11）时连续按 1 自增，直到达到最大值后重新归零。

5.3.2　PES 包结构

MPEG-TS 文件中的音频数据和视频数据均以 PES 包的方式保存。一个典型的 PES 包主要由 packet_start_code_prefix、stream_id、PES_packet_length、PES Packet 头结构、PES Packet 有

效数据和 padding_bytes 组成，如图 5-5 所示。

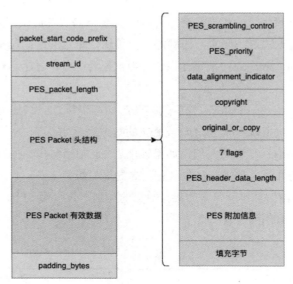

图 5-5

各个字段的含义如下。

◎ packet_start_code_prefix：前缀起始码，以 3 Byte 表示 PES 包的起始码，其值固定为 0x000001。

◎ stream_id：流 ID，表示信息流的标识符，长度为 1Byte。

◎ PES_packet_length：PES 包长度，用 2 Byte 表示当前 PES 包自该字段起至后面数据的长度。

◎ PES Packet 头结构，包含的内容如下：

   ◉ PES_scrambling_control：PES 混淆控制符，用 2 bit 表示是否混淆，以及混淆方式。

   ◉ PES_priority：用 1 bit 表示当前 PES 包是否为高优先级。

   ◉ data_alignment_indicator：用 1 bit 表示当前 PES 包的后方是否紧随着音频流或视频流的起始码。

   ◉ copyright：用 1 bit 表示当前节目是否受到版权保护。

   ◉ orignal_or_copy：原版或复制版标识位，1 表示原版，0 表示复制版。

   ◉ 7 flags：这里共定义了 7 个标识位，分别表示不同的信息。当给不同的标识位设置不同的值时，将影响 PES 包附加信息的内容。

- ◉ PES_header_data_length：表示前述标识位所定义的附加信息，以及后续填充字节的总长度。
- ◉ PES 附加信息：由前述标识位指定的附加信息，如当 PTS_DTS_flags 为 10 或 11 时，表示该字段保存了当前 PES 包的时间戳信息。
- ◉ 填充字节：其值固定为 0xFF。
- ◎ PES Packet 有效数据：保存音频流和视频流数据。
- ◎ padding_bytes：填充字节，其值固定为 0xFF。

5.3.3　PSI 结构

除 PES 包外，传输信息包中包含的另一类重要数据为节目专用信息（Program Special Information，PSI）。传输信息包中的节目专用信息通常保存为若干不同的表，常见的有 4 种：节目关联表、节目映射表、网络信息表和条件接收表。这里简要讨论节目关联表和节目映射表。

1. 节目关联表

节目关联表（Program Association Table，PAT）的主要作用是提供传输信息包的 PID 与节目序号（program_number）之间的对应关系。MPEG-TS 文件中的每一路节目都对应唯一的节目序号。节目关联表的主要结构如图 5-6 所示。

Syntax	No. of bits	Mnemonic
program_association_section() {		
table_id	8	uimsbf
section_syntax_indicator	1	bslbf
'0'	1	bslbf
reserved	2	bslbf
section_length	12	uimsbf
transport_stream_id	16	uimsbf
reserved	2	bslbf
version_number	5	uimsbf
current_next_indicator	1	bslbf
section_number	8	uimsbf
last_section_number	8	uimsbf
for (i=0; i<N;i++) {		
program_number	16	uimsbf
reserved	3	bslbf
if(program_number == '0') {		
network_PID	13	uimsbf
}		
else {		
program_map_PID	13	uimsbf
}		
}		
CRC_32	32	rpchof
}		

图 5-6

2. 节目映射表

节目映射表（Program Map Table，PMT）的主要作用是提供某个节目序号对应的节目与组成该节目的传输信息包的 PID 的对应关系。其主要结构如图 5-7 所示。

Syntax	No. of bits	Mnemonic
TS_program_map_section() {		
table_id	8	uimsbf
section_syntax_indicator	1	bslbf
'0'	1	bslbf
reserved	2	bslbf
section_length	12	uimsbf
program_number	16	uimsbf
reserved	2	bslbf
version_number	5	uimsbf
current_next_indicator	1	bslbf
section_number	8	uimsbf
last_section_number	8	uimsbf
reserved	3	bslbf
PCR_PID	13	uimsbf
reserved	4	bslbf
program_info_length	12	uimsbf
for (i=0; i<N; i++) {		
descriptor()		
}		
for (i=0;i<N1;i++) {		
stream_type	8	uimsbf
reserved	3	bslbf
elementary_PID	13	uimsnf
reserved	4	bslbf
ES_info_length	12	uimsbf
for (i=0; i<N2; i++) {		
descriptor()		
}		
}		
CRC_32	32	rpchof
}		

图 5-7

5.4　MP4 格式

5.4.1　MP4 格式简介

MP4 是国际标准化组织 ISO 公布的视频封装的标准格式之一，广泛用于视频点播、媒体通信和安防监控等多种场景。MP4 格式使用完善的数据组织形式，将编码音频流和编码视频流有效地组织在同一个文件中，并以不同形式的时间戳进行音视频同步管理。MP4 格式的媒体文件具有较强的可编辑性，支持以较小的代价进行（如时移等）原本较为复杂的操作。此外，MP4格式具有较强的兼容性，支持多种不同的音视频编码格式组合，如 H.264+MP3、H.264+AAC和 H.265+AAC 等。

5.4.2　ISO 协议族

在历史上曾获得规模化产业应用的音视频压缩标准大多是由国际标准化组织（International Organization for Standardization，ISO）主导或参与设计的，例如：

◎　ISO/IEC-13818：MPEG-2 协议族，包括 MPEG-2（H.262）视频压缩标准等。

◎　ISO/IEC-14496：MPEG-4 协议族，包括 ISO 容器格式、MPEG-4（H.264）视频压缩标准等。

◎　ISO/IEC-23008：MPEG-H 协议族，包括 H.265（HEVC）视频压缩标准等。

◎　ISO/IEC-23009：包括 DASH（Dynamic Adaptive Streaming over HTTP）协议等。

MP4 格式是国际标准化组织与国际电工委员会 （International Electrotechnical Commission，IEC）公布的标准媒体文件格式，属于 MPEG-4 标准的一部分。

MPEG-4 不是一项单独的协议标准，而是一组作用、目标不同的协议族，其编号为 ISO/IEC 14496，共包含了 30 余项协议文档，常用的如表 5-11 所示。

表 5-11

字　段	类　型	含　义
ISO/IEC 14496-1	System	MPEG-4 的复用、同步等系统级特性
ISO/IEC 14496-2	Video	视频压缩标准
ISO/IEC 14496-3	Audio	音频压缩标准
ISO/IEC 14496-10	Advanced Video Coding （AVC）	先进视频编码标准，即 H.264/AVC 标准
ISO/IEC 14496-12	ISO based media format	ISO 规定的基本文件封装容器的格式标准
ISO/IEC 14496-14	MP4 file format	第 12 部分的扩展，定义 MP4 的封装格式
ISO/IEC 14496-15	Advanced Video Coding （AVC） file format	第 14 部分的扩展，规定保存 H.264/AVC 标准的视频容器格式

5.4.3　MP4 封装格式

通常，一个 MP4 格式的文件是由一个个嵌套形式的"Box 结构"构成的。Box 结构为一种由头结构（Box Header）和负载数据（Box Data）组成的能容纳特定信息的数据结构。某种类型的 Box 结构可以在其内部包含若干其他类型的 Box 结构，形成嵌套的多层 Box 结构，以此存储 MP4 文件中复杂的数据结构。

MP4 文件中定义的 Box 结构可被分为两种，即 Box 和 FullBox。其中，FullBox 是 Box 的扩展，可以保存更全面的信息。二者的结构如图 5-8 所示。

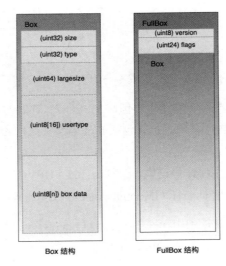

图 5-8

Box 和 FullBox 的伪代码如下。

```
aligned (8) class Box (unsigned int(32) boxtype, optional unsigned int(8)[16]
extended_type) {
    unsigned int(32) size;
    unsigned int(32) type = boxtype;
    if (size==1) {
        unsigned int(64) largesize;
    } else if (size==0) {
    }
    if (boxtype=='uuid') {
        unsigned int(8)[16] usertype = extended_type;
    }
}

aligned(8) class FullBox(unsigned int(32) boxtype, unsigned int(8) v, bit(24)
f) extends Box(boxtype) {
    unsigned int(8) version = v;
    bit(24) flags = f;
}
```

5.4.4　Box 类型

MP4 协议中定义的 Box 类型超过 70 种，它们都定义在标准文档 ISO/IEC 14496-12 中，如图 5-9 所示。

							章节	描述
ftyp						*	4.3	file type and compatibility
pdin							8.43	progressive download information
moov							8.1	container for all the metadata
	mvhd					*	8.3	movie header, overall declarations
	trak					*	8.4	container for an individual track or stream
		tkhd				*	8.5	track header, overall information about the track
		tref					8.6	track reference container
		edts					8.25	edit list container
			elst				8.26	an edit list
		mdia					8.7	container for the media information in a track
			mdhd			*	8.8	media header, overall information about the media
			hdlr			*	8.9	handler, declares the media (handler) type
			minf			*	8.10	media information container
				vmhd			8.11.2	video media header, overall information (video track only)
				smhd			8.11.3	sound media header, overall information (sound track only)
				hmhd			8.11.4	hint media header, overall information (hint track only)
				nmhd			8.11.5	Null media header, overall information (some tracks only)
				dinf			8.12	data information box, container
					dref	*	8.13	data reference box, declares source(s) of media data in track
				stbl			8.14	sample table box, container for the time/space map
					stsd	*	8.16	sample descriptions (codec types, initialization etc.)
					stts		8.15.2	(decoding) time-to-sample
					ctts		8.15.3	(composition) time to sample
					stsc		8.18	sample-to-chunk, partial data-offset information
					stsz		8.17.2	sample sizes (framing)
					stz2		8.17.3	compact sample sizes (framing)
					stco		8.19	chunk offset, partial data-offset information
					co64		8.19	64-bit chunk offset
					stss		8.20	sync sample table (random access points)
					stsh		8.21	shadow sync sample table
					padb		8.23	sample padding bits
					stdp		8.22	sample degradation priority
					sdtp		8.40.2	independent and disposable samples
					sbgp		8.40.3.2	sample-to-group
					sgpd		8.40.3.3	sample group description
					subs		8.42	sub-sample information
	mvex						8.29	movie extends box
		mehd					8.30	movie extends header box
		trex				*	8.31	track extends defaults
	ipmc					*	8.45.4	IPMP Control Box
moof							8.32	movie fragment
	mfhd						8.33	movie fragment header
	traf						8.34	track fragment
		tfhd					8.35	track fragment header
		trun					8.36	track fragment run
		sdtp					8.40.2	independent and disposable samples
		sbgp					8.40.3.2	sample-to-group
		subs					8.42	sub-sample information
mfra							8.37	movie fragment random access
	tfra						8.38	track fragment random access
	mfro					*	8.39	movie fragment random access offset
mdat							8.2	media data container
free							8.24	free space
skip							8.24	free space
	udta						8.27	user-data

图 5-9

其中，常用的 Box 类型如表 5-12 所示。

表 5-12

字段名	上级容器	全　称	含　义
ftyp	文件	file type	文件类型
moov	文件	movie box	音视频文件的媒体信息头结构
mdat	文件	media data	媒体数据结构，保存实际的音视频数据
mvhd	moov	movie header	视频头结构，保存文件的全局信息
trak	moov	media track	音频轨或视频轨，表示音视频文件中的某一路媒体流结构
tkhd	trak	track header	音频轨、视频轨头结构，表示当前流的总体信息，如图像宽、高等
edts	trak	edit list container	编辑列表容器，用于保存 elst 结构
elst	edts	edit list	编辑列表，用于编辑流的播放时间轴
mdia	trak	media info	媒体流中的详细参数信息

MP4 文件中保存的每一路媒体流的底层参数信息都保存在 mdia 中，因此 mdia 的结构非常复杂。通常，一个 mdia 中可能包含的 Box 类型如表 5-13 所示。

表 5-13

字段名	上级容器	全　称	含　义
mdhd	mdia	media header	保存该段媒体数据的参数信息，如时长、语言等
hdlr	mdia	handler	表示处理该媒体流的句柄
minf	mdia	media information	保存该段媒体流的参数信息
vmhd	minf	video media header	仅存在视频流中，表示视频数据相关的参数信息
smhd	minf	sound media header	仅存在音频流中，表示音频数据相关的参数信息
stbl	minf	sample table	保存了音视频帧的构建播放列表的参数信息，是进行音视频播放和同步的重要数据

stbl 中包含了大量的音视频同步相关信息，在构建播放列表时，解复用器需要解析其中的信息并按照相关规则进行计算，如获取每一帧正确的时间戳。通常，stbl 中包含的 Box 类型如表 5-14 所示。

表 5-14

字段名	上级容器	全　称	含　义
stsd	stbl	sample description	音视频的描述信息，如编码类型等
stts	stbl	time stamp	保存每个 sample 的解码时间戳
ctts	stbl	composition time	保存每个 sample 的显示时间偏移
stsc	stbl	sample-chunk	表示每个 chunk 对应的 sample 数目
stsz	stbl	sample size	表示每个 sample 的大小
stco	stbl	chunk offset	表示每个 chunk 在文件中的位置

通过 stsc、stco 和 stsz，可以确定每个 sample 在二进制文件中的位置和大小。通过 stts 可以确定每个 sample 的解码时间戳。ctts 提供了每个 sample 的显示时间偏移。也就是说，通过上述内容可以提供足够的信息来建立完整的播放时间轴，以播放音视频数据。

5.4.5　MP4 文件结构

一个典型的 MP4 文件结构如图 5-10 所示。

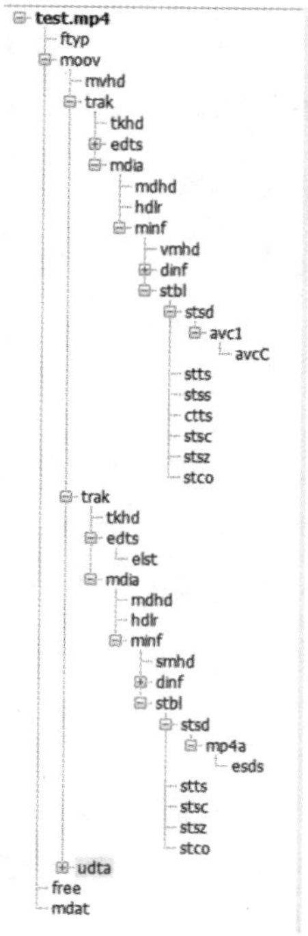

图 5-10

1．ftyp（文件类型）

文件类型是一个 ISO 媒体文件所必备的，用于说明当前媒体文件的类型、版本号及兼容的协议类型，其定义如下。

```
aligned(8) class FileTypeBox extends Box('ftyp') {
    unsigned int(32) major_brand;
    unsigned int(32) minor_version;
    unsigned int(32) compatible_brands[];
}
```

文件类型的二进制结构如图 5-11 所示。

```
00000000h: 00 00 00 20 66 74 79 70 69 73 6F 6D 00 00 02 00 ; ...ftypisom....
00000010h: 69 73 6F 6D 69 73 6F 32 61 76 63 31 6D 70 34 31 ; isomiso2avc1mp41
```

图 5-11

该结构的前 4 Byte（00 00 00 20）表示当前结构的大小为 0x20，即 32 Byte。随后的 4 Byte（66 74 79 70）以 ASCII 码形式表示当前结构的类型为 ftyp。之后的数据为该结构的内容。

major_brand 为 isom，minor_version 为 0x200，即 512 Byte，compatible_brands 表示除 major_brand 外，当前使用的封装协议所兼容的其他格式，该文件中指定为 isom、iso2、avc1 和 mp41。

2．moov（音视频文件的媒体信息头结构）

音视频文件的媒体信息头结构包含了音频文件和视频文件的总体描述信息，以及音视频流的播放控制信息等。moov 是一个复合结构，其本身不包含实际的有效数据，而是作为其他结构的容器存在。由于其内部的多个子 Box 中包含多种重要结构，因此 moov 至关重要。

moov 可能位于文件的头部或尾部。位于文件尾部的 moov 更适用于视频文件编码与压制系统，它可以在压制完成后直接将参数写入媒体信息头结构中，并写入输出文件，实现简单且效率更高。而在在线视频点播等流媒体应用场景中，当 moov 位于文件头部时，媒体的解码和播放会更加高效。

3．mdat（媒体数据结构）

媒体数据结构保存了二进制的音频流或视频流数据。一个媒体文件可能包含 0 个或多个媒体数据结构，分别对应多路音频流或视频流。每路音频流或视频流的音视频码流包在媒体数据结构中的位置都由媒体信息头结构中的信息指定。

媒体数据结构的定义如下。

```
aligned(8) class MediaDataBox extends Box('mdat') {
   bit(8) data[];
}
```

4．MP4 文件的媒体信息头结构

下面介绍如何从一个 MP4 文件中解析视频的整体信息，定位每一帧的图像数据在文件中的位置，以及如何从媒体信息头结构中创建图像帧播放的时间轴。一个 MP4 文件的媒体信息头结构包含一个 mvhd 和若干 trak，其含义如下。

◎ mvhd：即 movie header，保存文件的全局信息，如创建时间、修改时间或整体播放时长等。

◎ trak：即 track header，表示音视频文件中的某一路媒体流信息，如音频流、视频流或字幕流等。

mvhd

每个媒体信息头结构中都有且仅有一个 mvhd，mvhd 的结构如下所示。

```
aligned(8) class MovieHeaderBox extends FullBox('mvhd', version, 0) {
  if (version==1) {
    unsigned int(64)  creation_time;
    unsigned int(64)  modification_time;
    unsigned int(32)  timescale;
    unsigned int(64)  duration;
  } else { // 版本 0
    unsigned int(32)  creation_time;
    unsigned int(32)  modification_time;
    unsigned int(32)  timescale;
    unsigned int(32)  duration;
  }
  template int(32) rate = 0x00010000; // 通常为 1.0
  template int(16) volume = 0x0100; // 通常为 100% 音量
  const bit(16) reserved = 0;
  const unsigned int(32)[2] reserved = 0;
  template int(32)[9] matrix =
{ 0x00010000,0,0,0,0x00010000,0,0,0,0x40000000 };
  bit(32)[6]  pre_defined = 0;
  unsigned int(32)  next_track_ID;
}
```

mvhd 中部分字段的含义如表 5-15 所示。

表 5-15

字段名	类型	含　　义
version	uint64	当前 Box 的版本号
creation_time	uint64/uint32	当前媒体文件的创建时间
modification_time	uint64/uint32	当前媒体文件的修改时间
timescale	uint32	当前媒体文件的时间刻度
duration	uint64/uint32	当前媒体文件的整体时长，以 timescale 为单位
rate	uint32	播放速度，以前后两个 uint16 表示整数和小数部分；通常取值为 1.0
volume	uint32	播放音量，以前后两个 uint8 表示整数和小数部分；当取值为 1.0 时，表示完全音量
matrix	int32[]	视频变换矩阵
next_track_ID	uint32	为当前媒体文件添加新数据流时所使用的 track ID

trak

一个典型的 MP4 文件中应至少包含一路视频流和一路音频流（统称媒体流）。每路媒体流以一个 trak 表示，并在 trak 中保存该媒体流所有的配置和播放控制等信息。每个 trak 中均包含一个 tkhd。该 tkhd 主要用来保存当前音频流或视频流的总体信息，其结构如下所示。

```
aligned(8) class TrackHeaderBox extends FullBox('tkhd', version, flags){
    if (version==1) {
    // 版本1
        unsigned int(64) creation_time;
        unsigned int(64) modification_time;
        unsigned int(32) track_ID;
        const unsigned int(32) reserved = 0;
        unsigned int(64) duration;
    } else { // 版本0
        unsigned int(32) creation_time;
        unsigned int(32) modification_time;
        unsigned int(32) track_ID;
        const unsigned int(32) reserved = 0;
        unsigned int(32) duration;
    }
    const unsigned int(32)[2] reserved = 0;
    template int(16) layer = 0;
    template int(16) alternate_group = 0;
    template int(16) volume = {if track_is_audio 0x0100 else 0};
    const unsigned int(16) reserved = 0;
    template int(32)[9] matrix=
        { 0x00010000,0,0,0,0x00010000,0,0,0,0x40000000 };
    unsigned int(32) width;
    unsigned int(32) height;
}
```

tkhd 中定义的 width 和 height 表示该路媒体流在播放过程中的显示尺寸（主要针对视频。对于音频流，这两个值通常为 0），其取值既可以与图像的宽、高相等，也可以与图像的宽、高不等。当与图像的宽、高不等时，画面将进行缩放显示。

mdia

在代表一路音频流或视频流的 trak 中，除 tkhd 外，主要的媒体配置信息以一个 mdia 结构的形式保存。mdia 为一个容器 Box，它包含一个 mdhd 和一个 minf。其中，mdhd 的结构如下所示。

```
aligned(8) class MediaHeaderBox extends FullBox('mdhd', version, 0)
{
    if (version==1) {
        unsigned int(64)  creation_time;
        unsigned int(64)  modification_time;
        unsigned int(32)  timescale;
        unsigned int(64)  duration;
    } else { // 版本 0
        unsigned int(32)  creation_time;
        unsigned int(32)  modification_time;
        unsigned int(32)  timescale;
        unsigned int(32)  duration;
    }
    bit(1) pad=0;
    unsigned int(5)[3] language; // ISO-639-2/T
    unsigned int(16) pre_defined = 0;
}
```

其中的 language 字段定义了该 mdia 结构所使用的语言。

minf

minf 保存了当前 mdia 结构的主要特征信息。minf 为一个容器类，其内容根据媒体数据类型的不同而有所差异：

◎ 在 Video Track 中，minf 包含 vmhd，即 Video Media Header 结构。

◎ 在 Audio Track 中，minf 包含 smhd，即 Sound Media Header 结构。

Video Media Header 结构和 Sound Media Header 结构如下所示。

```
// vmhd
aligned(8) class VideoMediaHeaderBox extends FullBox('vmhd', version = 0, 1)
{
    template unsigned int(16) graphicsmode = 0;
    unsigned int(16)[3] opcolor = {0, 0, 0};
}
// smhd
aligned(8) class SoundMediaHeaderBox extends FullBox('smhd', version = 0, 0)
{
    template int(16) balance = 0;
    const unsigned int(16)  reserved = 0;
}
```

部分字段的含义如表 5-16 所示。

表 5-16

字 段 名	类 型	含 义
graphicsmode	uint16	该视频流使用的颜色模式，0 表示沿用实际图像现有的模式
opcolor	uint16[]	表示可用的 RGB 颜色分量
balance	uint16	表示立体声左右声道的均衡设置

stbl

stbl 为媒体信息头结构中最重要的结构之一，它保存了音视频码流的头信息、时间戳和码流分片在 MP4 文件中的位置等。播放一个视频文件的过程主要包括两个步骤。

◎ 从封装的文件中读取视频流或音频流每一帧对应的二进制码流，并将其解码为图像信号或声音信号。

◎ 将解码完成的图像信号或声音信号按照指定的时间戳进行渲染或播放。

为了实现以上两个步骤，以下信息是必须提前获取的。

◎ 媒体流的总体配置信息和头结构。

◎ 视频流中每一个关键帧的位置。

◎ 每一帧的二进制码流包在文件中的位置。

◎ 每一帧的二进制码流包的大小。

◎ 每一帧的显示时间戳。

上述的每一类信息在 stbl 中都有专门的结构来保存，因而 stbl 对于 MP4 文件的解码和播放至关重要。stbl 为一个容器 Box，其内部包含有 stsd、stts、stss、ctts、stsc、stsz 和 stco 等子 Box。

5.4.6　构建视频流的播放时间轴

本节以 MP4 文件中的视频流为例，说明如何从 stbl 中解析每一帧的二进制码流的位置、大小和时间戳等信息，以及如何构建播放时间轴。

（1）stsd 中保存了 MP4 文件中音视频流数据的编码类型等解码所需的全部初始化信息，在 stbl 中有且仅有一个。若 MP4 文件中的视频信息使用 H.264 格式编码，则 stsd 中包含一个名为 avc1 的子 Box，在该子 Box 中以 avcC 结构的形式保存视频流的头部信息。

在 avcC 结构中，视频流的头部信息以 AVCDecodeConfigurationRecord 格式保存。

（2）SyncSampleBox（即同步帧结构）以 stss 的形式进行保存。stss 是 stbl 中的可选结构，其结构如下。

```
aligned(8) class SyncSampleBox extends FullBox('stss', version = 0, 0) {
  unsigned int(32)  entry_count;
  int i;
  for (i=0; i < entry_count; i++) {
    unsigned int(32)  sample_number;
  }
}
```

部分字段的含义如表 5-17 所示。

表 5-17

字段名	类　型	含　义
entry_count	uint32	SyncSampleBox 中的数据个数，通常为视频流中的关键帧个数
sample_number	uint32	每个关键帧所在样本的序号

（3）TimeToSampleBox 保存了媒体流中每帧数据的时间戳信息。对于视频流，每帧的时间戳可分为解码时间戳（Decoding Timestamp，dts）和显示时间戳（Presentation Timestamp，pts）两种，在 MP4 文件中使用两种不同的结构保存，即 stts 和 ctts。其中，stts 在 MP4 文件的每个 stbl 中有且仅有一个，ctts 为 stbl 的可选结构。

stts 的结构如下。

```
aligned(8) class TimeToSampleBox extends FullBox('stts', version = 0, 0) {
  unsigned int(32)  entry_count;
  int i;
  for (i=0; i < entry_count; i++) {
    unsigned int(32)  sample_count;
    unsigned int(32)  sample_delta;
  }
}
```

部分字段的含义如表 5-18 所示。

表 5-18

字 段 名	类 型	含 义
entry_count	uint32	TimeToSampleBox 中的数据组数
sample_count	uint32	当前组所包含的共享 dts 差值的样本个数
sample_delta	uint32	相邻两样本之间 dts 的差值

ctts 的结构如下。

```
aligned(8) class CompositionOffsetBox extends FullBox('ctts', version = 0, 0)
{
    unsigned int(32) entry_count;
    int i;
    for (i=0; i < entry_count; i++) {
        unsigned int(32)  sample_count;
        unsigned int(32)  sample_offset;
    }
}
```

部分字段的含义如表 5-19 所示。

表 5-19

字 段 名	类 型	含 义
entry_count	uint32	CompositionOffsetBox 中的数据组数
sample_count	uint32	当前组所包含的共享 sample_offset 的样本个数
sample_offset	uint32	该样本中 dts 与 pts 差值

（4）SampleSizeBox 保存了每个视频帧对应的码流样本的二进制大小，在 MP4 文件中保存为 stsz 形式，其结构如下。

```
aligned(8) class SampleSizeBox extends FullBox('stsz', version = 0, 0) {
    unsigned int(32) sample_size;
    unsigned int(32) sample_count;
    if (sample_size==0) {
        for (i=1; i u sample_count; i++) {
            unsigned int(32)  entry_size;
        }
    }
}
```

部分字段的含义如表 5-20 所示。

表 5-20

字段名	类　型	含　义
sample_size	uint32	当前音视频码流样本的默认包大小
sample_count	uint32	当前音视频码流样本的总个数
entry_size	uint32	每个码流样本的大小

（5）SampleToChunkBox。在 MP4 文件中，视频码流样本的信息并非直接保存在 stbl 中，而是按照分块的形式保存。如果要获取某个样本的信息，则首先应获取其所在的 chunk。SampleToChunkBox 以 stsc 的形式进行保存，其结构如下。

```
aligned(8) class SampleToChunkBox extends FullBox('stsc', version = 0, 0)
{
    unsigned int(32) entry_count;
    for (i=1; i u entry_count; i++) {
        unsigned int(32) first_chunk;
        unsigned int(32) samples_per_chunk;
        unsigned int(32) sample_description_index;
    }
}
```

部分字段的含义如表 5-21 所示。

表 5-21

字段名	类　型	含　义
entry_count	uint32	stsc 中元素的个数，即当前音视频流中 chunk 的组数
first_chunk	uint32	当前 chunk 组的起始 chunk 序号
samples_per_chunk	uint32	当前 chunk 组中每个 chunk 包含的码流样本个数
sample_description_index	uint32	当前 chunk 组中每个样本的描述信息索引

（6）ChunkOffsetBox 描述了当前音视频流中每个 chunk 在相对于媒体文件起始位置的二进制偏移量。该结构有 32 位和 64 位两种，分别以 stco 和 co64 的形式进行保存。

```
aligned(8) class ChunkOffsetBox extends FullBox('stco', version = 0, 0)
{   unsigned int(32) entry_count;
    for (i=1; i u entry_count; i++) {
        unsigned int(32)  chunk_offset;
    }
}
aligned(8) class ChunkLargeOffsetBox extends FullBox('co64', version = 0, 0)
{
    unsigned int(32) entry_count;
    for (i=1; i u entry_count; i++) {
```

```
    unsigned int(64)  chunk_offset;
    }
}
```

部分字段的含义如表 5-22 所示。

表 5-22

字 段 名	类 型	含 义
entry_count	uint32	stco/co64 中元素的个数，即当前音视频流中 chunk 的总个数
chunk_offset	uint32/uint64	每个 chunk 相对于媒体文件起始位置的二进制偏移量

（7）SampleSizeBox 是 MP4 文件中数据量最大的结构之一，因为其保存了每一个媒体采样的大小。SampleSizeBox 以 stsz 或 stz2 的形式进行保存。

```
aligned(8) class SampleSizeBox extends FullBox('stsz', version = 0, 0)
{
    unsigned int(32) sample_size;
    unsigned int(32) sample_count;
    if (sample_size==0) {
        for (i=1; i u sample_count; i++) {
            unsigned int(32)  entry_size;
        }
    }
}
aligned(8) class CompactSampleSizeBox extends FullBox('stz2', version = 0, 0)
{
    unsigned int(24) reserved = 0;
    unisgned int(8) field_size;
    unsigned int(32) sample_count;
    for (i=1; i u sample_count; i++) {
        unsigned int(field_size) entry_size;
    }
}
```

stsz 中部分字段的含义如表 5-23 所示。

表 5-23

字段名	类 型	含 义
sample_size	uint32	当前音视频流中样本的默认大小
sample_count	uint32	当前音视频流的总样本个数
entry_size	uint32	每个样本的大小

在 stsz 中，如果 sample_size 的值为 0，则所有的样本大小均由数组形式的 entry_size 保存；如果 sample_size 的值不为 0，则所有的样本大小均为 sample_size，在 stsz 中不再保存 entry_size。

stz2 中部分字段的含义如表 5-24 所示。

表 5-24

字 段 名	类 型	含 义
field_size	uint32	当前音视频流中样本的默认大小
sample_count	uint32	当前音视频流的总样本个数
entry_size	由 field_size 确定	每个样本的大小

在 stz2 中，sample_count 字段和 entry_size 字段的含义与 stsz 中的相同。另外，还定义了 field_size 结构，表示以多少位的整数表示每一个样本的大小。field_size 可取值为 4、8 或 16，表示以 4 位、8 位或 16 位整数表示一个样本的大小。

总结：创建播放时间轴的步骤如下。

（1）通过 stss 确定关键帧的数目和每个关键帧的序号。

（2）通过 stts 获取视频流的总帧数、每一帧的 dts 和整体时长。

（3）通过 ctts 获取每一帧中 dts 与 pts 的差值。

（4）通过 stsz 获取每个视频码流样本的大小及整个视频流的总大小。

（5）通过 stco 获取视频码流中 chunk 的数目和在文件中的位置。

（6）通过 stsc 计算出每个视频码流样本与 chunk 的对应关系，并通过 chunk 在文件中的位置及 chunk 中每个样本的大小，确定每个码流样本在文件中的位置和大小。

（7）整理每个样本的码流信息和时间戳信息，构成整体播放的时间轴，之后进行解码和渲染播放。

第6章
音视频流媒体协议

　　前面我们分别讨论了视频压缩编码、音频压缩编码和音视频文件容器封装格式等内容。至此，我们已经基本了解图像数据和音频波形是如何分别压缩为视频码流和音频码流的，以及又是如何组合为一个独立且完整的媒体文件的。在大多数应用场景下，音视频信息以音视频流的形式在网络中传播。例如，在网络直播中，首先在设备采集端获取图像和声音信号，然后进行压缩编码，接着通过网络将压缩编码后的音视频流发送到服务端，最后观众通过播放客户端从服务端获取相应的音视频流进行解码和播放。又如在安防监控系统中，监控摄像设备采集到的视频流以某种指定的协议传输至管理和录像服务器，通过转发后在指定的客户端播放。

　　与本地文件的解码和播放相比，音视频流在网络传输中会遇到许多问题。例如，网络状况波动、断流和数据包延迟等。除此之外，部分媒体文件的格式对网络传输并不友好，在使用前不得不下载完整的文件数据，因此将占用较大的网络流量和处理时间。为了更好地解决这些问题，更加可行且有效的方式是在将音视频信息通过网络发送之前，按照指定的规则将音视频流封装到网络传输数据包中，并通过网络向用户连续、实时地发送。用户在收到足够的必要信息后即可开始播放，并且可以在播放过程中缓存接收的后续音视频数据，实现音视频的流式传输和播放。

　　为了更加高效地在网络中传输音视频流，不同组织针对各种场景制定了多种流媒体协议，规定了音视频数据包的封装格式与传输规则等。几乎所有的流媒体协议都是在通用的网络协议栈的基础上制定的，因此本章我们首先介绍互联网协议的基本概念，再分别讨论各主流流媒体协议的类型。

6.1 网络协议模型

由于网络环境、数据终端和数据传输类型极为复杂，因此使用单一协议传输所有的数据类型是完全不可能的。实际上，根据数据封装与传输介质的抽象程度的不同，整体网络结构被分为了若干层，在每一层中根据需求的不同又分别定义了多种不同的协议。网络结构的某一层可以使用下一层提供的服务，执行本层中所要求的任务，并向上一层提供服务。

我们可以使用不同的方法给网络结构分层，其中影响较大的有 ISO/OSI 模型（7 层）和 TCP/IP 模型（4 层），下面简要讨论这两种模型的划分方法。

6.1.1 ISO/OSI 模型结构

开放系统互联模型（Open System Interconnection Model，OSI 模型）是由国际标准化组织（International Organization for Standardization，ISO）发布的，因此又称为 ISO/OSI 模型。1984年，ISO 发布了著名的 ISO/IEC 7498-1 标准，将 ISO/OSI 模型划分为 7 层，每层实现不同的功能。ISO/OSI 模型结构如图 6-1 所示。

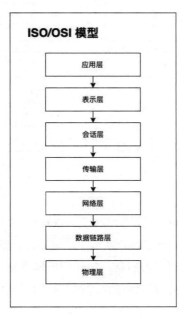

图 6-1

ISO/OSI 模型的划分非常细致，因此它的实现极为复杂，以致在业界中，多数网络设备厂商无法高效且低成本地在它们的产品中完整地实现 ISO/OSI 模型的所有功能。此外，ISO/OSI 模型的划分也并非完全科学合理，例如，部分层中的内容过多，而另一些层中几乎是空的。因此，ISO/OSI 模型在实践中应用并不广泛，更多的时候作为一种理论分析的概念性定义而存在。

6.1.2 TCP/IP 模型结构

由于 ISO/OSI 模型设计得过于复杂且缺乏实用性，因此各组织在其基础上制定了多种新的模型，其中影响最大、应用范围最广的是 TCP/IP 模型，它的结构如图 6-2 所示。

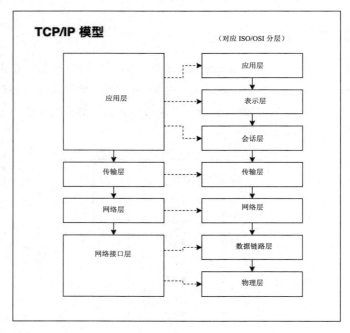

图 6-2

从图 6-2 中可以看出，TCP/IP 模型大大简化了 ISO/OSI 模型的结构，将后者的 7 层结构简化为 4 层。具体来说，TCP/IP 模型将 ISO/OSI 模型的应用层、表示层和会话层整合到应用层中，又将物理层和数据链路层合并为网络接口层。简化后的模型对网络设备厂商和开发者都更加友好，因此得到极为广泛的应用，并成为网络技术的指导性模型之一。下面我们自顶向下简述每一层的主要功能和主要协议。

1．应用层

应用层位于网络结构的顶层。顾名思义，应用层直接服务于各类网络应用，负责在安装了不同客户端的应用之间传递信息。例如，用户通过浏览器向网络服务器发送请求，或者用户通过微信发送文字、图片或视频给朋友。在此类场景中，无论浏览器还是微信，都作为发送端应用直接服务于用户。数据通过应用层协议由发送端应用传递到接收端应用，并最终显示给用户。在用户和应用的视界中，传输层及其他底层提供的是黑盒功能，应用层无须关心其内部实现，如图 6-3 所示。

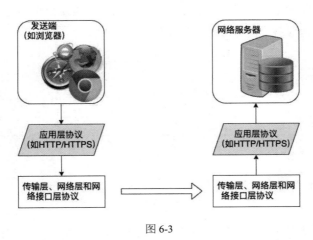

图 6-3

应用层常用的协议如表 6-1 所示。

表 6-1

协　议	名　　称	作　　用	默认端口号
HTTP	超文本传输协议	万维网的数据传输	80
HTTPS	加密超文本传输协议	HTTP 的加密版本	443
FTP	文件传输协议	在网络上进行文件传输	21
SSH	安全外壳协议	为网络服务提供安全	22
Telnet	远程登录协议	在终端操作远程主机	23
SMPT	简单邮件传输协议	在系统之间传递邮件信息	25
POP3	邮局协议 3	客户端远程邮件管理	110
DNS	域名解析服务	将域名解析到指定主机	53

其中，流媒体领域最常用的协议是 HTTP。目前业界应用较为广泛的 HTTP-FLV、HLS 和

DASH 等协议均以 HTTP 为基础。除此之外，其他常用的流媒体协议如 RTMP、RTSP 等也属于应用层协议的重要组成部分。

除 HTTP 外，DNS（域名解析服务）在网络中同样无处不在。域名解析的作用是，当客户端通过某个域名访问网络中某个资源或服务时，通过 DNS 可以将请求的域名转换为指定的服务器地址，通过该地址即可访问指定的服务器。

2．传输层

传输层位于应用层的下层、网络层的上层，通过封装网络层提供的连接，可以为不同主机上的应用提供进程通信服务。传输层的工作原理如图 6-4 所示。

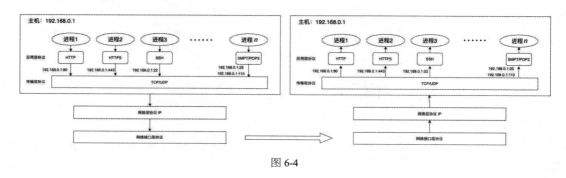

图 6-4

在传输层中，最常用的协议是 TCP 和 UDP。下面简述这两种协议的特点和区别。

TCP

TCP 即传输控制协议，是一种面向连接的、可靠的协议。通过 TCP，网络中两台设备之间可以实现可靠的数据通信。TCP 有两个特征，一是"面向连接"，二是"可靠"。

在使用 TCP 进行通信之前，通信双方必须建立连接。在通信结束之后，通信双方应通过规定的流程断开连接。这种建立连接和断开连接的操作，分别是通过"三次握手"和"四次挥手"的方式实现的。

以客户端通过 TCP 向服务端请求数据为例，在建立 TCP 连接时必须完成以下 3 个步骤。

（1）客户端向服务端请求连接，发送 SYN 信息，假设序列号为 M。

（2）服务端在收到客户端的连接请求后，将发送响应信息 ACK，序列号为 M+1，表示对客户端 SYN 信息的响应；另外，在该信息中发送序列号为 N 的 SYN 标识。

（3）客户端在收到服务端的 SYN N 和 ACK M+1 信息后，再次向服务端发送 ACK N+1 信息，表示确认可以收到信息。

因此，"三次握手"实际上指的是客户端与服务端之间在建立连接前的信息发送、接收和确认的过程。在"三次握手"完成后，客户端和服务端均可确认自己发送的信息对方可以接收，并且确认自己可以正常接收对方发送的信息，因此接下来双方便可以正常地进行信息收发操作了。"三次握手"的过程如图 6-5 所示。

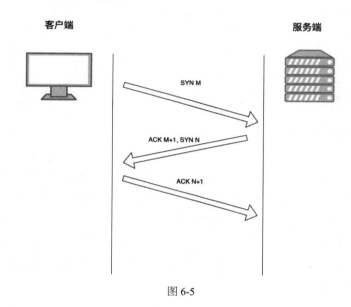

图 6-5

在通信结束后，客户端和服务端之间需要通过"四次挥手"来断开连接。"四次挥手"的步骤如下。

（1）客户端向服务端发送 FIN 信息，通知连接即将断开，假设 FIN 信息的序列号为 1。

（2）服务端在收到客户端发送的 FIN 信息后，作为响应，将向客户端发送序列号为 1+1 的 ACK 信息。

（3）服务端向客户端发送 FIN 信息，假设序列号为 m。

（4）客户端在收到服务端发送的 FIN 信息后，作为响应，将向服务端发送序列号为 m+1 的 ACK 信息。

其过程如图 6-6 所示。

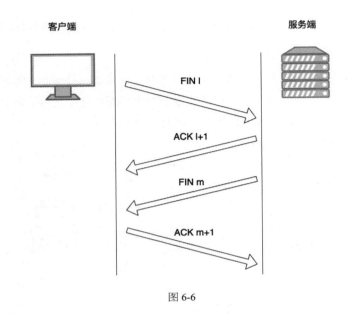

图 6-6

为什么在建立连接时执行的是"三次握手",而在结束连接时执行的是"四次挥手"呢?可以简单理解为这是结束连接时双方信息发送进度不同导致的。服务端在收到客户端发送的结束连接请求后,ACK 会作为响应信息立即发送。但此时的状态仅表示客户端已无继续向服务端发送信息的需要,而服务端可能尚未完成向客户端发送信息。只有在向客户端发送信息结束后,服务端才会向客户端发送 FIN 信息结束连接,因此服务端发送的 ACK 信息和 FIN 信息需要分开发送,需要发送共计四次。

除面向连接外,TCP 的另一个特征是提供可靠服务。可靠服务指的是发送端通过 TCP 传输的数据可以保证无损坏、无丢失、无冗余,且依照发送次序到达接收端。由于网络层协议无法保证传输的可靠性,而 TCP 又以网络层协议为基础,因此保证传输质量的任务须由 TCP 实现。在 TCP 中,保证传输可靠性的机制如下。

◎ 求和校验:校验接收的数据是否发生错误。如果发生错误则直接丢弃,并由发送端重新发送。

◎ 序列号:TCP 传输的每一个数据包都包含序列号,通过检查序列号可以保证顺序传输。

◎ 确认应答:接收端每收到一个数据包,都会向发送端发送 ACK 信息进行确认。

◎ 超时重传:发送端在向接收端发送数据包后,如果在指定时间内未收到发送端返回的 ACK 信息,则认为发生丢包,会重新发送该数据包。

◎　流量控制：接收端在返回给发送端的 ACK 信息中包含接收缓存的剩余大小，发送端可据此调整数据包的发送速度，防止接收端因缓存区溢出而导致丢包。

◎　拥塞控制：发送端以由慢到快的速度向接收端发送数据包。当数据发送量过大导致网络拥塞时，拥塞窗口将重新设为 1，以降低发送速率。

一个 TCP 数据包的结构如图 6-7 所示。

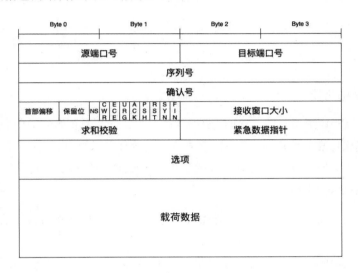

图 6-7

UDP

UDP 即用户数据包协议，是一种面向无连接的、不可靠的协议。相比于 TCP，UDP 的"面向无连接"表示信息的发送端和接收端不需要事先通过"三次握手"建立固定的连通线路，同时，UDP 中不包含如确认应答和超时重传等保证可靠性的机制，无法像 TCP 那样保证传输的数据无丢失、无顺序错乱，因此称之为"不可靠"的传输协议。实际上，UDP 只是把应用层提供的载荷数据进行了简单的封装，在头部添加了源端口号、目标端口号、报文长度及求和校验字段后，就交付给网络层进行传输。由于网络层协议通常是不可靠的，而 UDP 又几乎是简单套用了网络层协议，仅仅添加了端口等信息，因此 UDP 也是不可靠的。

一个 UDP 数据包的结构如图 6-8 所示。

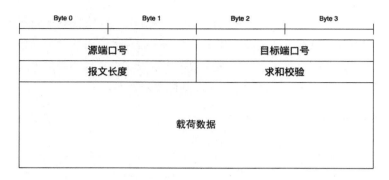

图 6-8

TCP 和 UDP 的比较

既然 TCP 可以提供更可靠的传输而 UDP 不能，那么 TCP 是否始终优于 UDP 呢？实际上，虽然 UDP 无法提供可靠的传输，但是在网络通信中依然有广泛的用武之地，甚至在相当多的场景下，UDP 承担了比 TCP 更多的流量，发挥了更大的作用。最核心的原因是 UDP 规定的报文结构简单，成本更低，具体如下。

◎ UDP 是面向无连接的，不存在双方握手导致的延迟，因此信息收发的响应更快，延迟更低。

◎ UDP 不维护连接状态，不会追踪流量或拥塞控制的参数，可支持比 TCP 更高的并发量。

◎ UDP 结构更简单，其报文头部仅有 8 Byte；而 TCP 报文头部至少有 20 Byte，与之相比，UDP 报文头部数据量更少。

◎ 在部分场景下（如当低延迟需求较高时）是可以忍受少量的数据丢包的，由于 UDP 可以将未实现的差错控制等功能交由应用层实现，因此更加灵活。

总体来说，TCP 和 UDP 在各自适合的领域均有广泛的应用场景。例如，在流媒体领域，通常用 UDP 传输音视频媒体流，用 TCP 传输控制和附加信息等。

3. 网络层

前面我们介绍了应用层和传输层的概念和部分常用协议。通常情况下，应用层和传输层分别专注于应用数据的内容与格式，以及同一主机内的各个应用对传输线路的复用方式，二者都不涉及网络内不同主机之间的数据传输。主机和主机之间的数据通信是由 TCP/IP 模型中的网络层实现的。

　　网络层承担了网络中各个主机和路由器之间的通信工作，即将源设备发出的数据根据指定的网络地址发送到目标设备。在一个简单的互联网模型中，不同的主机之间用若干路由器连接，如图 6-9 所示。

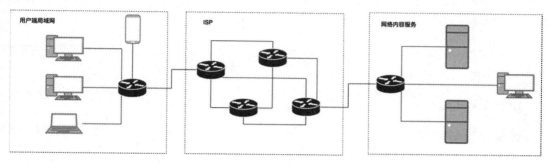

图 6-9

　　如前文所述，网络层的作用是使发送端发出的网络报文经过若干路由器后最终能够到达接收端。因此，每个路由器都作为网络中的一个节点承担报文的接收和发送功能，即路由器需要实现网络层和接口层的功能。但是路由器不需要实现传输层和应用层协议，因为路由器只承担网络报文的收发，不进行进程的解复用或处理应用层的业务。

　　为保证报文可以正确、低成本地从发送端传递到接收端，网络层协议须确保实现以下两个核心功能。

　　◎　转发：将接收的输入报文转发到正确的输出链路。

　　◎　路由选择：选择报文从发送端到接收端的最优路径。

　　为了实现上述功能，每个路由器中都需要保存一张转发表（Forwarding Table）。路由器在接收一条信息后，通过检查信息头结构中的相应信息决定将该信息从哪个输出口发出。网络中通常存在多个路由器，各个路由器之间相互连接成网状结构，每个路由器通过自身保存的转发表，在整个网络中实现信息的路由选择。

　　网络层的核心协议是网际协议（即 IP），并以此实现节点的编址和信息的转发。例如，网络中每台主机的接口都被分配一个独一无二的 IP 地址作为其唯一标识。目前指定的 IP 地址分为两个版本，即 IPv4 和 IPv6。IPv6 可有效解决全球主机地址枯竭的问题，但是 IPv6 替换 IPv4 的进度十分缓慢，当前仍以 IPv4 为主，因此本章以 IPv4 为目标进行讨论。

　　总体来说，IP 是一种无连接的、不可靠的协议。IP 不保证报文传输的完整性、顺序性和无冗余，只能做到"尽力交付"，以及通过首部校验和来确保 IP 包头部的正确性。前文介绍的传输层协议正是基于该特性设计的。

◎ UDP 为无连接的、不可靠的协议，其协议设计只增加了源端口号和目标端口号等简单的传输层信息，其余直接交由网络层和 IP 实现。

◎ TCP 为面向连接的、可靠的协议，除源端口号和目标端口号外，还增加了更多的控制字段，用于确保传输的可靠性。

IP 报文格式

传输层的报文在交由网络层发送之前，网络层根据 IP 对传输层报文进行封装，封装格式如图 6-10 所示。

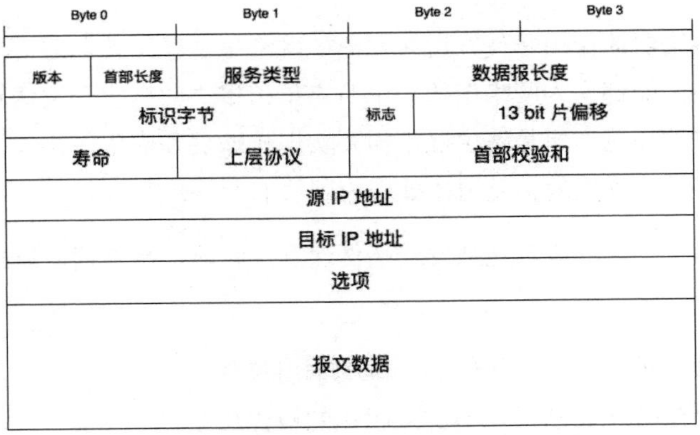

图 6-10

其中，关键字段的含义如下。

◎ 版本：表明当前报文为 IPv4 或 IPv6 版本。

◎ 首部长度：表示报文首部结构的长度。

◎ 服务类型：区分不同类型的 IP 报文。

◎ 数据报长度：IP 报文的总长度。

◎ 标识字节、标志和 13 bit 片偏移：用于 IP 分片。

◎ 寿命：经多个路由器转发后，IP 报文将被丢弃，寿命字段表示允许网络中的路由器转发的次数。

◎ 上层协议：表示该 IP 报文封装的是 TCP 或 UDP 的内容。

◎　首部校验和：用于校验 IP 报文首部的正确性。

◎　源 IP 地址和目标 IP 地址：表示 IP 报文来源与目标主机的地址。

◎　选项：IP 报文首部中的可选项。

◎　报文数据：传输层协议的载荷数据。

IP 地址和子网掩码

在网络层中是以 IP 地址来标识 IP 报文的来源和目标位置的。在发送过程中，IP 报文通过主机与网络链路之间的接口发送到网络，而路由器通过与网络链路之间的接口接收该 IP 报文。因此，每个 IP 地址所对应的都是一个网络接口，而不是一个网络设备。例如，通常一台主机只有一个网络接口，而一个路由器有多个网络接口，因此每台主机有一个 IP 地址，而每个路由器有多个 IP 地址。对于 IPv4 标准，每个 IP 地址占 32 位即 4 字节，字节之间以 "." 间隔，一个典型的 IP 地址为 192.168.1.1。理论上，整个 IP 地址的集合共有 256×256×256×256 个可选值，然而实际上，IP 地址取值时并不能选择任意的值，有部分取值组合被保留或专用于某些特殊用途。总体而言，IP 地址可分为以下五类。

◎　A 类 IP 地址：首字节最高位（网络标识位）为 0，首字节剩余 7 位表示网络号，后三字节表示主机号；理论取值范围为 1.0.0.0~127.255.255.255，实际可分配的 IP 地址范围为 1.0.0.1~127.255.255.254；主要用于大型网络。

◎　B 类 IP 地址：首字节最高两位（网络标识位）为 10，前两字节剩余 14 位表示网络号，后两字节表示主机号；理论取值范围为 128.0.0.0~191.255.255.255，实际可分配的 IP 地址范围为 128.0.0.1~191.255.255.254；主要用于中型网络。

◎　C 类 IP 地址：首字节最高三位（网络标识位）为 110，前三字节剩余 21 位表示网络号，最后一字节表示主机号；理论取值范围为 192.0.0.0~223.255.255.255，实际可分配的 IP 地址范围为 192.0.0.1~223.255.255.254；主要用于小型网络。

◎　D 类 IP 地址：首字节最高四位（网络标识位）为 1110，理论取值范围为 224.0.0.0~239.255.255.255；专用于组播地址，不能分配给主机使用。

◎　E 类 IP 地址：首字节最高五位（网络标识位）为 11110，理论取值范围为 240.0.0.0~247.255.255.255；保留地址，仅作为研究和开发测试使用。

在上述的 A 类、B 类和 C 类 IP 地址中，理论取值范围与实际可分配的 IP 地址范围的差别在于，主机号全部比特位均为 0 的 IP 地址（如 A 类地址的 x.0.0.0 或 B 类地址的 x.y.0.0）专用于网络地址，不能分配给任一主机。主机号全部比特位均为 1 的 IP 地址的（如 A 类地址的

x.255.255.255 和 B 类地址 x.y.255.255）专用于直接广播地址，对应网络地址下的所有主机均可收到发送的报文。

另外，还有一部分 IP 地址被定义为私有地址，如下。

◎　A 类地址：10.0.0.0~10.255.255.255。

◎　B 类地址：172.16.0.0~172.31.255.255。

◎　C 类地址：192.168.0.0~192.168.255.255。

这部分 IP 地址主要给企业或家庭等组织内部使用。IP 规定，任何一类的私有 IP 地址都不会分配给公网的任何一台主机，也不会被路由器转发。私有 IP 地址的使用可使局域网内的 IP 地址与公网的 IP 地址产生一定隔离（私有 IP 地址的主机在访问公网时必须经过 NAT 等转换），方便网络管理者对局域网内的 IP 地址进行定制化管理。大多数消费市场上的家用路由器都使用192.168.x.x 作为默认的 IP 地址。

除私有 IP 地址外，下面的 IP 地址被作为特殊地址使用。

◎　0.0.0.0：本网络地址，或表示未知源和目的的地址。

◎　255.255.255.255：限制广播地址，表示本网段内的所有主机。

◎　127.0.0.1：环回测试地址，发送给该地址的信息将不会发送到网络，而是直接返回给本机。

在日常使用时（例如高校学生公寓局域网），一个较为典型的使用场景如图 6-11 所示，即多台设备通过交换机连接，并通过一个路由器接口连接到网络。在图 6-11 左侧，192.168.1.1、192.168.1.2、192.168.1.3 和 192.168.1.4 这 4 个 IP 地址表示的主机与路由器的 192.168.1.5 端口连接，这 4 台主机与对应连接的路由器端口构成一个子网。子网内的各个主机通过数据链路层相连，两台相互通信的主机若从属于一个子网，则信息会通过数据链路层从源 IP 地址所在的主机直接发送到目标 IP 地址所在的主机。如果二者不属于同一个子网，则信息需要先发送到路由器，再通过转发到达目标主机。

网络中的各个子网均被分配一个单独的地址，如 192.168.1.0/24。该地址中的“/24”表示子网掩码，用于分隔地址中的子网号和主机号，该地址表示前 24 位（即 192.168.1 部分）为子网号，后 8 位为主机号。与 A、B、C 类 IP 地址的大分类类似。如果 IP 地址中的主机号全部为 0（如 192.168.1.0），则表示当前子网的网络号不能作为主机的 IP 地址进行分配；若主机号所有比特位均为 1（192.168.1.255），则表示当前子网的广播地址为子网内的所有主机。

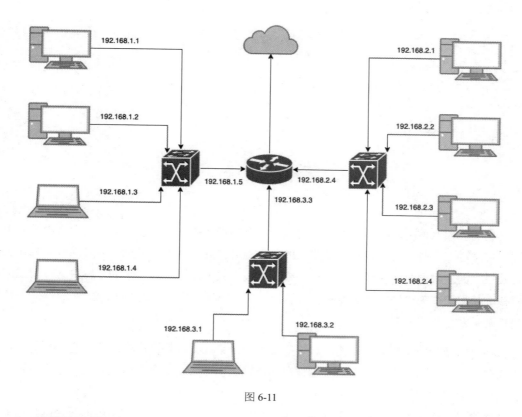

图 6-11

4. 网络接口层

网络接口层位于 TCP/IP 模型的底层,它整合了 ISO/OSI 模型中物理层和数据链路层的功能,为网络层提供物理与逻辑上的链接服务。与网络层类似,网络接口层同样是将数据从发送端传递到接收端,但是在数据的组织形式、协议的设计目的等方面与网络层相比有根本的差异。

以太网

作为一种局域网技术标准,以太网规定了物理层线路连接和网络介质访问控制等内容。以太网在当前的有线局域网中得到广泛的应用,计算机网卡、路由器、交换机等几乎全部的主流有线网络设备都提供了 RJ45 接口用作以太网接入。

在一个局域网中,各个设备通过以太网相互连接的物理布局称为网络的拓扑结构。常见的网络拓扑结构有环形、星形和总线型三种,如图 6-12 所示。

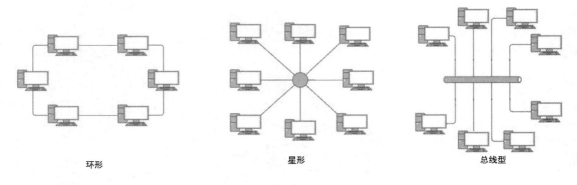

环形　　　　　　　　　　　星形　　　　　　　　　　　总线型

图 6-12

　　早期的以太网使用总线型结构，即网络中所有主机连接到一条总线上。当网络中某台主机向网络中发送信息时，所有连接到总线上的主机均可收到并处理该信息。如果同一条总线上有两台及以上的主机同时向总线发送信息，则在总线上将形成信息冲突。为了解决这个问题，以太网标准使用带冲突检测的载波监听多路访问方法（CSMA/CD）来监测总线上的冲突，并依据一定规则重发信息或放弃。

　　后期以太网转向使用星形结构，网络中心以一个集线器连接网络中的所有主机。集线器工作于物理层，其作用是一个网络信号增强器和群发器，即其中一个接口收到网络中主机发送的二进制信号后，将二进制信号的强度放大并发送至其他所有接口。当网络中有两台及以上主机同时向集线器发送信息时，将产生信息冲突，相关信息需要进行重传。如今的以太网使用的就是星形结构，只是中心连接点由交换机替代了集线器。交换机工作于数据链路层，又称作交换式集线器。交换机的功能比集线器强大，主要在于交换机不再将收到的信息全部发送给所有接口，而是先检测目标地址，再把信息转发到目标地址，其余地址不会收到信息。通过这种方式，既避免了局域网收发信息时的冲突问题，也提升了整体的通信效率。

　　以太网向其上层（即网络层）提供无连接的、不可靠的链路服务。发送端在向接收端发送数据之前既不会寻求建立连接，也不会通过接收端的反馈来确认连通有效性。在收到来自发送端的数据后，接收端对收到的数据进行 CRC 校验。即便 CRC 校验通过，接收端也不会向发送端返回确认信息。如果 CRC 校验未通过，则该部分数据将直接被丢弃，接收端不会将错误信息反馈给发送端。因此在网络接口层中，发送端始终无从得知信息是否成功发送至接收端，只能依照规则尽力发送。

以太网帧结构

以太网中的信息传输以"帧"作为基本传输单元。此处的"帧"表示一组二进制比特数据的组合，与前文讨论的视频帧所指代的内容完全不同。在以太网中，一帧数据的总体结构如图 6-13 所示。

8 Byte	3 Byte	3 Byte	2 Bytes	N Byte	4 Byte
前同步码	目标 MAC 地址	源 MAC 地址	类型	帧载荷数据	CRC 校验

图 6-13

在帧结构中，每个字段的作用如下。

◎　前同步码：表示每个以太网帧的开始，其前 7 Byte 取值为 0xAA，最后 1 Byte 取值为 0xAB。

◎　目标 MAC 地址和源 MAC 地址：表示期望接收该帧的设备 MAC 地址，以及发送该帧的设备 MAC 地址。

◎　类型：表明该帧所承载的网络层协议类型。

◎　帧载荷数据：当前帧所封装的网络层报文数据。

◎　CRC 校验：循环校验字段，用于检测在传输中是否出现差错。

MAC 地址

在网络层中，每个设备接口都以 IP 地址作为标识。网络接口层以媒体访问控制地址（Media Access Control Address，MAC 地址）作为每个接口的标识。通常每个 MAC 地址与所在网卡一对一绑定，因此 MAC 地址又称为物理地址。MAC 地址的总长度为 6 Byte，以 48 位二进制值表示。不同网卡的 MAC 地址是不相同的。

与路由器根据信息的目标 IP 地址进行转发类似，交换机根据内部保存的目标 MAC 地址与接口的对应列表，将收到的信息转发到对应的输出接口。与路由器转发不同的是，路由器自身的每一个接口均配置一个 IP 地址，而交换机只负责根据源 MAC 地址和目标 MAC 地址进行转发，输入接口和输出接口没有自身的 MAC 地址。

6.2 网络流媒体协议——RTMP

从广义上理解，目前主流的流媒体协议基本都属于应用层协议，部分属于传输层协议。由于侧重点各有不同，所以不同的流媒体协议以不同的方式调用应用层协议（以 HTTP 为主）所提供的服务，来传输流媒体数据，包括音视频媒体流信息和控制信息等。在众多的流媒体协议中，最为常用的是 RTMP 和 HLS 协议。

实时信息传输协议（Real-Time Messaging Protocol，RTMP）是由 Macromedia 公司开发制定的。在相当长的一段时间内，Flash 插件的广泛应用，使得由 RTMP 传输的音视频流非常适合在线传输与播放。随着时间的推移，Chrome 等主流浏览器逐渐停止了对 Flash 插件的支持，因此 RTMP 在网页端视频播放场景下的应用也逐渐受到限制。由于 RTMP 有诸多优点，因此在直播流发布、泛安防监控等领域依然扮演着重要角色。

6.2.1 RTMP 的概念

RTMP 为应用层协议，由 TCP 提供传输层的连接和传输服务，默认端口为 1935。由于依赖 TCP 提供的面向连接的、可靠的服务，因此在网络状况良好的情况下，RTMP 可保证音视频传输无丢帧、无错乱，且相对于 HLS 等协议，RTMP 可以提供更低的延迟。另外，RTMP 支持加密扩展，如集成了 SSL 加密的 RTMPS 协议等。但是，由于使用了 TCP，所以当网络拥塞或带宽达到上限时，RTMP 的传输质量将受到不利影响。另外，RTMP 不支持除 H.264/AAC 之外的更新的音视频编码标准，而这限制了 RTMP 的应用前景。

当使用 RTMP 推送或拉取流媒体信息时，须指定相应的 RTMP URL。RTMP URL 的格式如下。

```
rtmp://host:port/app/stream
```

在该 URL 中，"rtmp://"表示该 URL 必须以 RTMP 进行解析，"host"和"port"分别表示主机地址和端口地址。其中，主机以域名或 IP 地址的形式表示。如果 RTMP 使用了默认的 1935 端口，则 URL 中的端口号可省略。"app"和"stream"分别表示当前音视频流所属的应用命名和流 ID，应用命名和流 ID 可以作为 RTMP 服务器区别不同用户的多路流的标识。

6.2.2　RTMP 分块与块流

在 RTMP 中，每条信息在传输之前都先被分割为若干数据块，这些数据块被称为分块（Chunk）。不同信息的分块可交错发送，并且同属于一条信息的分块可保证按时间戳顺序依次收发。分块通过客户端与服务端之间的一条逻辑信道进行传输，该逻辑信道被称为块流（Chunk Stream）。在块流中传输的每个分块都包含 1 个 ID 值，用于标识其所属的信息分块。

1．RTMP 握手流程

TCP 在传输信息之前需要进行三次握手操作，以确定发送端和接收端之间的通信状况良好。作为应用层协议，RTMP 本身在 TCP 连接三次握手的基础上定义了更为复杂的握手机制，作为 RTMP 连接的开端。

RTMP 在连接之前需要执行六次握手，即客户端和服务端分别向对方发送三次信息分块：客户端向服务端发送 C0、C1 和 C2 三个信息分块，服务端向客户端发送 S1、S2 和 S3 三个信息分块。这 6 个信息分块的发送顺序如下：

◎　客户端向服务端发送 C0 和 C1。

◎　服务端在收到 C0 后，向客户端发送 S0 和 S1。

◎　客户端在收到 S1 后，向服务端发送 C2。

◎　服务端在收到 C1 后，向客户端发送 S2。

◎　客户端在收到 S2 后，可以向服务端发送后续其他数据。

◎　服务端在收到 C2 后，可以向客户端发送后续其他数据。

在 RTMP 的握手过程中，从开始到连接完成可分为四种状态。

◎　未初始化（Uninitialized）：客户端与服务端沟通协议版本。

◎　版本已发送（Version Sent）：客户端和服务端对协议版本已达成一致，再通过 C0/C1 和 S0/S1 确认二者信息收发渠道是否畅通。

◎　确认信息已发送（Ack Sent）：客户端和服务端分别等待接收 S2 和 C2。

◎　握手完成（HandshakeDone）：客户端和服务端分别接收 S2 和 C2，连接建立完成，可以进行后续信息的收发。

RTMP 的握手流程如图 6-14 所示。

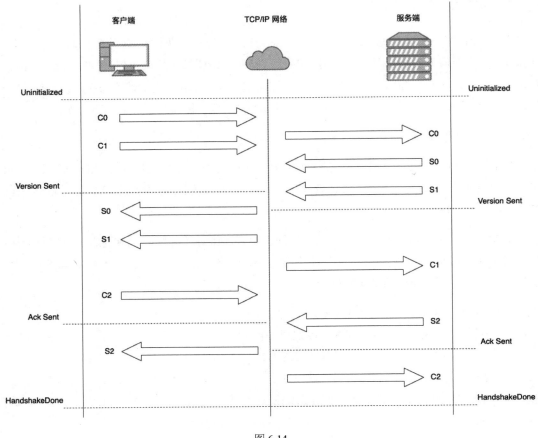

图 6-14

2. RTMP 握手信息格式

RTMP 在握手过程中相互发送的信息都有固定的长度。其中，C0 和 S0、C1 和 S1，以及 C1 和 S2 分别被定义了不同的格式以表示不同的含义。

（1）C0 和 S0 格式：C0 和 S0 包含一个二进制数据，其值表示服务器指定的 RTMP 版本，当前的 RTMP 版本为 3。

（2）C1 和 S1 格式：C1 和 S1 的信息总长度为 1536 Byte，包括以下 3 个主要字段。

◎ 时间戳：长度为 4 Byte，作为发送端后续信息的时间戳起始值。

◎ 零字节：长度为 4 Byte，所有值必须为 0。

◎　随机数据：长度为 1528 Byte，内容为随机数据，作为参加握手的连接方的区别信息。

（4）C2 和 S2 格式：C1 和 S1 的信息总长度为 1536 Byte，主要格式与 C1 或 S1 类似，主要区别在于原本零字节的位置保存了先前发送给对方信息的时间戳。

◎　时间戳：长度为 4 Byte，包含本信息所响应的对方发送信息的时间戳，如对 C2 则表示 S1 的时间戳，对 S2 则表示 C1 的时间戳。

◎　时间戳 2：先前发送并由对方接收的时间戳，即 C1 或 S1。

◎　随机数据：长度为 4 Byte，包含本信息所响应的对方发送信息的随机数据，如对 C2 则表示 S1 的随机数据，对 S2 则表示 C1 的随机数据。

3．RTMP 分块格式

如前文所述，RTMP 分块的主要思路是将大块的上层协议的信息分割为小块的数据，其优势如下。

◎　将数据分割为小块传输可有效提升数据传输效率，如可以避免大块的低优先级数据长时间占用信道，导致小块的高优先级数据被阻塞。

◎　可以将原本必须由信息负载传输的信息压缩保存于分块头中，降低了传输成本。

分块的实际大小在 128 Byte 到 65536 Byte 之间，通过控制信息进行配置。分块的大小对系统不同的性能指标影响不同。例如，更大的分块可有效降低 CPU 负载，但是会导致低带宽状况下其他内容的传输延迟；更小的分块产生的延迟更低，但 CPU 消耗更大，且不利于高码率传输。

每个 RTMP 分块内的数据按照顺序可以分为以下四部分。

（1）分块基本头（Chunk Basic Header）：占 1~3 Byte，主要包含分块流 ID 和分块类型。分块流 ID 决定了结构的长度，分块类型决定了后续的分块信息头的结构。

（2）分块信息头（Chunk Message Header）：占 0、3、7 或 11 Byte，表示该分块所属的 RTMP 信息的数据，其长度由分块基本头中的分块类型决定。

（3）扩展时间戳（Extended Timestamp）：占 0 或 4 Byte，当普通时间戳字段值为 0xFFFFFF 时，是必须字段；当普通时间戳字段为其他值时，则不进行传输。

（4）分块数据（Chunk Data）：当前分块所承载的实际数据。

RTMP 分块的结构如图 6-15 所示。

图 6-15

分块基本头

分块基本头提供两个信息：分块类型（Chunk Type）和分块流 ID（Chunk Stream ID）。其中，分块类型占用最高 2 bit，其余 bit 表示分块流 ID。分块流 ID 的取值范围为[3,65599]，共 65597 个可能取值。0、1、2 三个取值为保留值，表示分块流 ID 的取值范围，其取值也决定了分块基本头的数据长度。

◎ 分块流 ID 取值为 0：分块基本头占 2 Byte，分块流 ID 的取值为第二字节的二进制值加 64，取值范围为[64,319]。

◎ 分块流 ID 取值为 1：分块基本头占 3 Byte，分块流 ID 的取值为第二字节和第三字节的二进制值分别加 64，取值范围为[64,65599]。

◎ 分块流 ID 取值为 2：保留值。

◎ 分块流 ID 取值为 3~63 的值：分块基本头占 1 Byte，该字段表示实际的分块流 ID。

不同长度的 RTMP 分块基本头结构如图 6-16 所示。

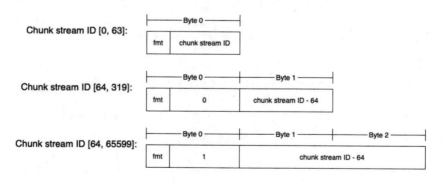

图 6-16

分块信息头

分块信息头共定义了四种实现结构，由分块基本头中的分块类型决定。分块基本头中的分块类型占据两比特数据，可选的取值有 0、1、2、3 四种类型。其中，类型为 0 的分块信息头最复杂，类型取值越大，分块信息头结构越简单。

当分块类型取值为 0 时，分块信息头占 11 Byte。此类型的分块应当位于分块流的开端或时间戳回跳（如向后拖动播放）的位置。此类型的分块信息头结构包括以下几个字段。

◎　时间戳：长度为 3 Byte，表示当前分块所属信息的绝对时间戳。最大值为 0x00FFFFFF。当超过最大值时，该字段的取值固定为 0x00FFFFFF，并且分块中将包含扩展时间戳头结构。

◎　信息长度：长度为 3 Byte，表示当前分块所属信息的数据长度。

◎　信息类型 ID：长度为 1 Byte，表示当前分块所属信息的类型。

◎　信息流 ID：长度为 4 Byte，表示当前信息的流标识。

取值类型为 0 的分块信息头结构如图 6-17 所示。

图 6-17

当分块类型取值为 1 时，分块信息头占 7 Byte。此类型的分块信息头结构没有信息流 ID 字段，以此表示当前分块与前序分块属于一个信息流。此外，前三字节保存了时间戳增量。时间戳增量指当前分块的时间戳与前序分块的时间戳的差值。

取值类型为 1 的分块信息头结构如图 6-18 所示。

图 6-18

当分块类型取值为 2 时，分块信息头占 3 Byte。在此类型的分块信息头中仅包含时间戳增量一个字段，表示当前分块与前序分块属于一个信息流，且其中的信息均为固定长度。

取值类型为 2 的分块信息头结构如图 6-19 所示。

图 6-19

当分块类型取值为 3 时，无分块信息头。当一条信息被拆分为多个分块传输时，后续分块均使用此种格式。

扩展时间戳

当分块信息头中的时间戳字段值为 0x00FFFFFF 时，在分块信息头之后、分块数据之前将传输长度为 4 Byte 的扩展时间戳，并将其作为实际的时间数据，否则不传输扩展时间戳。

6.2.3 RTMP 信息格式

使用 RTMP 通信的服务端与客户端使用信息作为通信的基本逻辑单位，可以通过信息传输音频流、视频流和字幕流，以及控制信息等其他数据。每条 RTMP 信息都可以被分为两部分，即 RTMP 信息头和 RTMP 信息体。其中，RTMP 信息头保存的是信息的部分配置信息，RTMP 信息体保存的是信息中实际承载的数据，如音频流或视频流等，具体格式由实际承载的数据协议规定。

1. RTMP 信息头

RTMP 信息头共 11 Byte，所包含的数据可被分为以下字段。

◎ 信息类型：占 1 Byte，该字节的取值为 1~7，专用于协议控制信息。
◎ 载荷数据长度：占 3 Byte，表示信息体中载荷数据所占字节长度。
◎ 时间戳：占 4 Byte，表示该信息的时间戳信息。
◎ 信息流 ID：占 3 Byte，表示该信息所在信息流的 ID。

RTM 信息头结构如图 6-20 所示。

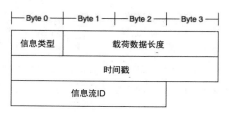

图 6-20

2．RTMP 控制消息

当信息类型为 1~7 时，表示该信息为 RTMP 控制信息。在控制信息中包含 RTMP 和 RTMP 分块流协议所需的部分信息。其中，类型 0 和类型 1 为 RTMP 分块流协议专用，类型 3~6 为 RTMP 专用，类型 7 用于在原服务器和边缘服务器之间通信。

类型 1：设置分块尺寸

RTMP 协议中规定，设置分块尺寸应通过名为"Set Chunk Size"的信息实现。该类型的消息可用于设置通信双方约定的、新的最大分块尺寸。RTMP 默认的分块尺寸为 128 Byte，如果客户端希望发送长度为 128~256 Byte 的信息，则可以拆分为两个分块发送，或者增加分块尺寸，如此即可在一个分块中发送全部数据。分块尺寸最大可设置为 65536 Byte，且通信双方独立维护不同的分块尺寸，互不影响。

在传输该类型信息的过程中，RTMP 信息体共保存 4 Byte 分块尺寸，表示新的分块尺寸，如图 6-21 所示。

图 6-21

类型 2：丢弃信息

当信息类型为 2 时，协议控制信息表示"丢弃信息"，命名为"Abort Message"。由于 1 个信息可以被分割为多个分块发送，所以当接收端收到的 1 个分块包含 RTMP 控制信息时，先前已收到的该信息的分块将全部被丢弃，并且不再接收该信息的后续分块。

在传输该类型信息的过程中，信息体中保存了 4 Byte 的分块流 ID，表示丢弃信息对应的分块流 ID，如图 6-22 所示。

图 6-22

类型 3：响应信息

在 RTMP 通信双方建立连接后，发送端向接收端发送数据窗口值，规定一次发送数据总量的最大值（参考类型 5）。在一次发送的数据量达到数据窗口值所规定的数量后，接收端向发送端返回响应信息。RTMP 协议中规定，响应信息的名称为"Acknowledgement"，该信息中保存 4 Byte 的序列码，表示当前已收到的字节总数，如图 6-23 所示。

图 6-23

类型 4：用户控制信息

发送端通过用户控制信息向接收端发送关于用户控制事件的信息，此类消息的名称为"User Control Message"。用户控制信息的信息体的长度是可变的，包括事件类型和事件数据两部分。事件类型占据最开始的 2 Byte，其余部分保存事件数据，如图 6-24 所示。

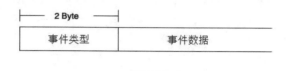

图 6-24

RTMP 中具体定义的用户控制信息类型将在 6.2.4 节中进一步讨论。

类型 5：窗口响应大小

发送端通过窗口响应大小与接收端沟通发送响应信息的数据窗口值。例如，服务端希望在向客户端连续发送 2048 Byte 的数据后，由客户端返回响应信息（参考类型 3），则在双方连接建立后应通过"窗口响应大小"控制信息配置的门限值。在该信息中共保存了 4 Byte 的载荷数据，表示发送端设置的窗口响应大小门限值，如图 6-25 所示。

图 6-25

类型 6：设置对方带宽

发送端通过设置对方带宽来设置接收端的输出带宽，即窗口响应大小。如果当前接收端的窗口响应大小与设置对方带宽信息中的配置值不同，则接收端向发送端返回窗口响应大小信息。

设置对方带宽信息体数据占 5 Byte，其中，前 4 Byte 为配置的窗口响应大小，第 5 Byte 表示限制类型，如图 6-26 所示。限制类型表示对方发送信息带宽的灵活度，可取值为 0、1 或 2，其含义如下。

◎　0：硬限制，信息接收端必须以规定带宽发送数据。

◎　1：软限制，带宽由接收端决定，发送端可对其加以限制。

◎　2：动态限制，信息接收可以为硬限制或软限制。

图 6-26

6.2.4　RTMP 信息与命令

当在客户端和服务端之间使用基于 RTMP 的流媒体服务时，双方之间会持续进行多种不同形式的数据收发。主要的数据类型可以分为信息数据和命令数据（也可称作命令信息）两种。信息数据主要用于传递音频、视频和用户数据等信息，命令数据主要以远程过程调用的方式执行相应的命令。

1．信息类型

RTMP 信息支持多种类型，如音视频信息、数据信息、聚合信息、用户控制信息和共享对象信息等。

音视频信息

作为流媒体协议，音视频数据占据了传输数据的主要部分。RTMP 规定，类型为 8 的信息专用于传输音频数据，类型为 9 的信息专用于传输视频数据。由于视频流数据通常体积较大，因此赋予较低的优先级，以提升系统的整体流畅性。

数据信息

除音频流和视频流外，媒体数据还包括元数据（Metadata）和其他用户数据。元数据主要保存媒体数据的简介，如创建时间、时长、作者、专辑信息等，便于以节目的形式快捷显示该媒体数据。元数据和其他用户数据在 RTMP 中以数据信息的格式进行传输，信息类型为 15 或 18。

聚合信息

每条聚合信息中都包含若干子信息，其信息类型为 22。相比于将聚合信息中的子信息分别发送，使用聚合信息具有多种优势。例如，由于每个分块最多保存一条信息，所以在增加分块尺寸后，可以将多条信息整合为聚合信息，并放入一个分块中发送，这样可有效减少发送分块的数量，提升效率。除此之外，聚合信息中的信息体数据以顺序方式进行保存，此方式不仅便于在网络上一次性发送，而且可以节省读写时的 I/O 消耗。

用户控制信息

用户控制信息用于在客户端和服务端之间传输用户控制事件。RTMP 共定义了 7 种用户控制信息，可以实现 7 种功能，如表 6-2 所示。

表 6-2

事　件	ID	含　义	备　注
StreamBegin	0	媒体流已就绪	通常为 RTMP 连接后的第一个信息，携带 4 Byte 媒体流 ID 信息
Stream EOF	1	媒体流已结束	客户端在收到该信息后不再接收该媒体流的后续信息，携带 4 Byte 媒体流 ID 信息
StreamDry	2	媒体流数据不足	服务端在一定时间间隔后未检测到任何信息须发送给客户端。携带 4 Byte 媒体流 ID 信息
SetBufferLength	3	设置缓冲区大小	客户端在服务端开始处理流之前将信息发送至服务端，共 8 Byte，前 4 Byte 表示媒体流 ID 信息，后 4 Byte 表示设置的缓冲区大小
StreamIsRecorded	4	表示当前流为录播流	携带 4 Byte 媒体流 ID 信息
PingRequest	6	检测客户端是否在线	携带 4 Byte 载荷数据，表示服务端本地时间戳
PingResponse	7	客户端向服务端发送的响应信息	携带 4 Byte 载荷数据，表示收到检测信息中的服务端时间戳

共享对象信息

共享对象信息为在多个客户端或实例之间同步共享的 Flash 对象，其类型为 16 或 19。共享对象信息共包含 11 种事件类型，如表 6-3 所示。

表 6-3

事　件	ID	含　义
Use	1	客户端通知服务端创建共享对象
Release	2	客户端通知服务端删除共享对象

续表

事　件	ID	含　义
RequestChange	3	客户端通知服务端修改共享对象中某个命名参数取值
Change	4	服务端通知除源客户端外的其他客户端修改共享对象中某个命名参数取值
Success	5	当 RequestChange 已被服务端接收后，服务端向客户端返回成功信息
SendMessage	6	客户端请求服务端向所有客户端广播信息
Status	7	服务端向客户端发送错误状态码
Clear	8	服务端向客户端发送该事件以清空一个共享对象，或作为 Use 事件的响应
Remove	9	服务端向客户端发送该事件，以在客户端删除一个插槽
Remove Request	10	当客户端删除一个插槽时发送该事件
Use Success	11	服务端向客户端发送该事件作为 Use 成功的响应事件

2. 命令信息类型

RTMP 定义的命令信息的主要作用不是传递音视频数据等信息，而是通过传递命令信息的方式通知对方执行指定操作。RTMP 的命令信息类型为 17 或 20。常用的 RTMP 命令可分为两大类，即连接命令（NetConnection）和流命令（NetStream）。

连接命令

连接命令的主要作用是管理和维护客户端与服务端之间的连接状态，并提供一种异步调用远程方法的渠道。RTMP 定义的连接命令主要有 connect、call、close 和 createStream 四种。本节主要介绍 connect 命令、call 命令和 createStream 命令。

（1）connect 命令。客户端向服务端发送 connect 命令请求建立连接。connect 命令的格式如表 6-4 所示。

表 6-4

字　段　名	类　型	含　义
Command Name	字符串	命令名称，设置为 connect
Transaction ID	整数	设置为 1
Command Object	对象	以键值对形式保存的命令参数集合
Optional User Arguments	对象	可选参数信息

在上述各个参数中，最关键的是 Command Object，其中保存了建立连接所需要的重要参数，主要类型如表 6-5 所示。

表 6-5

字 段 名	类 型	含 义
app	字符串	客户端希望连接的服务端程序名称
flashver	字符串	Flash 播放器的版本
swfUrl	字符串	连接 SWF 文件的 URL
tcUrl	字符串	服务端 URL
fpad	布尔值	是否使用代理标识
audioCodecs	整数	客户端支持的音频编码器类型
videoCodecs	整数	客户端支持的视频编码器类型
pageUrl	字符串	从网页端加载的 SWF 文件的地址
objectEncoding	整数	AMF 编码方法

在连接完成后，服务端返回给客户端的命令格式如表 6-6 所示。

表 6-6

字 段 名	类 型	含 义
Command Name	字符串	取值为 "_result" 或 "_error"，标识成功或失败
Transaction ID	整数	设置为 1
Properties	对象	以键值对的形式保存连接的属性
Information	对象	以键值对的形式保存服务端返回的其他参数

（2）call 命令。调用端通过 call 命令使远程过程调用（RPC）在接收端执行相关操作。发送端发出的命令格式如表 6-7 所示。

表 6-7

字 段 名	类 型	含 义
Procedure Name	字符串	远程调用过程的名称
Transaction ID	整数	如果希望收到响应，则指定一个 ID，否则设置为 0
Command Object	对象	保存调用过程的参数，如果没有参数，则设为空
Optional Arguments	对象	附加参数

在调用完成后，接收端返回给发送端的响应格式如表 6-8 所示。

表 6-8

字 段 名	类 型	含 义
Command Name	字符串	命令名称
Transaction ID	整数	响应信息所属的命令 ID
Command Object	对象	保存调用过程的参数，如果没有参数，则设为空
Response	对象	调用方法的响应信息

（3）createStream 命令。顾名思义，createStream 命令为客户端向服务端发送的一个创建媒体流的命令，通过该命令，服务端可在创建的媒体流上发布视频流、音频流和数据流等媒体信息。客户端通过 createStream 命令发送至服务端的命令格式如表 6-9 所示。

表 6-9

字 段 名	类 型	含 义
Command Name	字符串	命令名称，设置为 createStream
Transaction ID	整数	命令 ID
Command Object	对象	保存调用过程的参数，如果没有参数，则设为空

服务端在创建流后，向客户端发送的响应信息格式如表 6-10 所示。

表 6-10

字 段 名	类 型	含 义
Command Name	字符串	取值为_result 或_error，标识成功或失败
Transaction ID	整数	响应信息所属的命令 ID
Command Object	对象	保存调用过程的参数，如果没有参数，则设为空
Stream ID	整数	如果成功，则返回流 ID；如果失败，则返回包含错误信息的对象

流命令（NetStream）

客户端通过连接命令完成双方连接并创建流之后，客户端与服务端通过流命令对媒体流进行播放、暂停、发布、删除等操作。在 RTMP 中定义的流命令如下所示。

◎ 　播放：play/play2。

◎ 　删除：deleteStream。

◎ 　关闭：closeStream。

◎ 　接收音频数据和视频数据：receiveAudio/receiveVideo。

◎ 　发布：public。

◎   拖动：seek。

◎   暂停：pause。

本节主要讨论播放、删除、拖动和暂停四种命令，其余命令可以参考 RTMP 说明。

（1）播放。通过向服务端发送 play 命令，客户端可以将单路媒体流或多路媒体流组成播放列表进行播放。play 命令中的字段如表 6-11 所示。

表 6-11

字 段 名 称	类　　　型	含　　义	备　　注
Command Name	字符串	命令名称	设置为 play
Transaction ID	整数	连接 ID	设置为 0
Command Object	空	命令参数	如果没有参数，则设为 Null
Stream Name	字符串	流名称	待播放的媒体流名称，如果媒体流为 FLV 格式，则可不加扩展名；如果为其他格式，则必须携带扩展名
start	整数	起始播放时间	可选参数，默认值为-2。当取值为 0 或正整数时，表示选择指定录播流在指定位置开始播放。当取值为-1 时，表示仅播放直播流。当取值为-2 时，表示优先选择直播流。如果没有直播流，则播放录播流
Duration	整数	播放时长	可选参数，默认值为-1。当取值为 0 时，表示播放起始位置后一帧的画面。当取值为-1 时，表示播放至内容结束。当取值为正整数时，表示播放指定时间长度的内容
Reset	布尔值	重置媒体流	可选参数，决定是否刷新播放列表

服务端在收到客户端发送的播放信息后，会根据执行情况返回响应信息。响应信息中的字段如表 6-12 所示。

表 6-12

字 段 名 称	类　　　型	含　　义	备　　注
Command Name	字符串	命令名称	如果 play 命令执行完成，则将该字段设置为 onStatus
Description	字符串	响应描述信息	如果 play 命令执行成功，则返回 NetStream.Play.Start；如果没有找到媒体流，则返回 NetStream.Play.Stream Not Found

（2）删除流。当客户想要移除服务端中某一路媒体流时，可以向服务端发送 deleteStream 命令。deleteStream 命令中的字段如表 6-13 所示。

表 6-13

字段名称	类　型	含　义	备　注
Command Name	字符串	命令名称	设置为 deleteStream
Transaction ID	整数	连接 ID	设置为 0
Command Object	空	命令参数	如果没有参数，则设为 Null
Stream ID	整数	希望从服务端移除的流 ID	无

服务端在执行后不返回任何响应信息给客户端。

（3）拖动。如果客户端希望将媒体流拖动到某个指定的位置进行播放，则可以通过发送 seek 命令实现。seek 命令中的字段如表 6-14 所示。

表 6-14

字 段 名 称	类　型	含　义	备　注
Command Name	字符串	命令名称	设置为 seek
Transaction ID	整数	连接 ID	设置为 0
Command Object	空	命令参数	如果没有参数，则设为 Null
miliSeconds	整数	希望拖动到的位置，以毫秒为单位	无

在执行后，服务端以状态信息的形式返回 NetStream.Seek.Notify 信息，格式与 play 命令返回的信息格式类似。

（4）暂停。暂停与续播可以通过 pause 命令实现。pause 命令中的字段如表 6-15 所示。

表 6-15

字 段 名 称	类　型	含　义	备　注
Command Name	字符串	命令名称	设置为 pause
Transaction ID	整数	连接 ID	设置为 0
Command Object	空	命令参数	如果没有参数，则设为 Null
Pause/Unpause Flag	布尔值	暂停/续播标识	设置为 true，表示暂停播放；设置为 false，表示继续播放
miliSeconds	整数	希望拖动到的位置，以毫秒为单位	无

在执行后，服务端同样返回状态信息。如果执行成功，则针对暂停和续播命令分别返回 NetStream.Pause.Notify 信息和 NetStream.Unpause.Notify 信息；如果执行失败，则返回 error 信息。

6.3 网络流媒体协议——HLS 协议

HTTP 实时流媒体（HTTP Live Streaming，HLS）协议是苹果公司提出的主要用于直播的流媒体协议。在进行网络传输时，HLS 协议将音频流、视频流和其他辅助信息通过 HTTP 进行封装，并通过应用最为广泛的 HTTP 服务进行处理和传输，几乎不可能被防火墙拦截。在客户端，HLS 协议可以被移动端系统（如 iOS 和 Android）、桌面和服务器系统（如 Windows 和 Linux）等多种平台支持，可以实现打开即播放，具有极佳的兼容性。HLS 协议的最大劣势在于其较高的传输延迟，不适用于部分对实时性要求较高的场景。

6.3.1 HLS 协议的概念

与 RTMP 一样，HLS 协议为应用层协议，直接为媒体直播流等应用层数据服务。一个完整的基于 HLS 协议的流媒体直播系统通常由四部分组成，即音视频采集器、媒体服务器、媒体分发器和播放客户端。其中，音视频采集器有摄像机、录屏器和麦克风等，而播放客户端的实现较为复杂，并且有多种完善的开源或闭源客户端可供选择，本节重点讨论媒体服务器和媒体分发器。

6.3.2 HLS 直播流媒体系统结构

HLS 直播流媒体系统结构如图 6-27 所示。

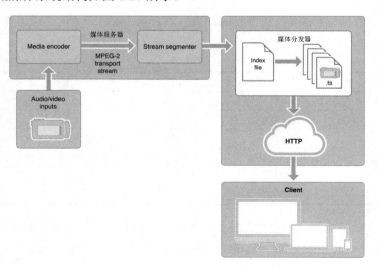

图 6-27

HLS 直播流媒体系统的核心组件为媒体服务器和媒体分发器，分别承担媒体数据的生成和分发工作。目前，媒体服务器和媒体分发器都有多种完善而应用广泛的开源或商业解决方案，可以方便快捷地搭建稳定且成熟的 HLS 服务。

1. 媒体服务器

媒体服务器的核心任务是对数据采集端生成的音视频流数据进行编码、切分和整理，生成适合在 HTTP 网络中进行流式分发和传输的格式。媒体服务器的结构主要由媒体编码器、媒体流切分器和文件分割器三部分组成。

媒体编码器

顾名思义，媒体编码器的主要作用是编码音频数据和视频数据，生成指定格式的音视频流。部分早期功能较为简单的摄像头或麦克风没有音视频编码模块，只能输出像素格式的图像，以及波形或采样格式的音频数据。流媒体服务器在收到采集端获得的数据后须进行压缩编码，将视频图像编码为 H.264 或 H.265 等格式的视频流，将音频数据编码为 HE-AAC 或 AC-3 等格式的音频流。编码完成的视频流和音频流可以被进一步封装为 MPEG-2 TS（MPEG-2 传输流）格式进行输出。

随着技术的发展，音视频采集端设备的功能日渐强大，当前的主流设备，如网络摄像机、USB 摄像机和智能移动设备（如笔记本电脑、平板电脑和智能手机等）基本都集成了音视频压缩编码模块，支持以多种压缩码流的格式直接输出。在这种情况下，媒体编码器的功能不仅是压缩编码，还需要根据指定的参数对采集端输出的音视频流进行转码、封装或转封装操作，输出指定格式的数据。

在工程实现中，媒体编码器可以使用多种不同的方案，例如，既可以使用不同系统自带的硬件编码器，也可以使用不同开源软件提供的编码器或商业音视频编码解决方案。

媒体流切分器

由于不符合协议规定的格式，媒体编码器输出的音频数据或视频数据通常不能直接通过 HLS 协议来发送，而是必须通过媒体流切分器做进一步处理。对媒体编码器输出的 MPEG-2 TS 格式的数据，媒体流切分器会将其切分为指定时长的多个 MPEG-2 TS 文件分片（简称 TS 文件分片），每个 TS 文件分片都可以作为一个独立的文件进行播放，而且按顺序衔接即可无缝还原为分割前的大文件。流媒体切分器输出的 TS 文件分片即为通过网络传输的实际数据，可以被发送到客户端进行播放。

除 TS 文件分片外,媒体流切分器的另一项重要工作是生成并维护 TS 文件分片的索引文件。该索引文件以.m3u8 为扩展名,是 HLS 协议的标志性特征之一。在.m3u8 索引文件中包含了对每个 TS 文件分片的引用,在一个新的 TS 文件分片生成后,.m3u8 索引文件中的内容将同步更新。HLS 直播流媒体系统的服务端和客户端可以通过.m3u8 索引文件中的内容确定 TS 文件分片的可用性和位置,维持整体媒体数据传输的流畅性。

.m3u8 索引文件的具体格式在 6.3.3 节中有详细介绍。

文件分割器

文件分割器的作用是将一个已有的音视频文件按照 HLS 协议进行分割并封装为 TS 文件分片,然后进行传输。其角色类似于媒体编码器和媒体流切分器的组合,实现从输入文件进行转码、转封装,并进行文件切分的功能。通过使用文件分割器,HLS 协议不仅可以通过音视频采集器进行直播传输,而且可以将已有的音视频文件通过 HLS 直播流媒体系统进行传输,实现点播服务。

2. HLS 媒体分发器

因为使用了 HTTP 进行连接和内容传输,所以 HLS 媒体分发器仅需使用通用的 Web 服务器即可分发媒体内容,几乎不存在任何障碍。对服务器也只需配置与 HLS 对应的 MIME Type 即可,如表 6-16 所示。

表 6-16

扩展名	MIME Type
.m3u8	application/x-mpegURL 或 vnd.apple.mpegURL
.ts	video/MP2T

6.3.3 HLS 索引文件格式

在 HLS 流媒体系统中,服务端和客户端通过.m3u8 索引文件作为媒介进行交互。媒体编码器和文件分割器生成的新 TS 文件分片信息会添加到.m3u8 索引文件中,播放客户端通过该索引文件即可获得更新的音视频流信息。一个典型的.m3u8 索引文件包含的内容如下所示。

```
#EXTM3U
#EXT-X-VERSION:3
#EXT-X-MEDIA-SEQUENCE:0
#EXT-X-TARGETDURATION:6
```

```
#EXT-X-DISCONTINUITY
#EXTINF:6.006,
hlsstream-0.ts
#EXTINF:6.006,
hlsstream-1.ts
#EXTINF:6.006,
hlsstream-2.ts
#EXTINF:6.006,
hlsstream-3.ts
```

从中可以看出，.m3u8 索引文件主要包括两部分内容，即 TS 文件分片 URL 和 M3U8 标签。

1. TS 文件分片 URL

在.m3u8 索引文件中，通常每个#EXTINF 标签的下一行就表示某个 TS 文件分片的 URL。

```
...
#EXTINF:6.006,
hlsstream-0.ts
...
```

TS 文件分片 URL 通常使用相对路径，即从相对当前.m3u8 索引文件的路径查找该 TS 文件分片。例如，上述文件索引的同级目录下的文件结构如下所示。

```
total 10996
drwxrwxrwx 2 nobody root      4096      4 月    23 13:18 ./
drwxrwxrwx 3 root   root      4096      1 月    6 16:26 ../
-rw-r--r-- 1 nobody nogroup 3080004     4 月    23 13:18 hlsstream-0.ts
-rw-r--r-- 1 nobody nogroup 3359936     4 月    23 13:18 hlsstream-1.ts
-rw-r--r-- 1 nobody nogroup 3015896     4 月    23 13:18 hlsstream-2.ts
-rw-r--r-- 1 nobody nogroup 1782616     4 月    23 13:18 hlsstream-3.ts
-rw-r--r-- 1 nobody nogroup     184     4 月    23 13:18 hlsstream.m3u8
```

除了相对路径，TS 文件分片 URL 还可以选择绝对路径，即从索引文件中直接获取文件分片的内容，例如：

```
...
#EXTINF:6.006,
http://10.151.174.24/hls/hlsstream-0.ts
...
```

2. M3U8 标签

除文件分片 URL 外，在.m3u8 索引文件中还包含多种标签，表示 HLS 媒体流的不同特性。

HLS 协议中定义的标签类型主要分为两大类，即标准标签和新加标签。其中，标准标签有 EXT M3U 标签和 EXTINF 标签两类，其余为新加标签。在 HLS 协议中定义的新加标签主要有 EXT-X-BYTERANGE、EXT-X-TARGETDURATION、EXT-X-MEDIA-SEQUENCE、EXT-X-KEY、EXT-X-PROGRAM-DATE-TIME、EXT-X-ALLOW-CACHE、EXT-X-PLAYLIST-TYPE、EXT-X-STREAM-INF、EXT-X-I-FRAME-STREAM-INF、EXT-X-I-FRAMES-ONLY、EXT-X-MEDIA、EXT-X-ENDLIST、EXT-X-DISCONTINUITY、EXT-X-DISCONTINUITY-SEQUENCE、EXT-X-START 和 EXT-X-VERSION 等。

本节重点讨论 2 个标准标签和 4 个新加标签的格式和作用，其余标签的格式和作用可参考协议文档描述。

（1）EXTM3U 标签。在一个.m3u8 索引文件中必然包含一个 EXTM3U 标签，并且位于整个文件的第一行。EXTM3U 标签是.m3u8 索引文件区别于其他文件的特征，其格式十分简单，即在索引文件的第一行中写入以下内容。

```
#EXTM3U
...
```

（2）EXTINF 标签。在一个.m3u8 索引文件中通常保存了多个 TS 文件分片信息。在某些情况下，不同 TS 文件分片的时长可能不一致，此时通过 EXTINF 标签即可确定该 TS 文件分片的时长。EXTINF 标签的格式如下所示。

```
#EXTINF:<duration>,<title>
```

duration 部分表示 TS 文件分片的时长。在低于版本 3 的 HLS 协议中，duration 必须为整数；在版本 3 及以上的 HLS 协议中，duration 必须为浮点数。标签末尾的 title 部分表示对当前文件分片的注释性说明。

（3）EXT-X-VERSION 标签。在.m3u8 索引文件中，通过添加 EXT-X-VERSION 标签可以指定 HLS 协议的版本。在每个.m3u8 索引文件中只能包含一个 EXT-X-VERSION 标签，并且该标签所指定的协议版本对整个索引文件有效。该标签的格式十分简单，只需一个指明 HLS 协议版本号的整数作为参数，如下所示。

```
#EXT-X-VERSION:<n>
```

（4）EXT-X-MEDIA-SEQUENCE 标签。在.m3u8 索引文件中所引用的每个 TS 文件分片都对应唯一的整型序列号。从一个起始序列号开始，每个 TS 文件分片的序列号按照时间顺序依次递增 1，不允许递减。EXT-X-MEDIA-SEQUENCE 标签所指代的即为所有文件分片的起始序列号，该标签的格式十分简单，只需一个表示起始序列号的整数作为参数，如下所示。

```
#EXT-X-MEDIA-SEQUENCE:<number>
```

在.m3u8 索引文件中，最多包含一个 EXT-X-MEDIA-SEQUENCE 标签。如果在.m3u8 索引文件中没有该标签，则 TS 文件分片的起始序列号默认为 0。

（5）EXT-X-TARGETDURATION 标签。EXT-X-TARGETDURATION 标签表示当前 HLS 媒体流所生成的 TS 文件分片时长的最大值。该标签在.m3u8 索引文件中有且只有一个，作用于整个索引文件。EXTINF 标签所表示的每一个 TS 文件分片时长在四舍五入为整数后应小于或等于 EXT-X-TARGETDURATION 标签所指定的值。EXT-X-TARGETDURATION 标签的格式如下所示。

```
#EXT-X-TARGETDURATION:<s>
```

（6）EXT-X-DISCONTINUITY 标签。在.m3u8 索引文件中，EXT-X-DISCONTINUITY 标签不是必选项，当该标签出现时，说明其前一个与后一个 TS 文件分片之间存在格式变化，即存在"不连续性"。该标签表示的格式变化有以下几种

- ◎ 文件封装格式。
- ◎ 文件中包含媒体轨道的数量和类型。
- ◎ 编码参数。
- ◎ 编码序列。
- ◎ 时间戳序列。

该标签不包含任何参数，在使用时直接在格式变化的 TS 文件分片之间按以下格式插入该标签即可。

```
#EXT-X-DISCONTINUITY
```

第二部分　命令行工具

本部分主要讲解命令行工具 ffmpeg、ffprobe 和 ffplay 的主要使用方法。命令行工具在搭建测试环境、构建测试用例和排查系统 Bug 时常常起到重要作用。如果想要在实际工作中有效提升工作效率，那么应熟练掌握命令行工具的使用方法。

第7章
FFmpeg的基本操作

在多媒体编辑、音视频转码和直播点播等领域，FFmpeg是应用最为广泛的开源工具之一。广义上的 FFmpeg 包含一组二进制可执行程序，以及供第三方应用集成的动态库或静态库，可通过不同的形式提供音视频信号的采集、编码、解码、封装、解封装、编辑、推流、播放以及格式检测等功能，其功能之强大，接口之完善，堪称音视频领域的"航母战斗群"。时至今日，FFmpeg 凭借其超凡的影响力，已经将其应用范围扩展到多个领域，成为无数知名音视频开源项目的基础，如 VLC、MPC-HC、LAV filter、ijkplayer 等。

7.1　FFmpeg 概述

FFmpeg 的官网中提供了项目简介、说明文档、资料下载地址等多种资源，如图 7-1 所示。

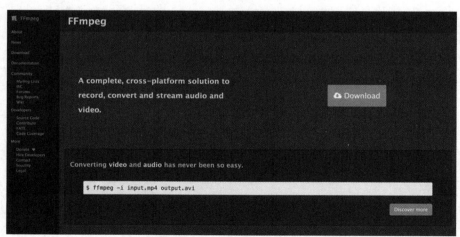

图 7-1

在官网首页的突出位置提供了 FFmpeg 工具和 SDK 等资源的下载位置，以及一条最简单的视频文件转码命令。

```
ffmpeg -i input.mp4 output.avi
```

该命令仅使用输入文件和输出文件这两个参数，便可将一个 MP4 格式的视频文件转换为 AVI 格式。在实际使用过程中，通常需要根据需求添加复杂得多的参数来实现我们想要的功能，很多转码命令的规模和复杂度甚至可以比肩部分中小型工程项目。因为 FFmpeg 支持众多参数，所以在产业界中得到广泛应用。由于篇幅所限，本章不可能穷举 FFmpeg 支持的所有转码参数，所以只选取其中最具代表性的作为示例进行剖析和演示，希望读者可以举一反三，掌握 FFmpeg 的更多使用方法。

7.1.1　各个编译类型的区别

无论在 Windows 或 Linux 系统下，还是在 macOS 系统下，编译的思路都是一致的。

（1）静态编译：所有的依赖库都以静态形式编译为可执行程序的一部分，在下载的可执行程序中包含了所有的功能，如图 7-2 所示。

图 7-2

（2）动态编译：可执行程序不包括对应的动态库，在执行过程中必须加载对应的动态库才能成功执行，如图 7-3 所示。

图 7-3

（3）开发：提供了各个动态库的头文件，可以在第三方应用中使用，如图 7-4 所示。

图 7-4

如果想要在项目中引入 FFmpeg 作为第三方库，则可以下载特定的 FFmpeg 动态编译版本，并从中获取动态库，再配合对应的开发版本提供的头文件，便可以使用其中的功能了。

FFmpeg 的版本更新

根据官网的说明，通常每 6 个月左右，FFmpeg 将进行一次正式的版本更新，提供若干新功能。在两次正式版本更新之间，还将不定期地发布非正式的更新版本，其目的在于修复当前正式版本中的缺陷。笔者在撰写本章时，FFmpeg 已发布至 4.3 版本，其代号为"4:3"，如图 7-5 所示。

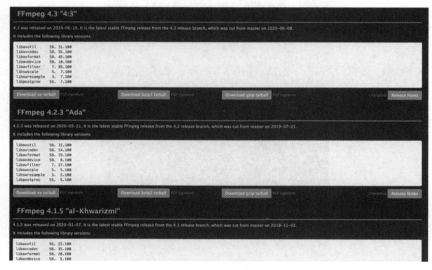

图 7-5

FFmpeg 各个稳定版本的发布情况如表 7-1 所示。

表 7-1

版　本	发布时间	代　　号	代号备注
FFmpeg 4.3	2020-06-15	"4:3"	无
FFmpeg 4.2.3	2020-05-21	"Ada"	无
FFmpeg 4.1.5	2020-01-07	"al-Khwarizmi"	花拉子米，波斯著名数学家，被称作"代数之父"
FFmpeg 4.0.5	2019-11-22	"Wu"	吴文俊，著名数学家，中国科学院院士
FFmpeg 3.4.7	2019-12-02	"Cantor"	康托尔，德国数学家，集合论创始人
FFmpeg 3.3.9	2018-11-18	"Hilbert"	希尔伯特，德国数学家
FFmpeg 3.2.14	2019-05-14	"Hypatia"	希帕蒂娅，古埃及女数学家
FFmpeg 2.8.16	2020-04-28	"Feynman"	理查德·费曼，美国物理学家，以《费曼物理学讲义》闻名于世
FFmpeg 3.1.11	2017-09-25	"Laplace"	拉普拉斯，法国数学家、物理学家，天体力学奠基人
FFmpeg 3.0.12	2018-10-28	"Einstein"	爱因斯坦，著名物理学家，诺贝尔物理学奖得主，相对论创始人
FFmpeg 2.7.7	2016-04-30	"Nash"	约翰·纳什，美国数学家、经济学家，诺贝尔经济学奖得主
FFmpeg 2.6.9	2016-05-03	"Grothendieck"	格罗滕迪克，德国著名数学家，现代代数几何奠基人
FFmpeg 2.5.11	2016-02-02	"Bohr"	玻尔，丹麦物理学家，诺贝尔物理学奖得主
FFmpeg 2.4.14	2017-12-31	"Fresnel"	奥古斯丁·让·菲涅耳，法国物理学家，物理光学奠基人
FFmpeg 2.2.16	2015-06-18	"Muybridge"	埃德沃德·迈布里奇，动物实验摄影大师
FFmpeg 2.1.8	2015-04-30	"Fourier"	傅里叶，法国数学家、物理学家，热传导理论奠基人
……	……	……	……

从表 7-1 中各个版本的发布时间可以看出，稳定版的最终发布时间并不是严格按照版本的先后顺序依次发布的。其原因在于在某一个大版本发布后，后续将不定期发布多个基于当前大版本的小版本，直到某个版本趋于稳定。我们在选择版本时，推荐使用当前最新或次新的稳定版本。例如，当前 4.3 版本已经发布，那么可以选择当前已发布的 4.3 版本或上一版本，即 4.2 版本。在源代码目录中执行以下 git 命令即可获取 4.3 版本，其他版本可以用类似的方法获取，只需替换相应的版本号即可。

```
git checkout -B release-4.3 origin/release/4.3 #切换到 Tag:n4.1.4
```

在执行成功后，即可在本地的代码库中获取 4.3 版本的代码，并保存为分支"release-4.3"。除此之外，如果希望针对某个中间版本进行开发，则选择切换到该中间版本对应的 Tag 即可：

```
git checkout -B branch-4.1.4 n4.1.4 #切换到 Tag:n4.1.4
```

7.1.2 编译 FFmpeg 源代码

绝大多数情况下，官方编译的 FFmpeg SDK 已经可以满足日常开发的需求，但仍有部分特殊需求是直接下载的 SDK 所无法满足的。另外，有时也存在需要在现有的 FFmpeg 源代码的基础上进行二次开发的情况，这时就可以对 FFmpeg 的源代码进行编译，以获取我们需要的 SDK 与可执行程序。

1. 基本编译流程

在下载源代码之后，在源代码根目录中可以看到名为 configure 的文件。该文件的主要作用是为 FFmpeg 的编译过程提供配置选项，以决定哪些组件必须参与编译过程。

在没有特殊要求的情况下，可以使用下面的配置方法将 FFmpeg 的各个组件都编译为动态库，禁止使用静态库，输出目标的根目录为/usr/local。

```
./configure --enable-shared --disable-static --prefix=/usr/local
```

此时，在 FFmpeg 的根目录下将生成 makefile 文件，它可以对源代码进行编译和安装。

```
make -j$(nproc) sudo make install
```

在安装完成后，对应的文件将按照配置中指定的位置进行复制：

◎ 二进制可执行文件 ffmpeg、ffplay、ffprobe 等被安装在/usr/local/bin 中。

◎ 各组件的头文件目录 libavcodec/libavdevice/libavfilter/libavformat/libavutil/ libswresample/ libswscale 被安装在/usr/local/include 中。

◎ 各组件的动态库文件 libavcodec.so 等被安装在/usr/local/lib 中。

2. 自定义编译选项

实际上，configure 文件是一个 bash 脚本文件，其原理是根据输入的参数生成对应的 makefile 文件，以编译源代码。根据在配置时传入的不同配置参数，我们可以对源代码进行自定义编译。执行以下命令可以输出 configure 文件的帮助与说明。

```
./configure --help
```

下面列出的是部分帮助信息。

```
Usage: configure [options]
Options: [defaults in brackets after descriptions]
```

```
Help options:
  --help                      print this message
  --quiet                     Suppress showing informative output
  --list-decoders             show all available decoders
  --list-encoders             show all available encoders
  --list-hwaccels             show all available hardware accelerators
  --list-demuxers             show all available demuxers
  --list-muxers               show all available muxers
  --list-parsers              show all available parsers
  --list-protocols            show all available protocols
  --list-bsfs                 show all available bitstream filters
  --list-indevs               show all available input devices
  --list-outdevs              show all available output devices
  --list-filters              show all available filters

Standard options:
  --logfile=FILE              log tests and output to FILE [ffbuild/config.log]
  --disable-logging           do not log configure debug information
  --fatal-warnings            fail if any configure warning is generated
  --prefix=PREFIX             install in PREFIX [/usr/local]
  --bindir=DIR                install binaries in DIR [PREFIX/bin]
  --datadir=DIR               install data files in DIR [PREFIX/share/FFmpeg]
  --docdir=DIR                install documentation in DIR [PREFIX/share/doc/FFmpeg]
  --libdir=DIR                install libs in DIR [PREFIX/lib]
  --shlibdir=DIR              install shared libs in DIR [LIBDIR]
  --incdir=DIR                install includes in DIR [PREFIX/include]
  --mandir=DIR                install man page in DIR [PREFIX/share/man]
  --pkgconfigdir=DIR          install pkg-config files in DIR [LIBDIR/pkgconfig]
  --enable-rpath              use rpath to allow installing libraries in paths
                              not part of the dynamic linker search path
                              use rpath when linking programs (USE WITH CARE)
  --install-name-dir=DIR      Darwin directory name for installed targets

Licensing options:
  --enable-gpl                allow use of GPL code, the resulting libs
                              and binaries will be under GPL [no]
  --enable-version3           upgrade (L)GPL to version 3 [no]
  --enable-nonfree            allow use of nonfree code, the resulting libs
                              and binaries will be unredistributable [no]

Configuration options:
  --disable-static            do not build static libraries [no]
  --enable-shared             build shared libraries [no]
  --enable-small              optimize for size instead of speed
```

```
--disable-runtime-cpudetect disable detecting CPU capabilities at runtime
(smaller binary)
  --enable-gray                  enable full grayscale support (slower color)
  --disable-swscale-alpha         disable alpha channel support in swscale
  --disable-all           disable building components, libraries and programs
  --disable-autodetect    disable automatically detected external libraries [no]

Program options:
  --disable-programs      do not build command line programs
  --disable-ffmpeg        disable FFmpeg build
  --disable-ffplay        disable ffplay build
  --disable-ffprobe       disable ffprobe build
  --disable-ffserver      disable ffserver build
```

FFmpeg 当前版本支持的各项功能

通过./configure --list-decoders 命令，可以获取当前 FFmpeg 版本支持的部分解码器，如图 7-6 所示。

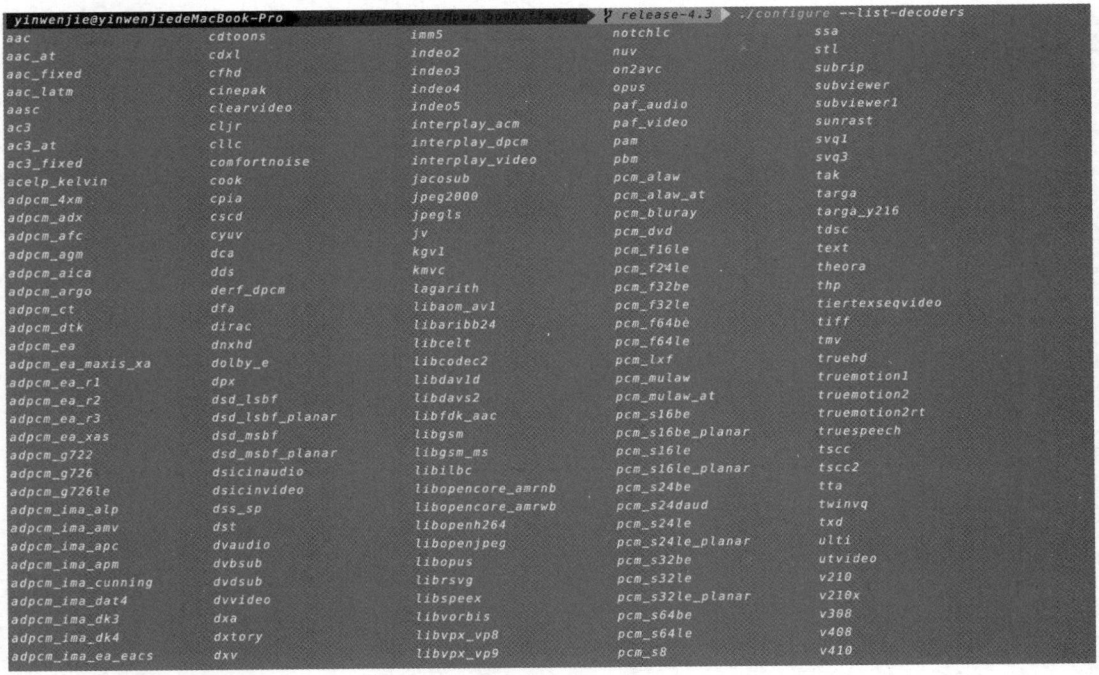

图 7-6

类似地，通过./configure --list-encoders 命令可以获取当前 FFmpeg 版本支持的部分编码器，如图 7-7 所示。

```
yinwenjie@yinwenjiedeMacBook-Pro ~/Code/FFmpeg/FFmpeg_book/ffmpeg  release-4.3  ./configure --list-encoders
a64multi          flac               libtheora        pcm_dvd             rv10
a64multi5         flashsv            libtwolame       pcm_f32be           rv20
aac               flashsv2           libvo_amrwbenc   pcm_f32le           s302m
aac_at            flv                libvorbis        pcm_f64be           sbc
aac_mf            g723_1             libvpx_vp8       pcm_f64le           sgi
ac3               gif                libvpx_vp9       pcm_mulaw           snow
ac3_fixed         h261               libwavpack       pcm_mulaw_at        sonic
ac3_mf            h263               libwebp          pcm_s16be           sonic_ls
adpcm_adx         h263_v4l2m2m       libwebp_anim     pcm_s16be_planar    srt
adpcm_g722        h263p              libx262          pcm_s16le           ssa
adpcm_g726        h264_amf           libx264          pcm_s16le_planar    subrip
adpcm_g726le      h264_mf            libx264rgb       pcm_s24be           sunrast
adpcm_ima_qt      h264_nvenc         libx265          pcm_s24daud         svq1
adpcm_ima_ssi     h264_omx           libxavs          pcm_s24le           targa
adpcm_ima_wav     h264_qsv           libxavs2         pcm_s24le_planar    text
adpcm_ms          h264_v4l2m2m       libxvid          pcm_s32be           tiff
adpcm_swf         h264_vaapi         ljpeg            pcm_s32le           truehd
adpcm_yamaha      h264_videotoolbox  magicyuv         pcm_s32le_planar    tta
alac              hap                mjpeg            pcm_s64be           utvideo
alac_at           hevc_amf           mjpeg_qsv        pcm_s64le           v210
alias_pix         hevc_mf            mjpeg_vaapi      pcm_s8              v308
amv               hevc_nvenc         mlp              pcm_s8_planar       v408
apng              hevc_qsv           movtext          pcm_u16be           v410
aptx              hevc_v4l2m2m       mp2              pcm_u16le           vc2
aptx_hd           hevc_vaapi         mp2fixed         pcm_u24be           vorbis
ass               hevc_videotoolbox  mp3_mf           pcm_u24le           vp8_v4l2m2m
asv1              huffyuv            mpeg1video       pcm_u32be           vp8_vaapi
asv2              ilbc_at            mpeg2_qsv        pcm_u32le           vp9_qsv
avrp              jpeg2000           mpeg2_vaapi      pcm_u8              vp9_vaapi
avui              jpegls             mpeg2video       pcm_vidc            wavpack
ayuv              libaom_av1         mpeg4            pcx                 webvtt
bmp               libcodec2          mpeg4_omx        pgm                 wmav1
cinepak           libfdk_aac         mpeg4_v4l2m2m    pgmyuv              wmav2
cljr              libgsm             msmpeg4v2        png                 wmv1
comfortnoise      libgsm_ms          msmpeg4v3        ppm                 wmv2
```

图 7-7

当前 FFmpeg 版本支持的硬件加速组件如图 7-8 所示。

```
yinwenjie@yinwenjiedeMacBook-Pro ~/Code/FFmpeg/FFmpeg_book/ffmpeg  release-4.3  ./configure --list-hwaccels
h263_vaapi          hevc_dxva2          mpeg2_d3d11va         mpeg4_videotoolbox   vp9_dxva2
h263_videotoolbox   hevc_nvdec          mpeg2_d3d11va2        vc1_d3d11va          vp9_nvdec
h264_d3d11va        hevc_vaapi          mpeg2_dxva2           vc1_d3d11va2         vp9_vaapi
h264_d3d11va2       hevc_vdpau          mpeg2_nvdec           vc1_dxva2            vp9_vdpau
h264_dxva2          hevc_videotoolbox   mpeg2_vaapi           vc1_nvdec            wmv3_d3d11va
h264_nvdec          mjpeg_nvdec         mpeg2_vdpau           vc1_vaapi            wmv3_d3d11va2
h264_vaapi          mjpeg_vaapi         mpeg2_videotoolbox    vc1_vdpau            wmv3_dxva2
h264_vdpau          mpeg1_nvdec         mpeg2_xvmc            vp8_nvdec            wmv3_nvdec
h264_videotoolbox   mpeg1_vdpau         mpeg4_nvdec           vp8_vaapi            wmv3_vaapi
hevc_d3d11va        mpeg1_videotoolbox  mpeg4_vaapi           vp9_d3d11va          wmv3_vdpau
hevc_d3d11va2       mpeg1_xvmc          mpeg4_vdpau           vp9_d3d11va2
```

图 7-8

当前 FFmpeg 版本支持的复用器和解复用器如图 7-9 所示。

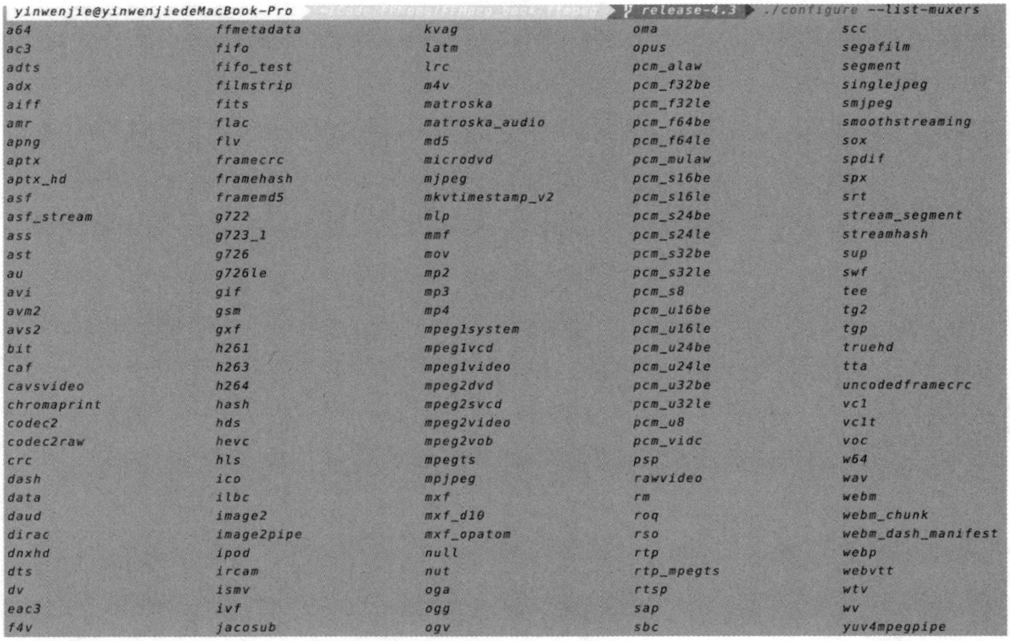

```
yinwenjie@yinwenjiedeMacBook-Pro  ~/Code/FFmpeg/FFmpeg_book/ffmpeg  release-4.3  ./configure --list-muxers
a64            ffmetadata     kvag               oma            scc
ac3            fifo           latm               opus           segafilm
adts           fifo_test      lrc                pcm_alaw       segment
adx            filmstrip      m4v                pcm_f32be      singlejpeg
aiff           fits           matroska           pcm_f32le      smjpeg
amr            flac           matroska_audio     pcm_f64be      smoothstreaming
apng           flv            md5                pcm_f64le      sox
aptx           framecrc       microdvd           pcm_mulaw      spdif
aptx_hd        framehash      mjpeg              pcm_s16be      spx
asf            framemd5       mkvtimestamp_v2    pcm_s16le      srt
asf_stream     g722           mlp                pcm_s24be      stream_segment
ass            g723_1         mmf                pcm_s24le      streamhash
ast            g726           mov                pcm_s32be      sup
au             g726le         mp2                pcm_s32le      swf
avi            gif            mp3                pcm_s8         tee
avm2           gsm            mp4                pcm_u16be      tg2
avs2           gxf            mpeg1system        pcm_u16le      tgp
bit            h261           mpeg1vcd           pcm_u24be      truehd
caf            h263           mpeg1video         pcm_u24le      tta
cavsvideo      h264           mpeg2dvd           pcm_u32be      uncodedframecrc
chromaprint    hash           mpeg2svcd          pcm_u32le      vc1
codec2         hds            mpeg2video         pcm_u8         vc1t
codec2raw      hevc           mpeg2vob           pcm_vidc       voc
crc            hls            mpegts             psp            w64
dash           ico            mpjpeg             rawvideo       wav
data           ilbc           mxf                rm             webm
daud           image2         mxf_d10            roq            webm_chunk
dirac          image2pipe     mxf_opatom         rso            webm_dash_manifest
dnxhd          ipod           null               rtp            webp
dts            ircam          nut                rtp_mpegts     webvtt
dv             ismv           oga                rtsp           wtv
eac3           ivf            ogg                sap            wv
f4v            jacosub        ogv                sbc            yuv4mpegpipe
```

图 7-9

当前 FFmpeg 版本支持的码流解析器如图 7-10 所示。

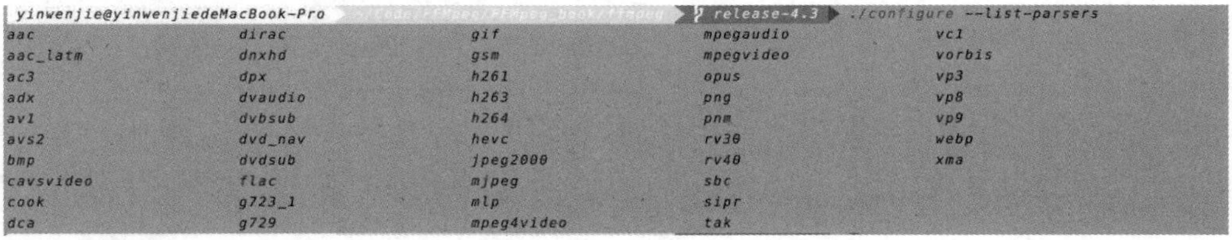

```
yinwenjie@yinwenjiedeMacBook-Pro  ~/Code/FFmpeg/FFmpeg_book/ffmpeg  release-4.3  ./configure --list-parsers
aac            dirac          gif            mpegaudio      vc1
aac_latm       dnxhd          gsm            mpegvideo      vorbis
ac3            dpx            h261           opus           vp3
adx            dvaudio        h263           png            vp8
av1            dvbsub         h264           pnm            vp9
avs2           dvd_nav        hevc           rv30           webp
bmp            dvdsub         jpeg2000       rv40           xma
cavsvideo      flac           mjpeg          sbc
cook           g723_1         mlp            sipr
dca            g729           mpeg4video     tak
```

图 7-10

当前 FFmpeg 版本支持的媒体协议如图 7-11 所示。

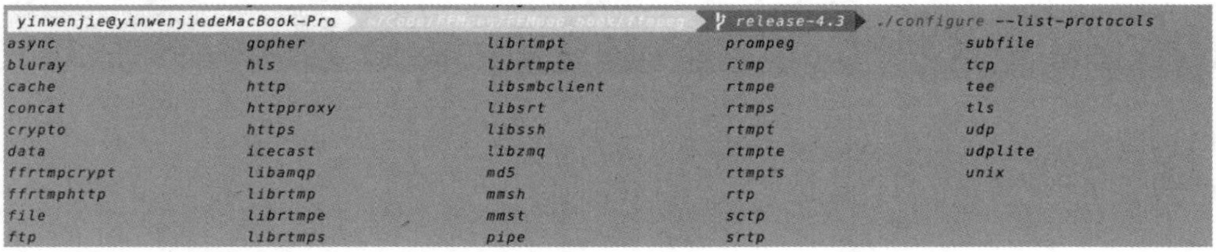

```
yinwenjie@yinwenjiedeMacBook-Pro  ~/Code/FFmpeg/FFmpeg_book/ffmpeg  release-4.3  ./configure --list-protocols
async          gopher         librtmpt       prompeg        subfile
bluray         hls            librtmpte      rtmp           tcp
cache          http           libsmbclient   rtmpe          tee
concat         httpproxy      libsrt         rtmps          tls
crypto         https          libssh         rtmpt          udp
data           icecast        libzmq         rtmpte         udplite
ffrtmpcrypt    libamqp        md5            rtmpts         unix
ffrtmphttp     librtmp        mmsh           rtp
file           librtmpe       mmst           sctp
ftp            librtmps       pipe           srtp
```

图 7-11

标准配置项

标准配置项通常用来指定编译 FFmpeg 源代码所生成的各项组件及相应日志文件的保存位置。其中，与编译日志相关的配置如下。

◎　--logfile=FILE：指定日志文件，默认为 ffbuild/config.log。

◎　--disable-logging：禁用配置和编译日志。

◎　--fatal-warnings：当发生警告时停止配置。

与生成目录相关的配置如下。

◎　--prefix=PREFIX：设置 PREFIX 为生成文件的根目录，默认为/usr/local，后续配置的默认值都是相对于该目录进行设置的。

◎　--bindir=DIR：二进制可执行程序的生成目录，默认为 PREFIX/bin。

◎　--datadir=DIR：附加数据（如示例程序和配置文件）的保存位置，默认为 PREFIX/share/FFmpeg。

◎　--docdir=DIR：配套文档的保存位置，默认为 PREFIX/share/doc/FFmpeg。

◎　--libdir=DIR：静态库的保存位置，默认为 PREFIX/lib。

◎　--shlibdir=DIR：动态库的保存位置，默认与静态库一致。

◎　--incdir=DIR：头文件的保存位置，默认为 PREFIX/include。

◎　--pkgconfigdir=DIR：pkgconfig 文件的保存位置，默认为 LIBDIR/pkgconfig。

授权选项

虽然 FFmpeg 是开源工程，但并非所有的功能都可以免费、无限制地使用，尤其是企业及营利机构，他们在使用部分功能时必须遵循一定协议或取得合法授权。在配置过程中可以通过下列选项进行控制。

◎　--enable-gpl：开启 GPL 协议并使用相应的功能，在开启后调用此 FFmpeg 库的工程将受到 GPL 协议的限制。

◎　--enable-version3：将 GPL/LGPL 协议的版本更新至 3.0。

◎　--enable-nonfree：启用非免费功能，在开启后除非取得合法授权，否则不可发布编译的 SDK。

编译配置

◎　--disable-static：禁用静态库。

◎ --enable-shared：禁用动态库。

◎ --enable-small：在编译时针对包体大小进行优化。

◎ --disable-runtime-cpudetect：禁用 CPU 运行时检测。

◎ --enable-gray：启用全灰度范围。

◎ --disable-swscale-alpha：在 swscale 中禁用 alpha 通道。

◎ --disable-all：禁用所有输出。

◎ --disable-autodetect：禁用外部依赖库自动检测。

可执行程序选项

◎ --disable-programs：不生成二进制可执行程序。

◎ --disable-ffmpeg：不生成 ffmpeg。

◎ --disable-ffplay：不生成 ffplay。

◎ --disable-ffprobe：不生成 ffprobe。

◎ --disable-ffserver：不生成 ffserver。

如果执行 ffprobe、ffplay 或 ffmpeg 等任一可执行程序，则在控制台日志中将显示当前执行的应用程序在编译时的配置项，如下所示。

```
./configure --prefix=/usr/local/Cellar/FFmpeg/4.2.1_1 --enable-shared
--enable-pthreads
--enable-version3 --enable-avresample --cc=clang
--host-cflags='-I/Library/Java/JavaVirtualMachines/adoptopenjdk-13.jdk/Conte
nts/Home/include
-I/Library/Java/JavaVirtualMachines/adoptopenjdk-13.jdk/Contents/Home/includ
e/darwin -fno-stack-check'
--host-ldflags= --enable-ffplay --enable-gnutls --enable-gpl --enable-libaom
--enable-libbluray --enable-libmp3lame --enable-libopus
--enable-librubberband
--enable-libsnappy --enable-libtesseract --enable-libtheora
--enable-libvidstab --enable-libvorbis --enable-libvpx --enable-libx264
--enable-libx265 --enable-libxvid
--enable-lzma --enable-libfontconfig --enable-libfreetype --enable-frei0r
--enable-libass
--enable-libopencore-amrnb --enable-libopencore-amrwb --enable-libopenjpeg
--enable-librtmp
--enable-libspeex --enable-libsoxr --enable-videotoolbox --disable-libjack
--disable-indev=jack
```

7.2　ffplay 的基本使用方法

作为 FFmpeg 的基础组件之一，视频播放器 ffplay 是 Linux 和 macOS 系统中最常用的多媒体播放器之一。与 Windows 系统中各种令人眼花缭乱的商业视频播放器相比，ffplay 没有精心设计的优美界面和复杂功能，其最大的优势在于使用方式简便，可随时快速地在终端里调用 ffplay 对音视频文件进行播放和测试。最简单也是最常用的命令如下，仅需要一个参数即可播放。

```
ffplay -i test.mp4
```

如果想要使用更多的功能，则需要在命令行中加入更多的参数。

7.2.1　显示 ffplay 版本

在调用 ffplay 时加入参数-version，可显示当前 ffplay 的版本。

```
ffplay -version
```

输出结果如下所示。

```
ffplay version 4.2.1 Copyright (c) 2003-2019 the FFmpeg developers
built with Apple clang version 11.0.0 (clang-1100.0.33.8)
------'Darwin'--------------------------------

……

# configuration 信息
libavutil      56. 31.100 / 56. 31.100
libavcodec     58. 54.100 / 58. 54.100
libavformat    58. 29.100 / 58. 29.100
libavdevice    58.  8.100 / 58.  8.100
libavfilter     7. 57.100 /  7. 57.100
libavresample   4.  0.  0 /  4.  0.  0
libswscale      5.  5.100 /  5.  5.100
libswresample   3.  5.100 /  3.  5.100
libpostproc    55.  5.100 / 55.  5.100
```

从输出结果中可以看出当前使用的是 ffplay 4.2.1 版本。

7.2.2　显示编译选项

在调用 ffplay 时加入参数-buildconf，可显示当前 ffplay 的编译选项。

```
ffplay -buildconf
```

输出结果如下所示。

```
configuration:
   --prefix=/usr/local/Cellar/FFmpeg/4.2.1_1
   --enable-shared
   --enable-pthreads
   --enable-version3
   --enable-avresample
   --cc=clang
   --host-cflags='-I/Library/Java/JavaVirtualMachines/adoptopenjdk-13.jdk/
      Contents/Home/include -I/Library/Java/JavaVirtualMachines/adoptopenjdk
      - 13.jdk/Contents/Home/include/darwin -fno-stack-check'
   --host-ldflags=
   --enable-ffplay
   --enable-gnutls
   --enable-gpl
   --enable-libaom
   --enable-libbluray
   --enable-libmp3lame
   --enable-libopus
   --enable-librubberband
   --enable-libsnappy
   --enable-libtesseract
   --enable-libtheora
   --enable-libvidstab
   --enable-libvorbis
   --enable-libvpx
   --enable-libx264
   --enable-libx265
   --enable-libxvid
   --enable-lzma
......
```

7.2.3　设置日志级别

在调用 ffplay 时加入参数-loglevel loglevel 或-v loglevel，可以设置 ffplay 在播放时输出的日志级别。ffplay 共支持 9 个日志级别，如表 7-2 所示。

表 7-2

日志级别	代 码	说 明
quiet	-8	不输出任何日志信息
panic	0	仅输出导致程序崩溃的致命错误
fatal	8	严重错误，程序已无法正常运行
error	16	一般错误，在程序运行过程中可以恢复
warning	24	警告信息，即在程序运行过程中出现的非正常情况
info	32	默认设置，输出程序运行过程中出现的提示信息
verbose	40	输出更多的提示信息
debug	48	输出程序运行过程中的调试信息
trace	56	输出程序中添加的所有日志

如果希望 ffplay 按照某个日志输出级别进行播放，则可以使用以下方式。

```
ffplay -loglevel debug -i input.avi
```

此时，终端将输出更多 debug 级别的日志信息。

```
Initialized metal renderer.
[NULL @ 0x7fb98088c400] Opening 'input.avi' for reading
[file @ 0x7fb97f573c80] Setting default whitelist 'file,crypto'
[avi @ 0x7fb98088c400] Format avi probed with size=2048 and score=100
[avi @ 0x7fb97f573d00] use odml:1
[avi @ 0x7fb98088c400] Before avformat_find_stream_info() pos: 4108 bytes
read:6360000 seeks:5 nb_streams:2
[mpeg4 @ 0x7fb98088d000] Format yuv420p chosen by get_format().
[avi @ 0x7fb98088c400] All info found
[avi @ 0x7fb98088c400] After avformat_find_stream_info() pos: 11668 bytes
read:6360000 seeks:5 frames:22
Input #0, avi, from 'KP-044.avi':
  Metadata:
    encoder         : MEncoder Sherpya-MinGW-20060323-4.1.0
  Duration: 01:30:05.83, start: 0.000000, bitrate: 1083 kb/s
    Stream #0:0, 1, 1001/30000: Video: mpeg4 (Advanced Simple Profile), 1
    reference frame (XVID / 0x44495658), yuv420p(left), 640x480 [SAR 1:1 DAR 4:3],
    0/1, 1006 kb/s, 29.97 fps, 29.97 tbr, 29.97 tbn, 29.97 tbc
    Stream #0:1, 21, 1/8000: Audio: mp3 (U[0][0][0] / 0x0055), 48000 Hz, stereo,
      fltp, 64 kb/s
detected 8 logical cores
...
```

除日志级别外，还可以指定其他 flag 标志位以实现更多的功能，主要的 flag 标志位如下。

◎ repeat：重复日志分别显示。

◎ level：在日志中显示当前 log 的级别。

如果想要将这两个 flag 添加到命令中，则可以使用以下方式。

```
ffplay -loglevel repeat+level+debug -i input.avi
```

除此之外，通过添加-report 参数，ffplay 将生成一个名为 ffplay-YYYYMMDD-HHMMSS.log 的日志文件，记录以 debug 级别的日志信息输出的所有信息，使用方式如下。

```
ffplay -report -i test.avi
```

7.2.4 全屏播放

如果希望在播放时强制全屏显示，则可以通过添加参数-fs 实现。

```
ffplay -i input.avi -fs
```

7.2.5 指定输入视频的宽、高和帧率

在播放绝大多数格式的视频时，无须单独指定输入视频的宽、高与帧率，因为在封装格式或视频流的 SPS 中已经保存了相关信息。但在部分格式的视频（如非压缩的 YUV 图像序列）中是没有图像的宽、高和帧率信息的，此时就必须指定这些信息，否则视频将无法播放。通过参数-video_size 可以指定输入视频的宽、高，通过参数-framerate 可以指定输入视频的帧率。

```
ffplay -i input_1280x720.yuv -f rawvideo -video_size 1280x720 -framerate 25
```

7.2.6 禁用音频流、视频流和字幕流

在播放时可以选择单独禁用音频流、视频流或字幕流，参数如下。

◎ -an：在播放时禁用音频流，即静音播放。

◎ -vn：在播放时禁用视频流，即只播放音频。

◎ -sn：在播放时禁用字幕流，即不显示字幕。

例如，使用以下命令即可实现静音、全屏播放的功能。

```
ffplay -an -i input.avi -fs
```

7.2.7　指定播放的起始时间和时长

通过参数-ss 可以指定某个播放的起始时间，以秒为单位。此外，还可以通过参数-t 指定播放时长。下面的命令表示从第 300s 开始播放，20s 后结束。

```
ffplay -ss 300 -t 20 -i input.avi -autoexit
```

其中，参数-autoexit 表示在播放完成后自动退出。

7.2.8　指定播放音量

通过参数-volumn 可以设置播放音量，取值范围从 0 到 100。

```
ffplay -volumn 60 -i input.avi
```

7.2.9　设置播放窗口

通过下面的参数可以设置播放窗口。

◎ -window_title：指定播放窗口标题。

◎ -noborder：播放窗口无边框。

◎ -alwaysontop：播放窗口置顶。

◎ -left x pos：设置播放窗口的左方位置。

◎ -top y pos：设置播放窗口的上方位置。

◎ -x width：指定播放窗口的宽度。

◎ -y height：指定播放窗口的高度。

7.3　ffprobe 的基本使用方法

媒体信息解析器 ffprobe 是 FFmpeg 提供的媒体信息检测工具。使用 ffprobe 不仅可以检测音视频文件的整体封装格式，还可以分析其中每一路音频流或视频流信息，甚至可以进一步分析音视频流的每一个码流包或图像帧的信息。与 ffplay 类似，ffprobe 的基本使用方法非常简单，直接使用参数-i 加上要分析的文件或音视频流的 URL 即可。

```
ffprobe -i test.mp4
```

以 http-flv 格式的视频流为例。

```
ffprobe -i http://127.0.0.1/test.flv
```

输出结果如下所示。

```
Input #0, mov,mp4,m4a,3gp,3g2,mj2, from 'test.mp4':
  Metadata:
    major_brand     : isom
    minor_version   : 512
    compatible_brands: isomiso2avc1mp41
    encoder         : Lavf58.35.100
  Duration: 00:16:50.38, start: 0.000000, bitrate: 1911 kb/s
    Stream #0:0(und): Video: h264 (High) (avc1 / 0x31637661), yuv420p, 1280x720
        [SAR 1:1 DAR 16:9], 1581 kb/s, 59.94 fps, 59.94 tbr, 60k tbn, 119.88 tbc
(default)
    Metadata:
      handler_name    : VideoHandler
    Stream #0:1(eng): Audio: aac (LC) (mp4a / 0x6134706D), 48000 Hz, stereo, fltp,
        317 kb/s (default)
    Metadata:
      handler_name    : #Mainconcept MP4 Sound Media Handler
```

从上述输出结果可知，ffprobe 在默认情况下将检测输入音视频文件的封装格式、Metadata 信息，以及整个媒体文件的总时长、起始时间和码率。此外，ffprobe 可以分析音视频文件中包含的每一路媒体流。

◎ 对视频流，输出编码格式、图像颜色格式、图像的宽与高、纵横比和视频码率。

◎ 对音频流，输出编码格式、采样率、音频类型和音频码率。

对于简单的分析需求，使用上述默认设置即可满足。如果想要对音视频文件进行更细致、更完善的解析，或者想要显示音视频文件的封装格式信息，则必须使用额外的参数实现。

7.3.1　显示详细的封装格式信息

在 ffprobe 中添加参数-show_format，即可显示音视频文件的更详细的封装格式信息。

```
ffprobe -show_format -i test.mp4
```

输出的封装格式信息如下所示。

```
[FORMAT]
filename=test.mp4
nb_streams=2
nb_programs=0
format_name=mov,mp4,m4a,3gp,3g2,mj2
```

```
format_long_name=QuickTime / MOV
start_time=0.000000
duration=1010.384000
size=241424917
bit_rate=1911549
probe_score=100
TAG:major_brand=isom
TAG:minor_version=512
TAG:compatible_brands=isomiso2avc1mp41
TAG:encoder=Lavf58.35.100
[/FORMAT]
```

部分字段的含义如表 7-3 所示。

表 7-3

字 段 名	含　　义
filename	输入文件名
nb_streams	输入文件包含多少路媒体流
nb_programs	输入文件包含的节目数
format_name	封装模块名称
format_long_name	封装模块全称
start_time	输入媒体文件的起始时间
duration	输入媒体文件的总时长
size	输入文件大小
bit_rate	总体码率
probe_score	格式检测分值

7.3.2　显示每一路媒体流信息

一个音视频文件通常包含两路及以上的媒体流（如一路音频流和一路视频流，有的还包括字幕流），在 ffprobe 中添加参数-show_streams，即可显示每一路媒体流的具体信息。

```
ffprobe -show_streams -i test.mp4
```

输出结果如下所示。

```
[STREAM]
index=0
codec_name=h264
codec_long_name=H.264 / AVC / MPEG-4 AVC / MPEG-4 part 10
profile=High
```

```
codec_type=video
codec_time_base=5051917/605620000
codec_tag_string=avc1
codec_tag=0x31637661
width=1280
height=720
coded_width=1280
coded_height=720
has_b_frames=2
sample_aspect_ratio=1:1
display_aspect_ratio=16:9
pix_fmt=yuv420p
level=32
……
[/STREAM]
[STREAM]
index=1
codec_name=aac
codec_long_name=AAC (Advanced Audio Coding)
profile=LC
codec_type=audio
codec_time_base=1/48000
codec_tag_string=mp4a
codec_tag=0x6134706d
sample_fmt=fltp
sample_rate=48000
channels=2
channel_layout=stereo
bits_per_sample=0
id=N/A
r_frame_rate=0/0
avg_frame_rate=0/0
time_base=1/48000
start_pts=0
start_time=0.000000
duration_ts=48498050
duration=1010.376042
bit_rate=317379
max_bit_rate=317379
bits_per_raw_sample=N/A
nb_frames=47362
nb_read_frames=N/A
nb_read_packets=N/A
```

```
......
[/STREAM]
```

在该示例中，一个音视频文件包含了一路视频流和一路音频流，部分字段的含义如表 7-4 所示。

表 7-4

字 段 名	含 义
index	媒体流序号
codec_name	编码器名称
codec_long_name	编码器全称
profile	编码档次
level	编码级别
codec_type	编码器类型
codec_time_base	编码时间基
width\height	视频图像的宽、高
has_b_frames	每个 I 帧和 P 帧之间的 B 帧数量
sample_aspect_ratio	像素采样纵横比
display_aspect_ratio	画面显示纵横比
pix_fmt	像素格式
is_avc	是否是 H.264/AVC 编码
nal_length_size	以几字节表示一个 nal 单元长度值
r_frame_rate	最小帧率
avg_frame_rate	平均帧率
time_base	当前流的时间基
start_pts	起始位置的 pts
start_time	起始位置的实际时间
duration_ts	以时间基为单位的总时长
duration	当前流的实际时长
bit_rate	当前流的码率
max_bit_rate	当前流的最大码率
bits_per_raw_sample	当前流每个采样的位深
nb_frames	当前流包含的总帧数
sample_fmt	音频采样格式
sample_rate	音频采样率
channels	声道数
channel_layout	单声道/立体声

7.3.3 显示每一个码流包的信息

除少数未压缩的数据外，音频采样和视频的图像帧都将被压缩为多个码流包（即 packet），再保存在容器文件中。在 ffprobe 中添加参数-show_packets，即可显示当前文件的所有码流包信息。

```
ffprobe -show_packets -i test.mp4
```

由于输出的信息较长，所以此处只截取部分信息进行显示。

```
...
[PACKET]
codec_type=video
stream_index=0
pts=60585967
pts_time=1009.766117
dts=60583965
dts_time=1009.732750
duration=1001
duration_time=0.016683
convergence_duration=N/A
convergence_duration_time=N/A
size=75
pos=241370513
flags=__
[/PACKET]
[PACKET]
codec_type=audio
stream_index=1
pts=48467968
pts_time=1009.749333
dts=48467968
dts_time=1009.749333
duration=1024
duration_time=0.021333
convergence_duration=N/A
convergence_duration_time=N/A
size=846
pos=241370588
flags=K_
[/PACKET]
...
```

部分字段的含义如表 7-5 所示。

表 7-5

字段名	含　义
codec_type	该码流包的编码类型
stream_index	该码流包所属的流索引号
pts	该码流包以流时间基为单位的显示时间戳
pts_time	该码流包的实际显示时间
duration	该码流包以流时间基为单位的持续时长
duration_time	该码流包的实际持续时长
size	该码流包的大小
pos	该码流包在容器文件中的位置

7.3.4　显示媒体流和码流包的负载信息

当使用参数 -show_streams 和 -show_packets 显示媒体流和码流包信息时，加入参数 -show_data 即可输出媒体流和码流包的负载信息。例如，使用以下命令即可显示媒体流的负载信息。

```
ffprobe -show_streams -show_data -i test.mp4
```

输出结果如下所示。

```
[STREAM]
index=0
codec_name=aac
codec_long_name=AAC (Advanced Audio Coding)
profile=LC
codec_type=audio
codec_time_base=1/48000
codec_tag_string=mp4a
codec_tag=0x6134706d
sample_fmt=fltp
sample_rate=48000
channels=2
channel_layout=stereo
bits_per_sample=0
id=N/A
r_frame_rate=0/0
avg_frame_rate=0/0
```

```
...
[/STREAM]
[STREAM]
index=1
codec_name=h264
codec_long_name=H.264 / AVC / MPEG-4 AVC / MPEG-4 part 10
profile=Constrained Baseline
codec_type=video
codec_time_base=363439/19800000
codec_tag_string=avc1
codec_tag=0x31637661
width=2288
height=1080
coded_width=2288
coded_height=1088
has_b_frames=0
[SIDE_DATA]
side_data_type=Display Matrix
displaymatrix=
00000000:            0        -65536            0
00000001:        65536             0            0
00000002:            0             0   1073741824

rotation=90
[/SIDE_DATA]
[/STREAM]
```

在加入参数-show_data 后，ffprobe 输出了媒体流中的 extradata 和 SIDE_DATA 等信息。

如果希望显示每一个码流包的负载信息，则可以通过以下命令实现。

```
ffprobe -show_packets -show_data -i test.mp4
```

输出的某个音频码流包的信息如下所示。

```
[PACKET]
codec_type=audio
stream_index=0
pts=47104
pts_time=0.981333
dts=47104
dts_time=0.981333
duration=1024
duration_time=0.021333
convergence_duration=N/A
```

```
convergence_duration_time=N/A
size=342
pos=19325
flags=K_
data=
00000000: 211a 4ffb b9fa 00fe 6ac3 4c63 a2c4 8431  !.O.....j.Lc...1
00000010: 1a69 7d56 66a6 6524 8996 9502 9614 05f7  .i}Vf.e$.....
00000020: e337 9adb 0faf bdfc 5c3e 17d0 5ab7 4e2b  .7...\>..Z.N+
00000030: 788c 003b aab5 69fd 73d4 6906 4059 2954  x..;..i.s.i.@Y)T
00000040: 2343 8dc0 8a27 c972 507b 70a4 6867 b0de  #C...'.rP{p.hg..
00000050: 14da 6587 edf0 7d5d a809 039d 15f6 1b63  ..e...}]....c
00000060: 3158 92f2 db6c e240 12a9 da4a abb7 3b19  1X...l.@...J..;.
00000070: b125 d115 9e35 45ff db4b 7cfe 1fda 9fed  .%...5E..K|.....
00000080: db0f de7e 2fc3 8cea ffe5 5fb5 ba55 1f31  ...~/....._..U.1
00000090: af60 05a7 d7b5 10a0 0105 4b67 f158 7bba  .`....Kg.X{.
000000a0: 86d7 061b 8dd2 6aaa a543 ecb4 9c26 0175  ...j..C...&.u
000000b0: 2940 26e9 8c74 2090 0441 6120 c4cf 2aeb  )@&..t ..Aa ..*.
000000c0: ce56 f2ea a911 5112 a405 0807 b26f 8b9a  .V....Q...o..
000000d0: 6978 1571 f0bd 6f0d 9b62 18c7 de6d e650  ix.q..o..b...m.P
000000e0: 09a5 793b 24c2 b9ee b30e 129a ef25 9e4f  ..y;$.....%.O
000000f0: acf5 ebd7 8d9e 79f1 4b21 d61d 9472 d000  ...y.K!...r..
00000100: 84f8 00e9 8429 0696 095a 1e8a 6885 bf2b  .....)..Z..h..+
00000110: 8add 9755 7aa1 5292 bfcf 7d84 c8c1 0c56  ...Uz.R..}....V
00000120: a425 cf22 ee67 55f3 4d0c 6d2b 23d8 37b9  .%.".gU.M.m+#.7.
00000130: 4cde 3849 b2e7 d15d 1273 92e6 a6df 5961  L.8I...].s....Ya
00000140: cdde b055 601a 02c5 0dd2 696c 160c bd63  ...U`.....il...c
00000150: 1d16 e7f8 0070                           .....p
[/PACKET]
```

从输出结果可以看出，除原有的码流包信息外，在加入参数-show_data 后，ffprobe 额外输出了每一个码流包所承载的二进制码流数据。

7.3.5 显示每一帧图像的信息

最彻底的分析音视频信息的方式是对视频流的每一帧图像进行解码，并且显示每一帧图像的信息。在 ffprobe 中加入参数-show_frames 即可实现显示每一帧图像的信息，命令如下。

```
ffprobe -show_frames -i test.mp4
```

输出结果如下所示。

```
...
[FRAME]
media_type=video
stream_index=0
key_frame=0
pkt_pts=360438
pkt_pts_time=4.004867
pkt_dts=360438
pkt_dts_time=4.004867
best_effort_timestamp=360438
best_effort_timestamp_time=4.004867
pkt_duration=3001
pkt_duration_time=0.033344
pkt_pos=471452
pkt_size=13066
width=2288
height=1080
pix_fmt=yuv420p
sample_aspect_ratio=1:1
pict_type=P
coded_picture_number=109
display_picture_number=0
interlaced_frame=0
top_field_first=0
repeat_pict=0
color_range=unknown
color_space=unknown
color_primaries=unknown
color_transfer=unknown
chroma_location=left
[/FRAME]
...
```

部分字段的含义如表 7-6 所示。

表 7-6

字段名	含　义
media_type	媒体类型
stream_index	媒体流索引值
key_frame	是否是关键帧
pkt_pts	当前帧的显示时间戳
pkt_pts_time	当前帧的实际显示时间

续表

字 段 名	含　　义
pkt_dts	当前帧的解码时间戳
pkt_dts_time	当前帧的实际解码时间
pkt_duration	以时间基为单位的持续时长
pkt_duration_time	当前帧的实际时长
pkt_pos	当前帧所在码流包在文件中的位置
pkt_size	当前帧所在码流包的大小
width/height	图像的宽、高
pix_fmt	图像颜色格式
pict_type	图像类型
coded_picture_number	编码图像序号

7.3.6　指定检测信息的输出格式

通过前文的输出信息可以看出，ffprobe 的默认输出格式并不友好。为了提高输出信息的可读性，通过参数-of 或-print_format 指定输出信息的格式。例如，想要以 JSON 格式保存输出结果，则可以使用以下命令。

```
ffprobe -of json-i test.mp4
```

输出结果如下所示。

```
"streams": [
    {
        "index": 0,
        "codec_name": "aac",
        "codec_long_name": "AAC (Advanced Audio Coding)",
        "profile": "LC",
        "codec_type": "audio",
        "codec_time_base": "1/48000",
        "codec_tag_string": "mp4a",
        "codec_tag": "0x6134706d",
        "sample_fmt": "fltp",
        "sample_rate": "48000",
        "channels": 2,
        "channel_layout": "stereo",
        "bits_per_sample": 0,
        "r_frame_rate": "0/0",
        ……
```

```
        },
        {
            "index": 1,
            "codec_name": "h264",
            "codec_long_name": "H.264 / AVC / MPEG-4 AVC / MPEG-4 part 10",
            "profile": "Constrained Baseline",
            "codec_type": "video",
            "codec_time_base": "363439/19800000",
            "codec_tag_string": "avc1",
            "codec_tag": "0x31637661",
            "width": 2288,
            "height": 1080,
            "coded_width": 2288,
            "coded_height": 1088,
            "has_b_frames": 0,
            "sample_aspect_ratio": "1:1",
            "display_aspect_ratio": "286:135",
            "pix_fmt": "yuv420p",
            "level": 50,
            ……
        }
    ]
```

参数-of 或-print_format 传入的值被称作 Writer，我们可以添加对应的选项来改变输出格式。常见的可选格式有 default、compact/CSV、flat、INI、JSON 和 XML。

（1）default 格式。默认输出格式，所有的信息按行输出，如下所示。

```
[SECTION]
key1=val1
...
keyN=valN
[/SECTION]
```

default 格式可以传入两个自定义选项。

◎ nokey, nk：如果设为 1，则不输出参数名称，只输出数值和字符类型。

◎ noprint_wrappers, nw：如果设为 1，则不输出参数段的头和尾（例如[SECTION]和 [/SECTION]）。

如果想要在命令行中同时传入两个参数，则使用冒号 ":" 隔开。例如，想要将 nk 和 nw 都设为 1，则可以使用以下命令。

```
ffprobe -show_frames -of=default=nk=1:nw=1 -i test.mp4
```

（2）compact/CSV 格式。将输出信息保存为 compact 格式或 CSV 格式的表格。在多数情况下，这种输出格式是可读性最高的。通常可以将 CSV 格式的输出结果保存在文本文件或 CSV 格式的文件中，不仅便于阅读，也便于自动化处理。compact/CSV 格式支持以下选项。

◎ item_sep, s：分隔符，在一行中分隔不同的字段。compact 格式默认为"|"，CSV 格式默认为","。

◎ nokey, nk：不输出参数名。compact 格式默认为 0，CSV 格式默认为 1。

◎ escape, e：转义字符格式。可选项有 c、csv 和 none 三种。其中，compact 格式默认为.c，CSV 格式默认为.csv。

◎ print_section, p：打印区段的名称。当设为 0 时，表示关闭；当设为 1 时，表示开启，默认为 1。

如果想要将结果保存在 CSV 格式的文件中，且不输出参数名，则可以使用以下命令。

```
ffprobe -show_frames -of csv=nk=0 -i test.mp4 >> test_mp4.csv
```

在执行命令后，输出的 test_mp4.csv 文件可以使用 Excel、Numbers 等软件打开，如图 7-12 所示。

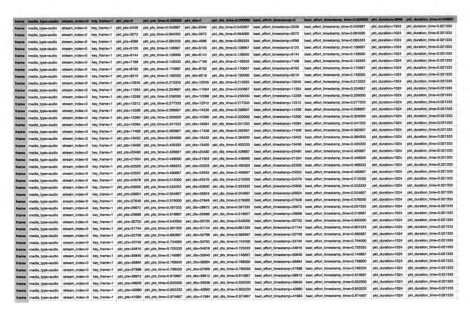

图 7-12

（3）flat 格式。可以认为是"直接"模式，也就是说，所有的信息以指定分隔符的形式直接显示，如下所示。

```
...
frames.frame.73.stream_index=0
frames.frame.73.key_frame=0
frames.frame.73.pkt_pts=243385
frames.frame.73.pkt_pts_time="2.704278"
frames.frame.73.pkt_dts=243385
frames.frame.73.pkt_dts_time="2.704278"
frames.frame.73.best_effort_timestamp=243385
frames.frame.73.best_effort_timestamp_time="2.704278"
frames.frame.73.pkt_duration=3001
frames.frame.73.pkt_duration_time="0.033344"
frames.frame.73.pkt_pos="238387"
frames.frame.73.pkt_size="3028"
frames.frame.73.width=2288
frames.frame.73.height=1080
frames.frame.73.pix_fmt="yuv420p"
frames.frame.73.sample_aspect_ratio="1:1"
frames.frame.73.pict_type="P"
frames.frame.73.coded_picture_number=73
frames.frame.73.display_picture_number=0
frames.frame.73.interlaced_frame=0
frames.frame.73.top_field_first=0
frames.frame.73.repeat_pict=0
frames.frame.73.color_range="unknown"
frames.frame.73.color_space="unknown"
frames.frame.73.color_primaries="unknown"
frames.frame.73.color_transfer="unknown"
frames.frame.73.chroma_location="left"
...
```

flat 格式可以传入两个自定义选项。

◎ sep_char：指定显示的分隔符，默认为"."。

◎ hierarchical：指定区段名是否分级显示。如果设为 1，则分级显示；如果设为 0，则不分级显示，默认为 1。

示例如下。

```
ffprobe -of flat=sep_char='-' -show_frames -i test.mp4
```

（4）INI 格式。INI 格式常用于 Windows 系统，作为系统的初始化脚本等。当指定输出格式为 INI 格式时，输出结果如下所示。

```
...
[frames.frame.107]
media_type=video
stream_index=0
key_frame=0
pkt_pts=354436
pkt_pts_time=3.938178
pkt_dts=354436
pkt_dts_time=3.938178
best_effort_timestamp=354436
best_effort_timestamp_time=3.938178
pkt_duration=3001
pkt_duration_time=0.033344
pkt_pos=442042
pkt_size=14258
width=2288
height=1080
pix_fmt=yuv420p
sample_aspect_ratio=1\:1
pict_type=P
coded_picture_number=107
display_picture_number=0
interlaced_frame=0
top_field_first=0
repeat_pict=0
color_range=unknown
color_space=unknown
color_primaries=unknown
color_transfer=unknown
chroma_location=left

[frames.frame.108]
media_type=video
stream_index=0
key_frame=0
pkt_pts=357437
pkt_pts_time=3.971522
pkt_dts=357437
pkt_dts_time=3.971522
best_effort_timestamp=357437
```

```
best_effort_timestamp_time=3.971522
pkt_duration=3001
pkt_duration_time=0.033344
pkt_pos=456300
pkt_size=15152
width=2288
height=1080
pix_fmt=yuv420p
sample_aspect_ratio=1\:1
pict_type=P
coded_picture_number=108
display_picture_number=0
interlaced_frame=0
top_field_first=0
repeat_pict=0
color_range=unknown
color_space=unknown
color_primaries=unknown
color_transfer=unknown
chroma_location=left
```

INI 格式仅支持一个选项——hierarchical, h：指定区段名是否分级显示，默认为 1 如果设为 0，则不分级显示，命令如下。

```
ffprobe -of ini -show_frames -i test.mp4
```

（5）JSON 格式。JSON 格式在网络传输中具有广泛应用，因此将检测结果以 JSON 格式输出，十分有利于其作为中间数据被处理。JSON 格式仅支持一个选项——compact, c：压缩格式输出，对每个区段只打印一行，命令如下。

```
ffprobe -of json=c=1 -show_frames -i test.mp4
```

输出结果如下所示。

```
{
    [
    ...
    { "media_type": "video", "stream_index": 0, "key_frame": 0, "pkt_pts": 357437,
"pkt_pts_time": "3.971522", "pkt_dts": 357437, "pkt_dts_time": "3.971522",
"best_effort_timestamp": 357437, "best_effort_timestamp_time": "3.971522",
"pkt_duration": 3001, "pkt_duration_time": "0.033344", "pkt_pos": "456300",
"pkt_size": "15152", "width": 2288, "height": 1080, "pix_fmt": "yuv420p",
"sample_aspect_ratio": "1:1", "pict_type": "P", "coded_picture_number": 108,
"display_picture_number": 0, "interlaced_frame": 0, "top_field_first": 0,
```

```
"repeat_pict": 0, "chroma_location": "left" },
    { "media_type": "video", "stream_index": 0, "key_frame": 0, "pkt_pts": 360438,
"pkt_pts_time": "4.004867", "pkt_dts": 360438, "pkt_dts_time": "4.004867",
"best_effort_timestamp": 360438, "best_effort_timestamp_time": "4.004867",
"pkt_duration": 3001, "pkt_duration_time": "0.033344", "pkt_pos": "471452",
"pkt_size": "13066", "width": 2288, "height": 1080, "pix_fmt": "yuv420p",
"sample_aspect_ratio": "1:1", "pict_type": "P", "coded_picture_number": 109,
"display_picture_number": 0, "interlaced_frame": 0, "top_field_first": 0,
"repeat_pict": 0, "chroma_location": "left" }
    ...
    ]
}
```

7.4　ffmpeg 的基本使用方法

与 ffplay 和 ffprobe 一样，ffmpeg 同样设计了完善的帮助信息和参数说明，使用如下命令可以查看 ffmpeg 提供的帮助信息。

```
ffmpeg -h #显示基本帮助信息
ffmpeg -h long #显示更多帮助信息
ffmpeg -h full #显示全部帮助信息
```

使用以下参数可以获取 ffmpeg 的版本和编译配置信息，以及支持的解复用器格式、复用器格式、输入格式、输出格式、解码器、编码器、媒体协议和硬件加速框架等。

```
-version              show version
-buildconf            show build configuration
-formats              show available formats
-muxers               show available muxers
-demuxers             show available demuxers
-devices              show available devices
-codecs               show available codecs
-decoders             show available decoders
-encoders             show available encoders
-bsfs                 show available bit stream filters
-protocols            show available protocols
-filters              show available filters
-pix_fmts             show available pixel formats
-layouts              show standard channel layouts
-sample_fmts          show available audio sample formats
-colors               show available color names
-sources device       list sources of the input device
```

```
-sinks device          list sinks of the output device
-hwaccels              show available HW acceleration methods
```

7.4.1 显示版本和编译配置信息

使用参数-version 可以查看当前 ffmpeg 版本。

```
ffmpeg -version
```

从输出结果可以看出，当前 ffmpeg 版本为 4.2.1。

```
ffmpeg version 4.2.1 Copyright (c) 2000-2019 the FFmpeg developers
```

使用参数-buildconf 可以查看当前 ffmpeg 的编译配置信息。

```
ffmpeg -buildconf
```

输出结果如下所示。

```
configuration:
    --prefix=/usr/local/Cellar/ffmpeg/4.2.1_1
    --enable-shared
    --enable-pthreads
    --enable-version3
    --enable-avresample
    --cc=clang
    --host-cflags='-I/Library/Java/JavaVirtualMachines/adoptopenjdk-13.jdk/
        Contents/Home/include -I/Library/Java/JavaVirtualMachines/
        adoptopenjdk- 13.jdk/ Contents/Home/include/darwin -fno-stack-check'
    --host-ldflags=
    --enable-ffplay
    --enable-gnutls
    --enable-gpl
    --enable-libaom
    --enable-libbluray
    --enable-libmp3lame
    --enable-libopus
    --enable-librubberband
    --enable-libsnappy
    --enable-libtesseract
    --enable-libtheora
    --enable-libvidstab
    --enable-libvorbis
    --enable-libvpx
    --enable-libx264
```

```
--enable-libx265
--enable-libxvid
--enable-lzma
--enable-libfontconfig
--enable-libfreetype
--enable-frei0r
--enable-libass
--enable-libopencore-amrnb
--enable-libopencore-amrwb
--enable-libopenjpeg
--enable-librtmp
--enable-libspeex
--enable-libsoxr
--enable-videotoolbox
--disable-libjack
--disable-indev=jack
```

7.4.2　显示支持的解复用器格式

使用参数-demuxers 可以查看当前 ffmpeg 支持的解复用器格式。

```
ffmpeg -demuxers
```

部分格式如下所示。

```
File formats:
 D. = Demuxing supported
 .E = Muxing supported
 --
 D  3dostr           3DO STR
 D  4xm              4X Technologies
 D  aa               Audible AA format files
 D  aac              raw ADTS AAC（Advanced Audio Coding)
 D  ac3              raw AC-3
 D  acm              Interplay ACM
 D  act              ACT Voice file format
 D  adf              Artworx Data Format
 D  adp              ADP
 D  ads              Sony PS2 ADS
 D  adx              CRI ADX
 D  aea              MD STUDIO audio
 D  afc              AFC
 D  aiff             Audio IFF
 D  aix              CRI AIX
```

```
D  alaw                    PCM A-law
D  alias_pix               Alias/Wavefront PIX image
D  amr                     3GPP AMR
D  amrnb                   raw AMR-NB
D  amrwb                   raw AMR-WB
D  anm                     Deluxe Paint Animation
D  apc                     CRYO APC
D  ape                     Monkey's Audio
D  apng                    Animated Portable Network Graphics
D  aptx                    raw aptX
D  aptx_hd                 raw aptX HD
D  aqtitle                 AQTitle subtitles
D  asf                     ASF (Advanced / Active Streaming Format)
D  asf_o                   ASF (Advanced / Active Streaming Format)
D  ass                     SSA (SubStation Alpha) subtitle
D  ast                     AST (Audio Stream)
D  au                      Sun AU
D  avfoundation            AVFoundation input device
D  avi                     AVI (Audio Video Interleaved)
D  avr                     AVR (Audio Visual Research)
D  avs                     Argonaut Games Creature Shock
D  avs2                    raw AVS2-P2/IEEE1857.4
...
D  h261                    raw H.261
D  h263                    raw H.263
D  h264                    raw H.264 video
D  hcom                    Macintosh HCOM
D  hevc                    raw HEVC video
D  hls                     Apple HTTP Live Streaming
...
D  m4v                     raw MPEG-4 video
D  matroska,webm           Matroska / WebM
D  mgsts                   Metal Gear Solid: The Twin Snakes
D  microdvd                MicroDVD subtitle format
D  mjpeg                   raw MJPEG video
D  mjpeg_2000              raw MJPEG 2000 video
D  mlp                     raw MLP
D  mlv                     Magic Lantern Video (MLV)
D  mm                      American Laser Games MM
D  mmf                     Yamaha SMAF
D  mov,mp4,m4a,3gp,3g2,mj2 QuickTime / MOV
D  mp3                     MP2/3 (MPEG audio layer 2/3)
D  mpc                     Musepack
```

```
D  mpc8           Musepack SV8
D  mpeg           MPEG-PS (MPEG-2 Program Stream)
D  mpegts         MPEG-TS (MPEG-2 Transport Stream)
...
```

如果某种封装格式未出现在该命令的输出列表中，则表示当前 ffmpeg 不支持该格式的解复用器，即无法将该格式的音视频文件或媒体流解复用为对应的音频信息和视频信息，也就无法进一步解码和播放。

7.4.3　显示支持的复用器格式

使用参数-muxers 可以查看当前 ffmpeg 支持的复用器格式。

```
ffmepg -muxers
```

输出结果如下所示。

```
File formats:
 D. = Demuxing supported
 .E = Muxing supported
 --
 E 3g2           3GP2 (3GPP2 file format)
 E 3gp           3GP (3GPP file format)
 E a64           a64 - video for Commodore 64
 E ac3           raw AC-3
 E adts          ADTS AAC (Advanced Audio Coding)
 E adx           CRI ADX
 E aiff          Audio IFF
 E alaw          PCM A-law
 E amr           3GPP AMR
 E apng          Animated Portable Network Graphics
 E aptx          raw aptX (Audio Processing Technology for Bluetooth)
 E aptx_hd       raw aptX HD (Audio Processing Technology for Bluetooth)
 E asf           ASF (Advanced / Active Streaming Format)
 E asf_stream    ASF (Advanced / Active Streaming Format)
 E ass           SSA (SubStation Alpha) subtitle
 E ast           AST (Audio Stream)
 E au            Sun AU
 E avi           AVI (Audio Video Interleaved)
 ...
 E flac          raw FLAC
 E flv           FLV (Flash Video)
```

```
E framecrc                framecrc testing
E framehash               Per-frame hash testing
E framemd5                Per-frame MD5 testing
E g722                    raw G.722
E g723_1                  raw G.723.1
E g726                    raw big-endian G.726 ("left-justified")
E g726le                  raw little-endian G.726 ("right-justified")
E gif                     CompuServe Graphics Interchange Format (GIF)
E gsm                     raw GSM
E gxf                     GXF (General eXchange Format)
E h261                    raw H.261
E h263                    raw H.263
E h264                    raw H.264 video
E hash                    Hash testing
E hds                     HDS Muxer
E hevc                    raw HEVC video
E hls                     Apple HTTP Live Streaming
E ico                     Microsoft Windows ICO
E ilbc                    iLBC storage
E image2                  image2 sequence
E image2pipe              piped image2 sequence
E ipod                    iPod H.264 MP4 (MPEG-4 Part 14)
E ircam                   Berkeley/IRCAM/CARL Sound Format
E ismv                    ISMV/ISMA (Smooth Streaming)
E ivf                     On2 IVF
E jacosub                 JACOsub subtitle format
E latm                    LOAS/LATM
E lrc                     LRC lyrics
E m4v                     raw MPEG-4 video
E matroska                Matroska
E md5                     MD5 testing
E microdvd                MicroDVD subtitle format
E mjpeg                   raw MJPEG video
E mkvtimestamp_v2 extract pts as timecode v2 format, as defined by mkvtoolnix
E mlp                     raw MLP
E mmf                     Yamaha SMAF
E mov                     QuickTime / MOV
E mp2                     MP2 (MPEG audio layer 2)
E mp3                     MP3 (MPEG audio layer 3)
E mp4                     MP4 (MPEG-4 Part 14)
E mpeg                    MPEG-1 Systems / MPEG program stream
E mpeg1video              raw MPEG-1 video
E mpeg2video              raw MPEG-2 video
```

```
  E mpegts                  MPEG-TS (MPEG-2 Transport Stream)
  E mpjpeg                  MIME multipart JPEG
  E mulaw                   PCM mu-law
  E mxf                     MXF (Material eXchange Format)
  E mxf_d10                 MXF (Material eXchange Format) D-10 Mapping
  E mxf_opatom              MXF (Material eXchange Format) Operational Pattern
Atom
  E null                    raw null video
  E nut                     NUT
  E oga                     Ogg Audio
  E ogg                     Ogg
  E ogv                     Ogg Video
  E oma                     Sony OpenMG audio
  E opus                    Ogg Opus
  E psp                     PSP MP4 (MPEG-4 Part 14)
  E rawvideo                raw video
  E rm                      RealMedia
  E roq                     raw id RoQ
  E rso                     Lego Mindstorms RSO
  E rtp                     RTP output
  E rtp_mpegts              RTP/mpegts output format
  E rtsp                    RTSP output
...
  E wav                     WAV / WAVE (Waveform Audio)
  E webm                    WebM
  E webm_chunk              WebM Chunk Muxer
  E webm_dash_manifest      WebM DASH Manifest
  E webp                    WebP
  E webvtt                  WebVTT subtitle
  E wtv                     Windows Television (WTV)
  E wv                      raw WavPack
  E yuv4mpegpipe            YUV4MPEG pipe
```

如果某种格式不在上述输出列表中，则表示当前使用的 ffmpeg 不支持该格式的复用器，即无法将单独的音频流或视频流封装为此格式的文件或媒体流。

7.4.4　显示支持的所有输入格式和输出格式

使用-formats 参数可以查看当前 ffmpeg 支持的所有输入格式和输出格式，相当于-demuxers 参数和-muxers 参数的输出信息的合集。

```
ffmpeg -formats
```

部分输出结果如下所示。

```
File formats:
 D. = Demuxing supported
 .E = Muxing supported
 --
 D  3dostr        3DO STR
  E 3g2           3GP2 (3GPP2 file format)
  E 3gp           3GP (3GPP file format)
 D  4xm           4X Technologies
  E a64           a64 - video for Commodore 64
 D  aa            Audible AA format files
 D  aac           raw ADTS AAC (Advanced Audio Coding)
 DE ac3           raw AC-3
 D  acm           Interplay ACM
 D  act           ACT Voice file format
 D  adf           Artworx Data Format
 D  adp           ADP
 D  ads           Sony PS2 ADS
  E adts          ADTS AAC (Advanced Audio Coding)
 DE adx           CRI ADX
 D  aea           MD STUDIO audio
 D  afc           AFC
 DE aiff          Audio IFF
 D  aix           CRI AIX
 DE alaw          PCM A-law
 D  alias_pix     Alias/Wavefront PIX image
 DE amr           3GPP AMR
 D  amrnb         raw AMR-NB
 D  amrwb         raw AMR-WB
 D  anm           Deluxe Paint Animation
 D  apc           CRYO APC
 D  ape           Monkey's Audio
 DE apng          Animated Portable Network Graphics
 DE aptx          raw aptX (Audio Processing Technology for Bluetooth)
 DE aptx_hd       raw aptX HD (Audio Processing Technology for Bluetooth)
 D  aqtitle       AQTitle subtitles
 DE asf           ASF (Advanced / Active Streaming Format)
 D  asf_o         ASF (Advanced / Active Streaming Format)
  E asf_stream    ASF (Advanced / Active Streaming Format)
 DE ass           SSA (SubStation Alpha) subtitle
 DE ast           AST (Audio Stream)
 DE au            Sun AU
```

```
D  avfoundation              AVFoundation input device
DE avi                       AVI（Audio Video Interleaved）
...
```

7.4.5　显示支持的解码器

使用参数-decoders 可以查看当前 ffmpeg 支持的解码器。

```
ffmpeg -decoders
```

部分输出结果如下所示。

```
Decoders:
V..... = Video
A..... = Audio
S..... = Subtitle
.F.... = Frame-level multithreading
..S... = Slice-level multithreading
...X.. = Codec is experimental
....B. = Supports draw_horiz_band
.....D = Supports direct rendering method 1
------
V....D 012v                  Uncompressed 4:2:2 10-bit
V....D 4xm                   4X Movie
V....D 8bps                  QuickTime 8BPS video
V....D aasc                  Autodesk RLE
V....D agm                   Amuse Graphics Movie
VF...D aic                   Apple Intermediate Codec
V....D alias_pix             Alias/Wavefront PIX image
V....D amv                   AMV Video
V....D anm                   Deluxe Paint Animation
V....D ansi                  ASCII/ANSI art
VF...D apng                  APNG（Animated Portable Network Graphics）image
V....D arbc                  Gryphon's Anim Compressor
V....D asv1                  ASUS V1
V....D asv2                  ASUS V2
V....D aura                  Auravision AURA
V....D aura2                 Auravision Aura 2
V....D libaom-av1            libaom AV1（codec av1）
V..... avrn                  Avid AVI Codec
V....D avrp                  Avid 1:1 10-bit RGB Packer
V....D avs                   AVS（Audio Video Standard）video
...
V....D h261                  H.261
```

```
V...BD h263               H.263 / H.263-1996, H.263+ / H.263-1998 / H.263 version 2
V...BD h263i                              Intel H.263
V...BD h263p              H.263 / H.263-1996, H.263+ / H.263-1998 / H.263 version 2
VFS..D h264               H.264 / AVC / MPEG-4 AVC / MPEG-4 part 10
VFS..D hap                Vidvox Hap
VFS..D hevc               HEVC (High Efficiency Video Coding)
...
A....D aac                AAC (Advanced Audio Coding)
A....D aac_fixed          AAC (Advanced Audio Coding) (codec aac)
A....D aac_at             aac (AudioToolbox) (codec aac)
A....D aac_latm           AAC LATM (Advanced Audio Coding LATM syntax)
A....D ac3                ATSC A/52A (AC-3)
A....D ac3_fixed          ATSC A/52A (AC-3) (codec ac3)
A....D ac3_at             ac3 (AudioToolbox) (codec ac3)
...
```

如果某种格式不在上述输出列表中，则表示当前使用的 ffmpeg 不支持该格式的解码器，即无法将该格式对应的码流解码为相应的图像数据或音频数据。

7.4.6　显示支持的编码器

使用参数-encoders 可以查看当前 ffmpeg 支持的编码器。

```
ffmpeg -encoders
```

部分输出结果如下所示。

```
Encoders:
V..... = Video
A..... = Audio
S..... = Subtitle
.F.... = Frame-level multithreading
..S... = Slice-level multithreading
...X.. = Codec is experimental
....B. = Supports draw_horiz_band
.....D = Supports direct rendering method 1
------
V..... a64multi          Multicolor charset for Commodore 64 (codec a64_multi)
V..... a64multi5         Multicolor charset for Commodore 64, extended with 5th
color (colram) (codec a64_multi5)
V..... alias_pix         Alias/Wavefront PIX image
```

```
V.....  amv                 AMV Video
V.....  apng                APNG (Animated Portable Network Graphics) image
V.....  asv1                ASUS V1
V.....  asv2                ASUS V2
V..X..  libaom-av1          libaom AV1 (codec av1)
V.....  avrp                Avid 1:1 10-bit RGB Packer
V..X..  avui                Avid Meridien Uncompressed
V.....  ayuv                Uncompressed packed MS 4:4:4:4
V.....  bmp                 BMP (Windows and OS/2 bitmap)
V.....  cinepak             Cinepak
V.....  cljr                Cirrus Logic AccuPak
V.S...  vc2                 SMPTE VC-2 (codec dirac)
VFS...  dnxhd               VC3/DNxHD
V.....  dpx                 DPX (Digital Picture Exchange) image
VFS...  dvvideo             DV (Digital Video)
V.S...  ffv1                FFmpeg video codec #1
VF....  ffvhuff             Huffyuv FFmpeg variant
V.....  fits                Flexible Image Transport System
V.....  flashsv             Flash Screen Video
V.....  flashsv2            Flash Screen Video Version 2
V.....  flv                 FLV / Sorenson Spark / Sorenson H.263 (Flash Video)
                            (codec flv1)
V.....  gif                 GIF (Graphics Interchange Format)
V.....  h261                H.261
V.....  h263                H.263 / H.263-1996
V.S...  h263p               H.263+ / H.263-1998 / H.263 version 2
V.....  libx264             libx264 H.264 / AVC / MPEG-4 AVC / MPEG-4 part 10 (codec
                                         h264)
V.....  libx264rgb          libx264 H.264 / AVC / MPEG-4 AVC / MPEG-4 part 10 RGB
                                         (codec h264)
V.....  h264_videotoolbox   VideoToolbox H.264 Encoder (codec h264)
V.....  hap                 Vidvox Hap
V.....  libx265             libx265 H.265 / HEVC (codec hevc)
V.....  hevc_videotoolbox   VideoToolbox H.265 Encoder (codec hevc)
VF....  huffyuv             Huffyuv / HuffYUV
V.....  jpeg2000            JPEG 2000
...
A.....  aac                 AAC (Advanced Audio Coding)
A....D  aac_at              aac (AudioToolbox) (codec aac)
A.....  ac3                 ATSC A/52A (AC-3)
A.....  ac3_fixed           ATSC A/52A (AC-3) (codec ac3)
A.....  adpcm_adx           SEGA CRI ADX ADPCM
```

```
A..... g722            G.722 ADPCM (codec adpcm_g722)
A..... g726            G.726 ADPCM (codec adpcm_g726)
A..... g726le          G.726 little endian ADPCM ("right-justified") (codec
adpcm_g726le)
A..... adpcm_ima_qt    ADPCM IMA QuickTime
A..... adpcm_ima_wav   ADPCM IMA WAV
A..... adpcm_ms        ADPCM Microsoft
A..... adpcm_swf       ADPCM Shockwave Flash
A..... adpcm_yamaha    ADPCM Yamaha
A..... alac            ALAC (Apple Lossless Audio Codec)
A....D alac_at         alac (AudioToolbox) (codec alac)
A..... libopencore_amrnb  OpenCORE AMR-NB (Adaptive Multi-Rate Narrow-Band)
(codec amr_nb)
A..... aptx            aptX (Audio Processing Technology for Bluetooth)
A..... aptx_hd         aptX HD (Audio Processing Technology for Bluetooth)
A..... comfortnoise    RFC 3389 comfort noise generator
A..X.. dca             DCA (DTS Coherent Acoustics) (codec dts)
A..... eac3            ATSC A/52 E-AC-3
A..... flac            FLAC (Free Lossless Audio Codec)
A..... g723_1          G.723.1
A....D ilbc_at         ilbc (AudioToolbox) (codec ilbc)
A..X.. mlp             MLP (Meridian Lossless Packing)
A..... mp2             MP2 (MPEG audio layer 2)
A..... mp2fixed        MP2 fixed point (MPEG audio layer 2) (codec mp2)
A..... libmp3lame      libmp3lame MP3 (MPEG audio layer 3) (codec mp3)
A..... nellymoser      Nellymoser Asao
A..X.. opus            Opus
A..... libopus         libopus Opus (codec opus)
...
```

如果某种格式不在上述输出列表中，则表示当前使用的 ffmpeg 不支持该格式的编码器，即无法将输入的图像数据或音频数据编码为对应格式的视频流或音频流。

7.4.7　显示支持的媒体协议

使用参数-protocols 可以查看当前 ffmpeg 支持的媒体协议。

```
ffmpeg -protocols
```

输出结果如下所示。

```
Supported file protocols:
Input:
  async
  bluray
  cache
  concat
  crypto
  data
  file
  ftp
  gopher
  hls
  http
  httpproxy
  https
  mmsh
  mmst
  pipe
  rtp
  srtp
  subfile
  tcp
  tls
  udp
  udplite
  unix
  rtmp
  rtmpe
  rtmps
  rtmpt
  rtmpte
Output:
  crypto
  file
  ftp
  gopher
  http
  httpproxy
  https
  icecast
  md5
  pipe
  prompeg
  rtp
```

```
srtp
tee
tcp
tls
udp
udplite
unix
rtmp
rtmpe
rtmps
rtmpt
rtmpte
```

上述输出结果包含了当前 ffmpeg 支持的所有输入协议和输出协议。

7.4.8　显示支持的硬件加速框架

在不同的平台上，ffmpeg 支持不同类型的硬件加速框架。例如，在 iOS 或 OS X 平台上，普遍支持 VideoToolbox 对视频进行编码、解码和图像格式转换。在 Windows 平台上，普遍支持 MediaFoundation 对视频进行编码和解码。在 NVIDIA GPU 平台上，普遍支持 NVENCC、NVDEC 或 CUVID 对视频进行编码和解码。由于针对不同的平台 ffmpeg 有不同的编译配置，因此我们需要通过参数-hwaccels 查看当前 ffmpeg 支持哪些硬件加速框架。

```
ffmpeg -hwaccels
```

假设某工作站使用的是 Intel Core i7 9700kf 处理器和 NVIDIA RTX 2080S 显卡，操作系统为 Windows 10 家庭版，则输出结果如下所示。

```
Hardware acceleration methods:
cuda
dxva2
qsv
d3d11va
```

7.4.9　ffmpeg 封装格式转换

在第 5 章中曾介绍过 FLV、MPEG-TS 和 MP4 等常用的封装格式，以及各自适用的场景。实际上，常常出现原始视频文件的封装格式与需求不同的情况，因此对不同的视频格式进行转换是十分常见的操作。通过 ffmpeg，我们不仅可以简单地使用一条命令完成对封装格式的转换，还可以配置不同的命令行参数对转换过程进行定制。

1. 基本转封装操作

想要对原始视频文件 test.mp4 进行转封装操作，则应先使用 ffprobe 验证 test.mp4 中的音视频流参数，输出结果如下所示。

```
Input #0, mov,mp4,m4a,3gp,3g2,mj2, from 'test.mp4':
 Metadata:
   major_brand      : isom
   minor_version    : 512
   compatible_brands: isomiso2avc1mp41
   encoder          : Lavf57.41.100
 Duration: 00:01:05.15, start: 0.000000, bitrate: 274 kb/s
   Stream #0:0 (und): Video: h264 (High) (avc1 / 0x31637661), yuv420p, 852x480
       [SAR 640:639 DAR 16:9], 222 kb/s, 23 fps, 23 tbr, 11776 tbn, 46 tbc (default)
   Metadata:
     handler_name   : VideoHandler
   Stream #0:1 (eng): Audio: aac (HE-AAC) (mp4a / 0x6134706D), 48000 Hz, stereo,
       fltp, 48 kb/s (default)
   Metadata:
     handler_name   : SoundHandler
```

正如前文所介绍的，最简单的 ffmpeg 转封装命令只需要输入文件和输出文件两个参数。

```
ffmpeg -i test.mp4 output.avi
```

执行命令后，使用 ffprobe 验证输出文件的音视频流参数。

```
Input #0, avi, from './output.avi':
 Metadata:
   encoder          : Lavf58.29.100
 Duration: 00:01:05.04, start: 0.000000, bitrate: 526 kb/s
   Stream #0:0: Video: mpeg4 (Simple Profile) (FMP4 / 0x34504D46), yuv420p,
       852x480 [SAR 1:1 DAR 71:40], 385 kb/s, SAR 640:639 DAR 16:9, 23 fps, 23
       tbr, 23 tbn, 23 tbc
   Stream #0:1: Audio: mp3 (U[0][0][0] / 0x0055), 48000 Hz, stereo, fltp, 128
kb/s
```

从输出结果可知，输出文件的视频流与音频流的编码格式均发生了改变：视频流的编码格式由 H.264 变为 MPEG-4，音频流的编码格式由 AAC 变为 MP3。也就是说，在转封装过程中同时进行了转码操作，将音视频流转码为目标封装格式的默认编码格式。因为转码过程涉及音视频流的解码和重编码，对计算资源消耗较大，所以多数时候我们希望只改变容器文件的封装格式，让音视频流的编码格式保持不变。下面使用参数-c 和-codec 指定编码格式。

```
ffmpeg -i test.mp4 -c copy output.avi
ffmpeg -i test.mp4 -codec copy output.avi
```

此时使用 ffprobe 查看输出文件信息，就会发现音频流和视频流的参数与输入文件一致，并且程序的执行速度会快很多。其原因是，在指定了 copy 作为-codec 的参数后，ffmpeg 不再尝试按照输出文件的格式重新编码，而是直接把从输入文件中读取的音视频数据包封装到输出文件。

2．转封装的数据流选择

某些音视频封装格式最多支持一路音频流和一路视频流（如 FLV 格式），而某些音视频封装格式则支持一路音频流、一路视频流和一路字幕流（如 MP4 格式和 MKV 格式）。在转封装过程中，我们既可以使用-map 参数指定选择的媒体流，也可以不加参数，让 ffmpeg 自动选择。

自动选择媒体流

如果在转封装过程中不添加任何参数指定媒体流，则 ffmpeg 在转封装过程中将自动选择媒体流，具体如下。

◎ 视频流：首选输入文件或输入流中分辨率最高的视频流。
◎ 音频流：首选输入文件或输入流中声道数最多的音频流。
◎ 字幕流：首选输入文件或输入流中的第一路字幕流，但必须符合输出格式对字幕的格式要求（如图像格式或文本格式）。

假设有以下两个输入视频文件。

```
test1.mp4:
stream 0: video, 1280x720
stream 1: audio, 5.1 channels
stream 2: subtitle(text)

test2.avi:
stream 0: video, 3360x2100
stream 1: audio, 2 channels
```

我们使用以下命令进行格式转换。

```
ffmpeg -i test1.mp4 -i test2.avi -c copy output.mav
```

在执行命令后，输出文件 output.mav 中包含输入文件 test1.mp4 的音频流（即 stream 1）和字幕流（即 stream 2），以及输入文件 test2.avi 的视频流（即 stream 0）。

如果使用以下命令进行格式转换。

```
ffmpeg -i test1.mp4 -i test2.avi output.wav
```

则由于输出格式指定为 wav 格式，仅支持音频流，因此 ffmpeg 将把输入文件 test1.mp4 中的音频流（即 stream 1）写入输出文件 output.mav。

指定选择的媒体流

如果自动选择的媒体流不符合我们的需求，那么可以使用参数禁用某一路或某一类媒体流，或使用参数指定选择某一路或某一类媒体流，并将其写入输出文件或媒体流。

（1）禁用某一路或某一类媒体流的常用参数如下。

◎　-an：禁用音频流。

◎　-vn：禁用视频流。

◎　-sn：禁用字幕流。

◎　-dn：禁用数据流。

例如，想要将某个视频文件静音，则可以使用以下命令。

```
ffmpeg -i intput.mp4 -an -vcodec copy output.mp4
```

（2）使用参数-map 指定或排除某一路或某一类媒体流。

```
ffmpeg -i（输入文件） -map（输入文件序号）:（媒体流序号或类型）输出文件
```

如果想要将输入文件 input.mp4 中的所有 stream 0 都写入输出文件，则可以使用以下命令。

```
ffmpeg -i input.mp4 -map 0 output.mp4
```

下面的命令可以将输入文件 input1.mp4 中的 stream 1 和输入文件 input2.mp4 中的 stream 0 写入输出文件 output.mp4。

```
ffmpeg -i input1.mp4 -i input2.mp4 -map 0:1 -map 1:2 output.mp4
```

除了可以选择某一路媒体流，还可以指定某一类媒体流，如某个输入文件的全部音频流或视频流。例如，想要将输入文件 input1.mp4 中的全部音频流和输入文件 input2.mp4 中的全部视频流写入输出文件 output.mp4，则可以使用以下命令。

```
ffmpeg -i input1.mp4 -i input2.mp4 -map 0:a -map 1:v output.mp4
```

如果想要将输入文件 input1.mp4 中的第二路音频流和输入文件 input2.mp4 中的第一路视频

流写入输出文件 output.mp4，则可以使用以下命令。

```
ffmpeg -i input1.mp4 -i input2.mp4 -map 0:a:1 -map 1:v:0 output.mp4
```

除指定某一路媒体流外，参数-map 还可以用来排除某一路媒体流，只需在参数-map 接收的参数前加-即可。例如，想要将输入文件 input.mp4 中除第二路音频流外的所有 stream 0 都写入输出文件，则可以使用以下命令。

```
ffmpeg -i input.mp4 -map 0 -map -0:a:1 output.mp4
```

如果想要将输入文件 input.mp4 中的.h264 视频流直接提取出来，输出为.h264 格式的裸码流，则直接指定输出文件的扩展名为.h264 即可。

```
ffmpeg -i intput.mp4 -an -vcodec copy output.h264
```

提取音频流的方法与之类似，命令如下。

```
ffmpeg -i intput.mp4 -c:a copy -vn output.aac
```

3. 特定格式的常用转封装参数

针对 MP4 和 FLV 等常用的特定格式，ffmpeg 支持在执行转封装操作时使用特定参数。

在输出 MP4 格式时前置 moov

通过第 5 章的介绍我们知道，moov 对于 MP4 格式的解码和播放至关重要，解码器必须获取 moov 的全部信息，才能在成功解析后获取其中每一个码流包的位置和时间戳。当使用 ffmpeg 的默认参数输出为 MP4 格式时，moov 会在所有数据转封装完成后生成，然后添加在文件的末尾。由于获取 moov 相对较为复杂，因此 MP4 格式对流媒体播放等场景并不友好。

为了解决该问题，在使用 ffmpeg 进行转封装操作时，可以在选项-movflags 中加入参数 faststart。

```
ffmpeg -i input.avi -c copy -movflags faststart output.mp4
```

在加入参数 faststart 后，ffmpeg 在完成转封装操作后会进行一次附加操作——将 moov 置于文件头部。

在输出 FLV 格式时添加关键帧信息

在 FLV 文件中，每个音视频码流包都被封装在一个音频 Tag 或视频 Tag 中，其中还包含每个 Tag 的时间戳和关键帧标识。与 MP4 格式不同的是，FLV 格式的视频在播放时难以获取整体的关键帧列表，因此难以进行拖动播放。为了解决这一问题，在使用 ffmpeg 输出 FLV 格式的视频文件时，可以在选项-flvflags 中加入参数 add_keyframe_index。

```
ffmpeg -i input.mp4 -c copy -f flv -flvflags add_keyframe_index output.flv
```

7.4.10　视频的解码和编码

每个封装格式都有其默认的压缩编码格式，如果输出的封装格式与原视频中的编码格式不一致，则需要在转封装过程中通过 ffmpeg 对音视频信息进行转码操作。ffmpeg 支持的解码和编码功能为转码操作提供了基础，并且支持直接使用 ffmpeg 进行解码和编码操作。

1．视频解码

视频解码的实质是将压缩格式（如 H.264、H.265 等）的视频码流解压缩为 YUV 或 BMP 格式的图像数据。ffmpeg 内置了绝大多数常用的音视频格式的解码器，不需要额外的依赖即可直接播放、编辑和分析不同类型的媒体数据。

如果在转封装过程中输入格式和输出格式的默认编码方式不同，且未指定按原编码方式进行转码，那么在转封装过程中，ffmpeg 会先调用解码器对输入文件中的音视频流进行解码，并且对输出的图像和音频数据按照目标格式的要求重新编码，再封装到目标文件中。借鉴这个思路，通过输出文件扩展名将输出格式直接指定为解码后的图像或音频格式，即可实现使用 ffmpeg 进行解码。以解码视频流为例，通过以下命令即可实现对输入文件的视频流进行解码。

```
ffmpeg -i input.mp4 output.yuv
```

由于视频流的参数信息通常已经被写入 SPS 和 PPS 等头结构中，因此在解码时无须额外指定参数。如果希望指定解码开始的时间、解码时长和输出总帧数，则可以使用参数-ss、-t 和-frames:v 实现。

从视频起点开始，解码输出 15 帧图像。

```
ffmpeg -i input.mp4 -frames:v 15 output_15.yuv
```

从视频的第 10s 开始，解码输出总时长 15s 的图像。

```
ffmpeg -i input.mp4 -ss 10 -t 15 output_10_15.yuv
```

2．视频编码

与视频解码相比，使用 ffmpeg 进行视频编码要复杂得多。一方面，编码操作需要详细指定编码过程中的各种参数，如编码的 profile/level、输出码率、GOP 大小、码流的帧类型结构等；另一方面，ffmpeg 内置的编码器类型并不像解码器那样完善，通常需要引入第三方编码器组件才能实现。而且在编码时，参数配置也根据编码器的不同而有所差异。下面以目前业界较为常用的 x264 编码器为例，讲解用 ffmpeg 进行视频编码的方法。

在 7.4 节曾介绍过如何验证 ffmpeg 支持的编码器，如果当前 ffmpeg 并不支持 x264 编码器，则按照以下方式操作即可。

下载 x264 源代码

x264 源代码托管在 VideoLan 代码库中，我们可以通过 git 命令获取相应的源代码。

```
git clone https://code.videolan.org/videolan/x264.git
```

x264 目录中的文件内容如图 7-13 所示。

图 7-13

工程配置文件（Configure 文件）

在 Linux 系统中，Configure 文件是一个十分常见的 shell 脚本文件，其主要作用是对特定的编译环境进行配置。在 x264 源代码中，整个 Configure 文件共有 1584 行代码，其中，343 行及之前的部分是函数定义，344～1584 行是执行部分。如果想要了解 Configure 文件可以接收的参数，则可以加入--help 参数运行 Configure 文件。

```
./configure --help
```

输出结果如下所示。

```
Help:
  -h, --help                print this message

Standard options:
  --prefix=PREFIX           install architecture-independent files in PREFIX
                            [/usr/local]
  --exec-prefix=EPREFIX     install architecture-dependent files in EPREFIX
```

```
                                   [PREFIX]
  --bindir=DIR                  install binaries in DIR [EPREFIX/bin]
  --libdir=DIR                  install libs in DIR [EPREFIX/lib]
  --includedir=DIR              install includes in DIR [PREFIX/include]
  --extra-asflags=EASFLAGS add EASFLAGS to ASFLAGS
  --extra-cflags=ECFLAGS    add ECFLAGS to CFLAGS
  --extra-ldflags=ELDFLAGS add ELDFLAGS to LDFLAGS
  --extra-rcflags=ERCFLAGS add ERCFLAGS to RCFLAGS

Configuration options:
  --disable-cli                 disable cli
  --system-libx264              use system libx264 instead of internal
  --enable-shared               build shared library
  --enable-static               build static library
  --disable-opencl              disable OpenCL features
  --disable-gpl                 disable GPL-only features
  --disable-thread              disable multithreaded encoding
  --disable-win32thread         disable win32threads (windows only)
  --disable-interlaced          disable interlaced encoding support
  --bit-depth=BIT_DEPTH         set output bit depth (8, 10, all) [all]
  --chroma-format=FORMAT        output chroma format (400, 420, 422, 444, all) [all]

Advanced options:
  --disable-asm                 disable platform-specific assembly optimizations
  --enable-lto                  enable link-time optimization
  --enable-debug                add -g
  --enable-gprof                add -pg
  --enable-strip                add -s
  --enable-pic                  build position-independent code

Cross-compilation:
  --host=HOST                   build programs to run on HOST
  --cross-prefix=PREFIX         use PREFIX for compilation tools
  --sysroot=SYSROOT             root of cross-build tree

External library support:
  --disable-avs                 disable avisynth support
  --disable-swscale             disable swscale support
  --disable-lavf                disable libavformat support
  --disable-ffms                disable ffmpegsource support
  --disable-gpac                disable gpac support
  --disable-lsmash              disable lsmash support
```

（1）基本参数（Standard options）。在基本参数中主要包括生成文件的安装位置，以及程序生成和运行过程中的参数等。

◎ --prefix=PREFIX：指定与架构无关的生成文件的保存位置，PREFIX 的默认值为 /usr/local。

◎ --exec-prefix=EPREFIX：指定与架构相关的生成文件的保存位置，EPREFIX 的默认值与 PREFIX 相同。

◎ --bindir=DIR：指定二进制可执行文件的保存位置，DIR 的默认值为 EPREFIX/bin。

◎ --libdir=DIR：指定生成库文件的保存位置，DIR 的默认值为 EPREFIX/lib。

◎ --includedir=DIR：指定头文件目录的位置，DIR 的默认值为 EPREFIX/include。

◎ --extra-asflags=EASFLAGS：指定汇编器（assembler）参数。

◎ --extra-cflags=ECFLAGS：指定编译器（compiler）参数。

◎ --extra-ldflags=ELDFLAGS：指定链接器参数。

◎ --extra-rcflags=ERCFLAGS：指定运行相关的参数。

（2）配置参数（Configuration options）。在配置参数中主要包括生成文件的特性和一些功能的开关。

◎ --disable-cli：不生成 x264 命令行工具。

◎ --system-libx264：指定使用系统的 libx264 库而非内部库。

◎ --enable-shared：生成共享库。

◎ --enable-static：生成静态库。

◎ --disable-opencl：禁用 OpenCL。

◎ --disable-gpl：禁用 GPL 协议相关的功能。

◎ --disable-thread：禁用多线程编码。

◎ --disable-win32thread：在 Windows 系统下禁用 Win32 线程。

◎ --disable-interlaced：禁用交错编码功能。

◎ --bit-depth=BIT_DEPTH：指定编码的位深，默认支持 8 位和 10 位。

◎ --chroma-format=FORMAT：指定支持的颜色空间，默认支持 400、420、422 和 444 格式。

（3）高级参数（Advanced options）。在高级参数中主要包括对编译生成过程的高级设置。

◎ --disable-asm：禁用汇编优化。

◎ --enable-lto：启用链接时优化。

◎ --enable-debug：启用调试模式。

◎　--enable-gprof：启用性能测试工具 gprof。

◎　--enable-strip：启用精简模式。

◎　--enable-pic：生成位置无关代码。

（4）交叉编译选项（Cross-compilation）。交叉编译选项主要用于指定一些交叉编译的信息，在编译非 Linux 平台的项目时非常有用，如编译 iOS 端和 Android 端的项目。

◎　--host=HOST：指定目标操作系统。

◎　--cross-prefix=PREFIX：指定交叉编译的参数。

◎　--sysroot=SYSROOT：指定编译的逻辑目录的根目录。

（5）第三方库支持（External library support）。在第三方库支持中可以设置是否开启对第三方库的支持，如 ffmpeg、gpac 等。

◎　--disable-avs：禁用 avisynth。

◎　--disable-swscale：禁用 libswscale。

◎　--disable-lavf：禁用 libavformat 库。

◎　--disable-ffms：禁用 ffmpegsource 输入。

◎　--disable-gpac：禁用 gpac。

◎　--disable-lsmash：禁用 lsmash。

x264 推荐编译配置

配置命令如下。

```
./configure --enable-static --disable-opencl --disable-win32thread
--disable-interlaced --disable-asm --enable-debug --disable-avs
--disable-swscale --disable-lavf --disable-ffms --disable-gpac
--disable-lsmash
make
make install
```

配置后，在/usr/local/目录下面的 3 个系统目录中分别保存了相应的生成文件。

◎　bin：保存生成的二进制命令行工具 x264。

◎　include：保存相应的头文件 x264.h 和 x264_config.h。

◎　lib：保存二进制静态库文件 libx264.a 和 pkgconfig。

在源代码目录中，同样生成了若干新文件，除上述移动到指定目录的文件外，还包括

config.h、x264_config.h 等头文件，以及 config.mak、config.log 等执行 Configure 时的附加文件。

编译执行后，源代码目录如图 7-14 所示。

图 7-14

x264 常用编码参数

作为常用的实用级编码器，x264 提供了多种参数供调用者对编码的过程进行控制，本节我们只讨论最常用的部分。

（1）编码预设参数集。x264 中提供了几种提前定义好的预设参数，均使用参数 preset 来设置。在 preset 参数中可以使用多种模式，例如，ultrafast、superfast、veryfast、faster、fast、edium、slow、slower、veryslow 和 placebo。

这些模式是按照编码速度从快到慢进行排列的，其中，ultrafast 模式的编码速度最快，但是压缩率最低，即在保持相同图像质量的情况下需要的码率最高；而 placebo 模式的编码速度最慢，但是压缩率最高。更多信息可以参考生成的帮助文档或第三方文档。

preset 参数涉及多种与编码过程相关的从参数，如--no-8x8dct、--aq-mode、--b-adapt、--bframes、--no-cabac 和--no-deblock。在指定某个 preset 参数之后，还可以单独定义其中的部分参数。

（2）特殊场景调优参数集。x264 中提供了针对某些特定场景的优化参数集，并命名为 tune。目前，x264 支持的 tune 如下。

◎ film：电影片源。

◎ animation：动画片源。

◎ grain：胶片颗粒噪声场景。

◎ stillimage：静态图像。

◎　psnr：峰值信噪比参数优先。

◎　ssim：结构相似性优先。

◎　fastdecode：优先保证解码速度。

◎　zerolatency：低延迟，适用于直播等场景。

（3）编码的档次和级别。指定输出视频码流的档次（profile）和级别（level）是一个编码器最基本的选项之一。指定输出视频码流的档次可以通过选项"-profile"实现，指定输出视频码流的级别可以通过选项"-level"实现。

x264 支持的档次有：baseline、main、high、high10 和 high422。x264 支持的级别有 1、1b、1.1、1.2、1.3、2、2.1、2.2、3、3.1、3.2、4、4.1、4.2、5、5.1 和 5.2。

编码器在压缩输入图像时将根据指定的档次选择不同的编码工具，因而编码速度和输出码流的码率都有所不同。而不同的级别表明码流的限制不同，级别越高，支持的最大视频分辨率、帧率和码率就越高。在实际应用中，通常仅指定输出的档次，输出的级别由编码器默认选择。

（4）输入参数和输出参数。在使用 x264 编码时，只有指定若干输入参数和输出参数，编码器才能正常执行编码操作。其中，常用的参数如下。

◎　--input-res：指定输入图像分辨率。

◎　--frames：指定最大编码帧数。

◎　--fps：指定输出帧率。

◎　--sar：指定纵横比。

◎　--muxer：指定输出格式（auto、raw、mkv 或 flv，默认为 auto）。

（5）帧类型设置。x264 提供了多个参数，用来设置每一帧图像编码后的输出类型。

◎　--keyint：设置最大 GOP 长度。

◎　--min-keyint：设置最小 GOP 长度。

◎　--no-scenecut：禁用场景切换。

◎　--scenecut：设置场景切换强度。

◎　--bframes：设置输出 I 帧和 P 帧之间的 B 帧数量。

◎　--b-pyramid：设置 B 帧作为参考帧模式。

◎　--ref：设置参考帧的数量，默认为 3。

（6）码率控制参数。码率控制一直是视频压缩编码的重要话题。x264 针对不同的需求提供了多种不同的码率控制方法，参数如下。

◎ --qp：固定量化参数，取值为[0,81]，0 表示无损编码。

◎ --qpmax：指定量化参数范围的最大值。

◎ --qpmin：指定量化参数范围的最小值。

◎ --qpstep：指定量化参数的浮动步长。

◎ --bitrate：指定目标码率。

◎ --crf：全称为 Constant Rate Factor，可以认为是质量优先模式，取值为[0,51]区间，0 为无损。取值越高，压缩率越大，默认取值为 23。

◎ --pass：多路编码设置，通过运行多次编码获取最优的码率控制效果。

（7）x264 压缩编码示例。在编译生成 x264 编码器后，我们可以根据不同的需求为编码过程配置不同的编码参数。例如，输入分辨率为 1280 像素×720 像素的 YUV 图像序列，输出后缀名为.h264 的二进制码流。

如果使用浮动码率，并希望在维持一定压缩效率的同时尽可能提升输出画质，则可以使用以下配置。

```
./x264 ./input_1280x720.yuv --input-res 1280x720 --crf 18 -o output.h264
```

将--crf 设置为 18，对于多数视频源而言，主观画质已经接近无损水平，且输出码率的上升相对可以承受。适用于传输带宽较为充足，且对画质和观看体验要求较高的场景。

若应用场景对输出码率的稳定性有要求，则可以用固定码率配置。

```
./x264 ./input_1280x720.yuv --input-res 1280x720 --bitrate 3000 -o
output3000.h264
```

通过选项--bitrate 可以设置输出目标码率。编码器会针对编码图像的特征动态调整编码的参数，使最终输出的码率根据指定的目标码率波动。

需要注意的是，设置该选项会使输出码率尽量向设置的目标码率靠拢，但在单路编码的条件下，仍可能会有较为明显的波动。其原因在于，编码器既无法预知后续编码图像的复杂度，也无法针对即将编码的数据提前调整参数。如果需要更加稳定的码率控制策略，则可以使用多路编码的方式。

```
./x264 ./input_1280x720.yuv --input-res 1280x720 --pass 1 --frames 200 --bitrate
3000 -o output_2pass.h264
```

```
./x264 ./input_1280x720.yuv --input-res 1280x720 --pass 2 --frames 200 --bitrate
3000 -o output_2pass.h264
```

编码器在第一次编码时，会根据输入图像的特性创建图像特征文件，并在最后一次编码过程中根据图像特征文件进行编码。由于可以通过第一次编码预知图像的复杂度和物体运动强度等信息，所以编码器可以对参数进行预先调整，以获得更加稳定的输出码率。

在计算资源强大，且对输出质量和压缩率要求都较高的场景（如影片渲染等）中，可以使用高质量、高复杂度的配置参数，例如：

```
./x264 ./input_1280x720.yuv --input-res 1280x720 --profile high --preset
veryslow --tune film --bitrate 6000 --frames 5000 -o output_high_sf.h264
```

通过选项--profile 指定输出档次为 high，即通过提升编码复杂度的代价获得更高的画质和更低的码率。使用参数 veryslow 可以获得更高的压缩率。

激活 x264 的编码功能

如果在编译 ffmpeg 时需要激活 x264 的编码功能，则需要在 configure 阶段进行特别配置。在 configure -h 命令输出的帮助信息中，可以看见是否支持第三方库的选项。

```
External library support:

  Using any of the following switches will allow FFmpeg to link to the
  corresponding external library. All the components depending on that library
  will become enabled, if all their other dependencies are met and they are not
  explicitly disabled. E.g. --enable-libwavpack will enable linking to
  libwavpack and allow the libwavpack encoder to be built, unless it is
  specifically disabled with --disable-encoder=libwavpack.

Note that only the system libraries are auto-detected. All the other external
libraries must be explicitly enabled.

Also note that the following help text describes the purpose of the libraries
themselves, not all their features will necessarily be usable by FFmpeg.

  ...
--enable-libvpx          enable VP8 and VP9 de/encoding via libvpx [no]
--enable-libwavpack      enable wavpack encoding via libwavpack [no]
--enable-libwebp         enable WebP encoding via libwebp [no]
--enable-libx264         enable H.264 encoding via x264 [no]
--enable-libx265         enable HEVC encoding via x265 [no]
--enable-libxavs         enable AVS encoding via xavs [no]
```

```
--enable-libxavs2        enable AVS2 encoding via xavs2 [no]
--enable-libxcb          enable X11 grabbing using XCB [autodetect]
--enable-libxcb-shm      enable X11 grabbing shm communication [autodetect]
--enable-libxcb-xfixes   enable X11 grabbing mouse rendering [autodetect]
--enable-libxcb-shape    enable X11 grabbing shape rendering [autodetect]
--enable-libxvid         enable Xvid encoding via xvidcore,
                             native MPEG-4/Xvid encoder exists [no]
--enable-libxml2         enable XML parsing using the C library libxml2, needed
                             for dash demuxing support [no]
--enable-libzimg         enable z.lib, needed for zscale filter [no]
--enable-libzmq          enable message passing via libzmq [no]
--enable-libzvbi         enable teletext support via libzvbi [no]
--enable-lv2             enable LV2 audio filtering [no]
--disable-lzma           disable lzma [autodetect]
--enable-decklink        enable Blackmagic DeckLink I/O support [no]
--enable-mbedtls         enable mbedTLS, needed for https support
                         if openssl, gnutls or libtls is not used [no]
--enable-mediacodec      enable Android MediaCodec support [no]
--enable-libmysofa       enable libmysofa, needed for sofalizer filter [no]
--enable-openal          enable OpenAL 1.1 capture support [no]
--enable-opencl          enable OpenCL processing [no]
--enable-opengl          enable OpenGL rendering [no]
--enable-openssl         enable openssl, needed for https support
                         if gnutls, libtls or mbedtls is not used [no]
--enable-pocketsphinx    enable PocketSphinx, needed for asr filter [no]
--disable-sndio          disable sndio support [autodetect]
--disable-schannel       disable SChannel SSP, needed for TLS support on
                         Windows if openssl and gnutls are not used [autodetect]
--disable-sdl2           disable sdl2 [autodetect]
--disable-securetransport disable Secure Transport, needed for TLS support
                         on OSX if openssl and gnutls are not used [autodetect]
--enable-vapoursynth     enable VapourSynth demuxer [no]
--enable-vulkan          enable Vulkan code [no]
--disable-xlib           disable xlib [autodetect]
--disable-zlib           disable zlib [autodetect]
 ...
```

为了使用 x264 编码，在执行 configure 的过程中需要指定开启 libx264 编码器，可以使用以下配置。

```
--enable-libx264
```

编译后，在执行 make 编译源代码时，编译器将把 libx264 编码器相关的接口代码编译到

libavcodec 中，并进一步集成到 ffmpeg 等工具中。

ffmpeg 视频编码常用的选项和参数

在 ffmpeg 提供的诸多可配置选项中，有若干针对视频数据进行编码操作的选项。本节简要讨论常用的 5 个选项。

（1）选择指定的编码器。当使用 ffmpeg 进行视频编码时，首先需要明确的是希望将输入图像编码为哪一种格式的输出码流，并且决定使用哪一种编码器实现这个功能。例如，我们希望将输入图像编码为 H.264 格式的视频流，则 ffmpeg 可能支持的编码器如下。

- ◎ h264_amf。
- ◎ h264_nvenc。
- ◎ h264_omx。
- ◎ h264_qsv。
- ◎ h264_vaapi。
- ◎ h264_videotoolbox。
- ◎ libx264。
- ◎ libopenh264。

……

以上编码器既可能分别支持不同的平台，也可能在同一系统中并存。如果想要选择其中一个编码器，则可以使用选项-codec 或选项-c 指定。如果想要维持输入视频的编码器不变，则在选项-vcodec 中传入参数 copy。

在指定编码器时应对视频流和音频流分别进行处理。使用选项-vcodec 可以指定视频编码器，使用选项-acodec 可以指定音频编码器，使用流标识符"："可以指定某一路媒体流使用的编码器。对不同参数进行编码、转码的命令如下所示。

```
ffmpeg -i input.mp4 -c copy output.avi # 无转码操作，仅执行转封装
ffmpeg -i input.mp4 -vcodec libx264 -acodec copy output.mp4
# 使用 libx264 对所有视频重新转码，复用原音频流
ffmpeg -i input.mp4 -c:v h264_nvenc -c:a libopus output.mp4
# 使用 h264_nvenc 对所有视频重新编码，使用 libopus 重新编码音频流
```

（2）指定输出码率。ffmpeg 在进行视频编码时提供了选项-b 来设置输出流的码率。如果想要单独指定视频流码率，则可以添加流标识符:v，使用方法如下。

```
ffmpeg -video_size 1280x720 -i input_1280x720.yuv -vcodec libx264 -b:v 2000k
-acodec copy output.mp4
```

指定音频流码率可以通过添加选项-ab 实现。

```
ffmpeg -video_size 1280x720 -i input_1280x720.yuv -vcodec libx264 -b:v 2000k
-acodec copy -ab 200k output.mp4
```

（3）指定关键帧间距。关键帧作为解码播放的随机接入点，在错误控制中有着重要作用。关键帧间距（即 GOP 长度）是一项重要参数，一方面，如果关键帧间距过大（即关键帧过于稀疏），则会对随机播放和差错控制产生不利影响；另一方面，由于以 I 帧编码的关键帧压缩率最低，如果关键帧间距过小（即关键帧过于紧密），则将影响整体的编码效率，因此合理设计关键帧间距十分重要。

ffmpeg 在编码时可以通过选项-g 设置关键帧间距，使用方式如下。

```
# 指定关键帧间隔为 250
./ffmpeg -video_size 1280x720 -i input_1280x720.yuv -vcodec libx264 -g 250 -b:v
2000k -y output.h264
```

（4）指定视频帧率。指定视频帧率可以通过选项-r 实现，该选项可以指定输入视频帧率和输出视频帧率，此处仅讨论指定输出视频帧率，使用方式如下。

```
./ffmpeg -video_size 1280x720 -i input_1280x720.yuv -vcodec libx264 -r 25 -b:v
2000k -y output.h264
```

（5）指定 B 帧数量。在视频的 I 帧和 P 帧之间通常需要插入若干 B 帧进行编码，其目的在于进一步提升视频压缩效率。在 I 帧或 P 帧之间插入多少个 B 帧可以通过选项-bf 设置，使用方法如下。

```
./ffmpeg -video_size 1280x720 -i input_1280x720.yuv -vcodec libx264 -bf 2 -b:v
2000k -y output.h264
```

选项-bf 的取值范围为[-1, 16]，-1 表示由编码器自行选择，0 表示禁用 B 帧，默认值为 0。

使用 ffmpeg 将视频编码为 H.264 格式码流

前文我们讨论了 ffmpeg 支持的部分编码的"全局"参数。之所以称之为"全局"参数，是因为其作用范围包括全部或部分的编码器和解码器。另外，每一种编码器本身也支持若干特有的参数，可以称之为"私有"参数。不同的编码器类型所支持的"私有"参数差别较大，在使用前建议先仔细阅读文档说明。

当 ffmpeg 使用第三方编码器（如 libx264 等）进行编码时，ffmpeg 定义的选项与第三方编码器定义的选项可能出现命名差异。为了保证输入参数可以被编码器识别，在 ffmpeg 与编码器的接口层可能会对功能相同、命名不同的选项进行映射，如此即可通过向 ffmpeg 传递对应的参数来实现特定的编码功能。具体的选项对应关系可到 ffmpeg 文档的 16.10.2 节查看。

本节我们实现如何调用 libx264 编码器将一个 YUV 格式的图像序列按照指定参数编码为 H.264 格式的输出码流。我们使用的输入数据为 1280 像素×720 像素的 YUV 格式的图像序列，输出数据为以.h264 为后缀的视频裸码流。

（1）指定编码的 preset。在对编码速度要求较高，而对码率的限制较宽时，可以使用 ultrafast、superfast 和 veryfast 等参数。

```
./ffmpeg -video_size 1280x720 -i input_1280x720.yuv -vcodec libx264 -preset
ultrafast -b:v 2000k -y output.h264
```

当编码平台计算能力强大，对输出码率要求较高时，通常建议使用编码速度较快的参数，以取得更高的编码效率。

```
./ffmpeg -video_size 1280x720 -i input_1280x720.yuv -vcodec libx264 -preset
veryslow -b:v 2000k -y output.h264
```

（2）指定编码的 tune。与 preset 类似，直接在选项-tune 中填入对应的 tune 名称即可指定编码器使用的 tune。

```
./ffmpeg -video_size 1280x720 -i input_1280x720.yuv -vcodec libx264 -preset
veryslow -tune film -b:v 2000k -y output.h264
```

（3）指定编码的档次。通过选项-profile 可以指定编码的档次，具体传入的参数可参考 x264 编码器支持的参数列表。

```
ffmpeg -video_size 1280x720 -i input_1280x720.yuv -c:v libx264 -profile baseline
-b:v 3000k -y output.h264
```

（4）指定场景切换阈值。在 x264 编码器编码过程中，通过选项-g 可以指定 GOP 长度。当场景大幅切换时，为了保证编码效率，编码器可能在场景切换位置强行插入一个关键帧。x264 编码器提供了可选参数--no-scenecut 和--scenecut。--no-scenecut 决定了是否禁止在场景切换时插入关键帧。--scenecut 用来设置关键帧插入的阈值，默认值为 40。该值设置得越高，编码器对场景切换越敏感，插入关键帧也就越频繁。如果把--scenecut 设为 0，或指定为--no-scenecut，则表示禁止该功能。

在 libx264 编码过程中，选项-sc_threshold 可以映射到--scenecut 实现该功能。如果想要禁止插入关键帧，则可以使用以下命令。

```
ffmpeg -video_size 1280x720 -i input_1280x720.yuv -c:v libx264 -profile baseline
-b:v 3000k -r 25 -gop 250 --scenecut 0 -y new_output.mp4
```

（5）设置 libx264 私有参数。对比 x264 和 ffmpeg 的参数可以明显看出，ffmpeg 并未映射 x264 所支持的全部参数，也就是说，x264 有相当多的参数是无法通过 ffmpeg 的选项进行设置的。为了解决这个问题，ffmpeg 定义了两个等价的选项：-x264opts 和-x264-params。这两个选项接收的参数值是一组 x264 的参数键值对，形式为 key1=value1:key2=value2:key3=value3。

例如，想要在编码时设置禁用 CABAC，并把每一帧分割为两个 slice，则可以使用以下命令。

```
ffmpeg -video_size 1280x720 -i input_1280x720.yuv -c:v libx264 -profile baseline
-b:v 3000k -r 25 -x264opts no-cabac=1:slices=2 -y new_output.mp4
```

7.4.11 从视频中截取图像

从视频中截取图像是多媒体开发中常见的需求。

从原理上理解，从视频中截取图像就是选择并抽取视频流中指定的某一帧图像，并按照指定的格式将图像文件保存到本地的指定位置。通过内部提供的图像复用器和解复用器，ffmpeg 可以很容易地从视频中截取指定图像。想要使用截图功能，就需要确保当前使用的 ffmpeg 已支持复用器 image2。

如果想要从一个输入视频文件中按照每秒 1 帧的速度进行截图，则可以通过以下命令实现。

```
ffmpeg -i input.mp4 -vsync cfr -r 1 'out-img-%03d.jpg'
```

在上述命令中，参数-r 1 表示 ffmpeg 将按照每秒 1 帧的速度进行截图，并保存为.jpg 格式。%03d 表示将以一个序列的形式顺序输出图像文件的文件名，具体如下。

- ◎ out-img-001.jpg。
- ◎ out-img-002.jpg。
- ◎ out-img-003.jpg。
- ◎ out-img-004.jpg。
- ◎ out-img-005.jpg。
- ◎ out-img-006.jpg。

......

在该命令中选项-vsync 表示视频帧同步的方法，它支持的参数如下。

◎　passthrough 或 0：将输入视频中所有选定的帧连同其时间戳传递给输出文件。

◎　cfr 或 1：复制或丢弃从输入视频中选定的帧，以维持恒定的输出帧率。

◎　vfr 或 2：把选定的输入帧连同时间戳传递给输出文件，但丢弃时间戳重复的帧。

◎　drop：丢弃所有时间戳信息，只传递选定的输入帧，输出时间戳由输出的复用器决定。

◎　auto 或-1：默认值，由输出的复用器选择 cfr 或 vfr 模式。

如果想要将截取的视频帧的时间戳作为文件名，则可以将选项-frame_pts 设为 1。

```
ffmpeg -i input.mp4 -frame_pts 1 '%d.jpg'
```

如果想要指定截图的时间点、总时长或总帧数，则可以通过 ffmpeg 支持的选项实现。

```
# 从视频的第 10s 开始截图，每秒 1 帧，共截取 10 帧
ffmpeg -ss 10 -i input.mp4 -r 1 -frames:v 10 'out-img-%03d.jpg'
```

将图像编码为视频

通过 ffmpeg 提供的基本信息可知，image2 不仅提供了复用器的功能，还提供了解复用器的功能。这意味着图像文件可以作为 ffmpeg 的输入文件进行处理。

假设已经有一组按一定规则命名的图像文件，下面使用 ffmpeg 将这组图像文件编码为视频。

```
ffmpeg -framerate 10 -i 'out-img-%03d.jpg' out.mp4
```

该命令指定选项-framerate 为 10，表示按照每秒 10 帧的速度将这组图像文件输出为视频文件。如果不指定该选项，则默认帧率为 25。

当图像编码为视频时可支持循环输入，将选项-loop 设为 1 即可。当循环输入时，可以在输出参数中指定输出总时长。

```
ffmpeg -loop 1 -i 'out-img-%03d.jpg' -t 180 img_vid.mp4
```

7.4.12　ffmpeg 视频转码

在学习了如何使用 ffmpeg 对视频进行解码和编码后，即可使用 ffmpeg 对视频进行转码操作。ffmpeg 转码流程如图 7-15 所示。

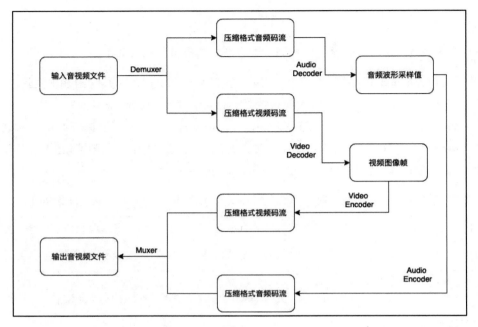

图 7-15

从本质上讲,对 ffmpeg 来说,未压缩的 YUV 图像和音频波形采样数据可以被视作一种特殊的格式,其特点是不需要进行解封装和解码操作。同理,H.264 格式的裸码流也可以被视作一种特殊的格式,该格式不需要进行解封装操作。因此,可以认为广义的 ffmpeg 转码是包含了封装、解封装、编码、解码等一系列操作的,不同的操作根据其特点会跳过不同的功能模块。

一个典型的 ffmpeg 转码操作通常是将一个音视频文件作为输入源,设置编码参数与封装格式,在指定输出文件后进行转码。例如,某编码命令可以直接用于对某个已有的视频文件进行转码。

```
ffmpeg -i input.flv -c:v libx264 -profile baseline -b:v 3000k -r 25 -x264opts
no-cabac=1:slices=2 -y new_output.mp4
```

第 8 章
滤镜图

8.1　ffmpeg 音视频滤镜

除对视频进行编解码和播放外，视频编辑也是 ffmpeg 提供的重要的基本功能之一。在编译 FFmpeg 的过程中，生成的库文件 libavfilter 提供了不同的滤镜（filter）来对视频信息和音频信息进行编辑。滤镜处理的是在转码过程中由解码器输出的，尚未进行编码的未压缩图像和音频采样数据。

在编辑过程中，通常是将多个滤镜组成一个滤镜图（Filtergraph）来实现更强大的功能。根据滤镜图的输入数量、输出数量和数据类型的不同，滤镜图可以分为简单滤镜图和复合滤镜图两类。

8.1.1　简单滤镜图

一个简单滤镜图只能接收一路数据输入，并提供一路类型相同的数据输出。因此可以认为简单滤镜图等效于在转码流程中插入了一个图像或音频采样信息编辑器，因此输出的信息与输入的信息相比发生了改变，如图 8-1 所示。

很多常用的视频编辑功能都可以用简单滤镜图实现。例如，通过对解码后的图像进行采样或插值，可以实现视频缩放功能，如图 8-2 所示。

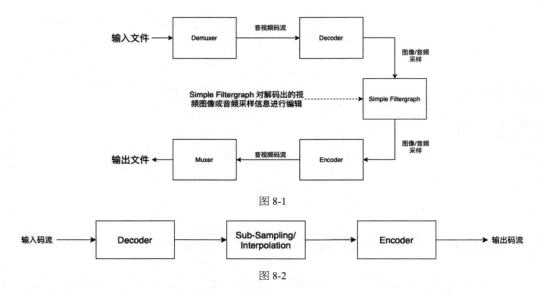

图 8-1

图 8-2

对音频信号而言，也可以用类似的方式实现音频降噪、音质增强等功能，如图 8-3 所示。

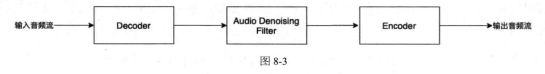

图 8-3

值得注意的是，并非所有的滤镜图都会改变音视频数据，部分滤镜图仅仅对图像帧或音频帧的属性进行修改，并不会改变信息本身。例如，设置图像帧率的滤镜图仅改变了单位时间内的图像数量，设置音视频帧时间戳的滤镜图仅修改了每一帧的显示时间戳信息。

8.1.2 复合滤镜图

从 8.1.1 节的叙述可知，一个简单滤镜图类似于一个"线性滤波器"，即由一个输入源提供数据，对数据进行编辑后将其输出到一个输出目标中。但对于一些更加复杂的场景，是无法用一个简单滤镜图实现的，此时便可以使用复合滤镜图。

与简单滤镜图相比，复合滤镜图通常具有多路的输入数据和输出数据，或者输入数据、输出数据的类型发生了改变，因此整个编辑流程呈现一种非线性结构。有多个输入数据和多个输出数据的复合滤镜图的工作流程如图 8-4 所示。

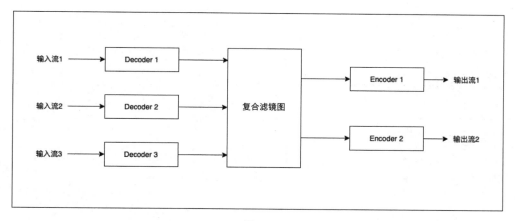

图 8-4

复合滤镜图可以实现简单滤镜图无法实现的功能。例如，一个典型的功能——视频分屏合并，即将多个视频按照指定的排列方式合并为一个视频。另一个例子是音频混合功能，即将两路音频流进行叠加，混合之后输出一路音频流。

8.1.3　ffmpeg 支持的滤镜列表

使用参数-filters 可以输出当前 ffmpeg 支持的所有滤镜。

```
ffmpeg -filters
```

部分输出结果如下所示。

```
Filters:
 T.. = Timeline support
 .S. = Slice threading
 ..C = Command support
 A = Audio input/output
 V = Video input/output
 N = Dynamic number and/or type of input/output
 | = Source or sink filter
 ... abench          A->A       Benchmark part of a filtergraph.
 ... acompressor     A->A       Audio compressor.
 ... acontrast       A->A       Simple audio dynamic range
compression/expansion filter.
 ... acopy           A->A       Copy the input audio unchanged to the output.
 ... acue            A->A       Delay filtering to match a cue.
 ... acrossfade      AA->A      Cross fade two input audio streams.
 ... acrossover      A->N       Split audio into per-bands streams.
```

```
... acrusher        A->A      Reduce audio bit resolution.
.S. adeclick        A->A      Remove impulsive noise from input audio.
.S. adeclip         A->A      Remove clipping from input audio.
T.. adelay          A->A      Delay one or more audio channels.
... aderivative     A->A      Compute derivative of input audio.
... aecho           A->A      Add echoing to the audio.
... aemphasis       A->A      Audio emphasis.
... aeval           A->A      Filter audio signal according to a specified
expression.
T.. afade           A->A      Fade in/out input audio.
TSC afftdn          A->A      Denoise audio samples using FFT.
... afftfilt        A->A      Apply arbitrary expressions to samples in
frequency domain.
.S. afir            AA->N     Apply Finite Impulse Response filter with
supplied coefficients in 2nd stream.
... aformat         A->A      Convert the input audio to one of the
specified formats.
... agate           A->A      Audio gate.
.S. aiir            A->N      Apply Infinite Impulse Response filter with
supplied coefficients.
...
```

ffmpeg 支持的滤镜有几百种之多，限于篇幅，本章仅介绍部分常用滤镜的使用方法，更多滤镜的使用方法请参考官方文档。

8.2 简单滤镜图的应用

使用选项-filter 即可调用简单滤镜图，该选项仅对输入文件中的某特定媒体流生效。如果想要指定针对某一路流，则可以使用以下方式。

◎ -filter:v：等效于-vf，指定对输入文件中的视频流进行滤镜操作。

◎ -filter:a：等效于-af，指定对输入文件中的音频流进行滤镜操作。

8.2.1 常用的视频编辑简单滤镜图

只需在-vf选项中传入适当的参数即可调用视频编辑简单滤镜图。

1. 视频镜像翻转

ffmpeg 中定义了 hflip 和 vflip 两个简单滤镜图，可以分别实现对一个视频进行水平镜像翻转和垂直镜像翻转。这里我们选用如图 8-5 所示的视频截图进行操作。

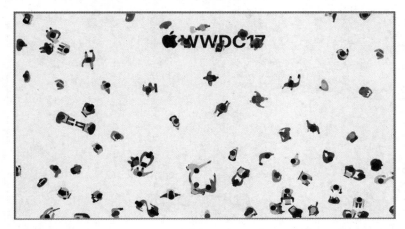

图 8-5

水平镜像翻转可以用如下命令实现。

```
ffmpeg -i input.mp4 -vf "hflip" output.mp4
```

水平镜像翻转后的视频播放效果如图 8-6 所示。

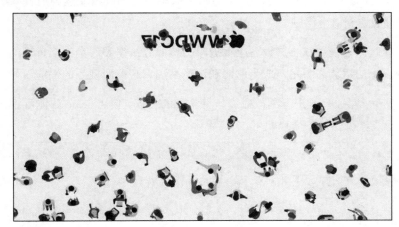

图 8-6

垂直镜像翻转可以用如下命令实现。

```
ffmpeg -i input.mp4 -vf "vflip" output.mp4
```

垂直镜像翻转后的视频播放效果如图 8-7 所示。

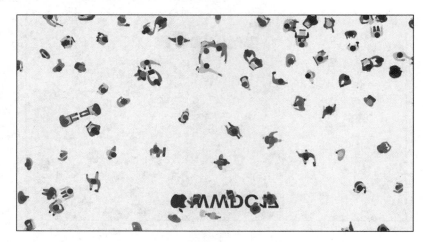

图 8-7

2．视频缩放

当一个高清或超高清的视频文件或视频流需要在多个平台播放和处理时，很可能需要对视频的分辨率进行转换。例如，适用于个人计算机或大屏电视的高清或超高清视频如果直接在手机上播放，则可能遇到以下问题。

◎　高清或超高清视频在小屏设备上播放时会造成分辨率和码率的浪费。

◎　部分设备的运算力不足，成为解码和渲染高清、超高清视频的性能瓶颈。

在这种情况下，对原视频进行缩放成为一种常见的需求。使用 scale 滤镜可以很容易地完成对视频的缩放功能，执行以下命令即可。

```
ffmpeg -i input.mp4 -vf scale=640x480 -y output.mp4
```

缩放后的视频播放效果如图 8-8 所示。

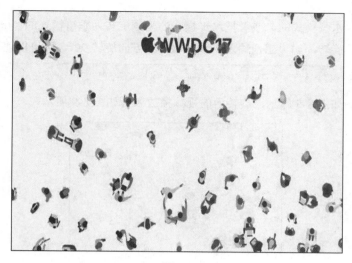

图 8-8

上述命令中的参数 scale 有多种等价写法，例如：

◎ scale=w=640:h=480。

◎ scale=640:480。

参数 scale 提供了多种预定义参数来表示输入视频文件的参数，例如，用 iw 和 ih 表示输入文件的宽和高，并用来计算缩放后的输出文件的宽和高。

◎ 将输入图像的宽和高各增加一倍：scale=w=2*iw:h=2*ih

◎ 将输入图像的宽和高各减少一半：scale=w=iw/2:h=ih/2

另外，在 ffmpeg 命令中直接指定输出文件的图像尺寸也可以达到类似的效果。

```
ffmpeg -i input.mp4 -s 640x480 -y output.mp4
```

指定输出文件的图像尺寸是指在 ffmpeg 滤镜图中添加一个 scale 滤镜，以实现缩放的功能。需要注意的是，使用这种方式添加的 scale 滤镜位于滤镜图的最后，它会直接将滤镜结果传给输出视频文件。如果想要在缩放后进行其他编辑操作，则应手动将 scale 滤镜添加到指定位置。

3. 视频画面旋转

当前，移动智能设备已经成为大众日常生活的必备品，使用智能手机等拍摄的视频总量已远远超过专业摄像设备拍摄的视频总量。智能手机等手持设备拍摄的视频有一个明显特点，即可以方便地使用水平模式或垂直模式拍摄。因此在后端处理时，经常出现这种需求，即把垂直模式的视频旋转为水平模式的，或者把水平模式的视频旋转为垂直模式的。transpose 滤镜可以轻松完成对视频的旋转，如果想把输入视频按顺时针方向旋转 90°，则可以使用以下命令。

```
ffmpeg -i input.mp4 -vf transpose=dir=clock -y output.mp4
```

原始视频截图如图 8-5 所示，旋转后的视频播放效果如图 8-9 所示。

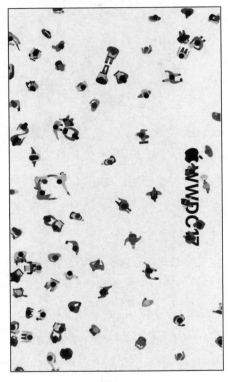

图 8-9

滤镜 transpose 中的参数 dir 决定了旋转的角度，参数 dir 的可取值如下。

◎ 0 或 cclock_flip：逆时针旋转 90°，并垂直翻转。

◎ 1 或 clock：顺时针旋转 90°。

◎ 2 或 cclock：逆时针旋转 90°。

◎ 3 或 clock_flip：顺时针旋转 90°，并垂直翻转。

播效果如图 8-10 所示。

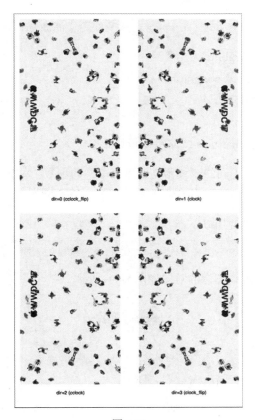

图 8-10

除旋转角度外，滤镜 transpose 还支持按方向旋转，使用参数 passthrough 即可。参数 passthrough 的可取值如下。

◎　none：无条件进行旋转。

◎　portrait：当输入视频为垂直模式（即 width 大于或等于 height）时不进行旋转。

◎　landscape：当输入视频为水平模式（即 width 小于或等于 height）时不进行旋转。

例如，想要将垂直模式的视频顺时针旋转 90°，则可以使用以下命令。

```
ffmpeg -i input.mp4 -vf transpos=dir=clock:passthrough=landscape -y output.mp4
ffmpeg -i input.mp4 -vf transpos=1:landscape -y output.mp4 # 与上一条命令等效
```

4. 视频图像滤波

在部分场景下，如果想要消除画面中的部分噪声或对包含敏感信息的图像进行模糊处理，就需要对视频的画面进行滤波处理。ffmpeg 支持多种图像滤波器，常用的是以下 5 种。

◎ 均值滤波（滤镜 avgblur）。

◎ 快速均值滤波（滤镜 boxblur）。

◎ 方向滤波（滤镜 dblur）。

◎ 高斯滤波（滤镜 gblur）。

◎ 保边滤波（滤镜 smartblur 或滤镜 yaepblur）。

由于算法的差异，选择不同的滤波器需要指定不同的参数。本节以最简单的均值滤波为例，演示视频滤波的效果，其他滤波器的参数配置可以参考官方文档。

想要使用均值滤波可以使用以下命令。

```
ffmpeg -i input.mp4 -vf avgblur=sizeX=10 -y output.mp4
```

原始视频图像与滤波视频图像的对比如图 8-11 所示。

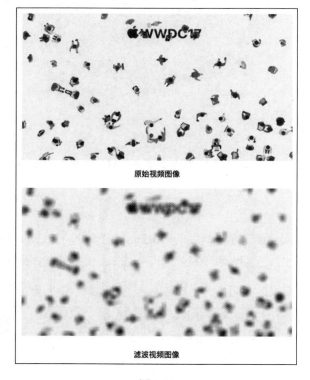

图 8-11

滤镜 avgblur 支持的参数如下。

◎　sizeX：滤波窗口的横向大小。

◎　planes：视频滤波的图像分量，默认对所有图像进行滤波。

◎　sizeY：滤波窗口的纵向大小，默认为 0，表示与横向大小一致。

5．视频图像锐化

如果想要对模糊的图像进行锐化，则可以使用滤镜 unsharp 实现。

```
ffmpeg -i input.mp4 -vf unsharp -y output.mp4
```

滤镜 unsharp 支持的参数如下。

◎　luma_msize_y, lx：亮度窗口横向大小，取值范围为[3,23]中的奇数，默认为 5。

◎　luma_msize_y, ly：亮度窗口纵向大小，取值范围为[3,23]中的奇数，默认为 5。

◎　luma_amount, la：亮度分量的滤波幅度值，取值范围为[-1.5, 1.5]，默认为 1.0。

◎　chroma_msize_x, cx：色度窗口横向大小，取值范围为[3,23]中的奇数，默认为 5。

◎　chroma_msize_y, cy：色度窗口纵向大小，取值范围为[3,23]中的奇数，默认为 5。

◎　chroma_amount, ca：色度分量的滤波幅度值，取值范围为[-1.5, 1.5]，默认为 0.0。

滤镜 unsharp 根据配置参数的不同可以实现锐化或平滑操作。当 luma_amount 和 chroma_amount 为正值时实现锐化操作，当它们为负值时实现平滑操作。例如，想要对亮度和色度分量进行平滑操作，则可以使用以下命令。

```
ffmpeg -i input.mp4 -vf unsharp=7:7:-1.5:7:7:-1.5 -y output.mp4
```

6．视频画面裁剪

如果想要从输入视频的画面中截取指定区域的内容，并将截取的子画面写入输出文件，则可以使用 crop 滤镜实现。crop 滤镜支持的参数如下。

◎　w 或 out_w：截取的输出视频文件的宽度。

◎　h 或 out_h：截取的输出视频文件的高度。

◎　x：截取内容在输入文件的左上坐标水平位置。

◎　y：截取内容在输入文件的左上坐标垂直位置。

◎　keep_aspect：维持输入文件的纵横比，默认为 0。

◎　exact：精准裁剪，默认为 0。

如果想要从输入视频文件的画面位置（100,150）处截取大小为 640 像素×480 像素的子画面，则可以使用以下命令。

```
ffmpeg -i input.mp4 -vf crop=w=640:h=480:x=100:y=150 -y output.mp4
ffmpeg -i input.mp4 -vf crop=640:480:100:150 -y output.mp4 # 与上一条命令等效
```

截取后的视频文件播放效果如图 8-12 所示。

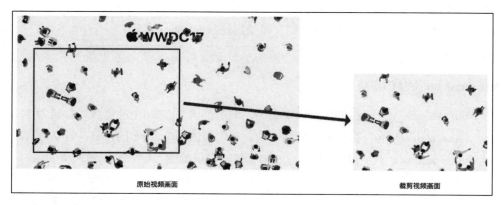

原始视频画面　　　　　　　　　　裁剪视频画面

图 8-12

crop 滤镜的参数还可以设置为以下常量，参与计算每一帧 w/h/x/y 的值。

◎ x/y：裁剪的位置，针对每一帧图像进行计算。

◎ in_w/in_h/iw/ih：输入视频图像的宽和高。

◎ out_w/out_h/ow/oh：输出视频图像的宽和高。

◎ a：输入视频的宽、高比例，等于 iw/ih。

◎ sar：输入视频像素的纵横比。

◎ dar：输出视频像素的纵横比，等于 sar× a。

◎ hsub/vsub：水平方向与垂直方向的色度亚采样比例。

◎ n：输入视频帧数，初始值为 0。

◎ pos：输入视频帧在视频文件中的位置。

◎ t：当前的显示时间戳。

在命令中引入上述常量值进行运算，可以实现更加复杂的裁剪操作。

7．视频时间裁剪

trim 滤镜可以对输入视频按时间进行裁剪。trim 滤镜支持的参数如下。

◎ start：裁剪起始时间，以秒为单位。

◎ end：裁剪截止时间（不包含），以秒为单位。

◎ start_pts：裁剪起始时间，以指定的时间基为单位。

◎ end_pts：裁剪截止时间（不包含），以指定的时间基为单位。

◎ duration：最长输出时间，以秒为单位。

◎ start_frame：裁剪起始帧。

◎ end_frame：裁剪截止帧（不包含）。

如果想要截取输入视频中第 2min 的内容，则可以使用以下命令。

```
ffmpeg -i input.mp4 -vf trim=start=60:end=120 -an -y output.mp4
```

如果只想保留第 1s 的内容，则可以使用以下命令。

```
ffmpeg -i input.mp4 -vf trim=duration=1 -an -y output.mp4
```

需要注意的是，trim 滤镜仅仅实现了数据裁剪操作，并未改变输入视频的时间戳信息。如果想让输出视频的时间戳从 0 开始，则需要在 trim 滤镜后添加 setpts 滤镜。

```
ffmpeg -i input.mp4 -vf "trim=60:120, setpts=PTS-STARTPTS" -an -y output.mp4
```

8．为视频添加渐入渐出效果

fade 滤镜可以在视频的开始和结束部分实现渐入渐出效果。fade 滤镜支持的参数如下。

◎ type 或 t：特效类型，默认为 in，表示渐入；out 表示渐出。

◎ start_frame 或 s：特效开始的帧序号，默认为 0。

◎ nb_frames 或 n：特效包含的总帧数，默认为 25。

◎ alpha：仅对 alpha 通道添加渐入渐出效果，默认为 0。

◎ start_time 或 st：特效开始的时间，默认为 0。

◎ duration 或 d：特效持续时长，默认为 0。

◎ color：特效颜色，默认为 black，即黑色。

如果想要在输入视频的前 3s 添加渐入效果，并且特效颜色为蓝色，则可以使用以下命令。

```
ffmpeg -i input.mp4 -vf fade=d=3:color=blue -y output.mp4
```

播放效果如图 8-13 所示。

图 8-13

9. 设置视频帧率

滤镜 fps 可以设置输入视频的帧率。当输入视频的帧率与设置帧率不一致时，ffmpeg 将通过丢帧或复制当前帧的方式确保输出视频帧率的稳定性。滤镜 fps 支持的参数如下。

◎ fps：指定输出视频的帧率，默认为 25。
◎ start_time：指定起始时间戳。
◎ round：时间戳近似方法。
◎ eof_action：末尾帧的处理方法。

通过以下命令可以将输入视频的帧率设置为 30 。

```
ffmpeg -i input.mp4 -vf fps=fps=30 -y output.mp4
```

10. 间隔抽取子视频帧

滤镜 framestep 可以实现每隔若干帧抽取一帧图像并编码到输出视频的功能。滤镜 framestep 仅支持 1 个参数，即 step，表示抽取图像帧的间隔，默认为 0。如果希望从输入视频中每隔 3 帧抽取 1 帧图像并编码到输出视频，则可以使用以下命令。

```
ffmpeg -i input.mp4 -vf framestep=step=3 -y output.mp4
```

11. 给视频添加水印

给视频添加水印是最常见的需求之一，广泛应用于内容编辑、知识产权保护等场景。给视频添加的水印通常有两种，即文字水印和图形水印。视频画面中的时间显示、版权方声明等信息通常使用文字水印；电视台台标等信息通常使用图形水印。在 ffmpeg 中，文字水印和图形水印可以使用不同的滤镜实现。

文字水印

滤镜 drawtext 可以给视频添加文字水印。想要使用滤镜 drawtext 及其附加功能，则需要确保当前 ffmpeg 在编译时开启了以下选项。

◎　--enable-libfreetype。

◎　--enable-libfontconfig。

◎　--enable-libfribidi。

滤镜 drawtext 的常用参数如表 8-1 所示。

表 8-1

参 数 名 称	类 型	说 明	默 认 值
box	bool	是否给文字添加背景框	0
boxborderw	int	文字背景框宽度	0
boxcolor	color	文字背景框颜色	white
line_spacing	int	文字背景框边距	0
borderw	int	边框宽度	0
bordercolor	color	边框颜色	black
expansion	枚举	文字对齐方式	normal
fontcolor	color	文字颜色	black
font	string	文字字体	Sans
fontfile	string	字体源文件	-
alpha	float	文字透明度	1.0
fontsize	int	文字大小	16
text_shaping	bool	文字锐化	1
shadowcolor	color	文字阴影颜色	black
shadowx/shadowy	int	文字阴影相对于文字的位置	0
start_number	int	添加文字水印的起始帧序号	0
tabsize	int	制表符间距	4
text	string	文字内容	-
textfile	string	文本文件	-
reload	bool	重新加载文本文件	0
x/y	int	文字水印位置	0

如果想要在画面左上角添加文字水印"Hello world!"，字体大小为 56，颜色为绿色，则可以使用以下命令。

```
ffmpeg -i input.mp4 -vf drawtext="fontsize=56:fontcolor=green:text='Hello
World'" -y output.mp4
```

播放效果如图 8-14 所示。

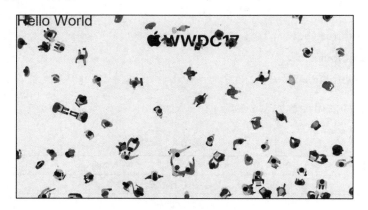

图 8-14

下面在画面的正中央显示输出视频编码的时间，设置字体颜色为蓝色，并添加黄色背景的文本框。

```
ffmpeg -i input.mp4 -vf
drawtext="fontsize=80:fontcolor=blue:fontfile=FreeSerif.ttf:box=1:boxcolor=y
ellow:text='%{localtime\:%a %b %d %Y}:x=(w-text_w)/2:y=(h-text_h)/2" -y
output.mp4
```

播放效果如图 8-15 所示。

图 8-15

更多关于滤镜 drawtext 的使用方法可以参考官方文档。

图像水印

除文字外，ffmpeg 还可以将图像甚至视频文件的帧作为水印添加到视频画面中，可以使用数据源 movie 和滤镜 overlay 实现。

数据源 movie 可以从一个媒体文件中读取音频流数据和视频流数据，滤镜 overlay 可以将读取的数据与输入的音视频流进行叠加。实际上，通过数据源 movie 和滤镜 overlay 可以实现多种类型的水印，如图像、视频等。限于篇幅，本节仅讨论如何添加图像水印。

数据源 movie 的常用参数如表 8-2 所示。

表 8-2

参 数 名 称	类　型	说　明	默认值
filename	string	水印媒体文件路径	-
format_name	string	水印媒体文件类型	-
seek_point	int	seek 时间	0
streams	string	选择从源文件读取的媒体流	dv
loop	int	循环次数	1
discontinuity	timestamp	允许的时间戳间隔	-

滤镜 overlay 的常用参数如表 8-3 所示。

表 8-3

参 数 名 称	类　型	说　明	默 认 值
x/y	int	在目标图像上叠加的位置坐标	0
eof_action	string	在叠加后操作	repeat
eval	string	计算水印坐标	frame
shortest	bool	在最短的流结束时停止	0
format	string	像素格式	yuv420
repeatlast	bool	重复叠加流的最后一帧	1

在计算滤镜 overlay 叠加坐标 *x/y* 时可选用表 8-4 中的参数参与计算。

表 8-4

参 数 名 称	说 明
main_w 或 W	主输入视频宽度
main_h 或 H	主输入视频高度
overlay_w 或 w	叠加输入视频宽度
overlay_h 或 h	叠加输入视频高度
hsub/vsub	水平与垂直方向的色度亚采样比例
n	输入帧序号，从 0 开始递增
pos	输入帧在文件中的位置
t	以秒为单位的时间戳

想要把水印图像直接添加在输入文件的每一帧上，则可以使用以下命令。

```
ffmpeg -i input.mp4 -vf
"movie=/Users/name/Downloads/ffmpeg.png[watermark];[in][watermark]overlay"
-y output.mp4
```

播放效果如图 9-16 所示。

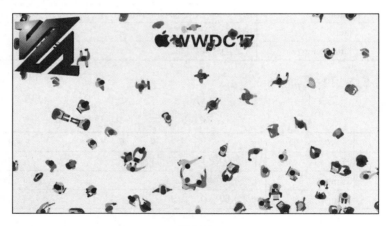

图 8-16

通过修改滤镜 overlay 的参数，可以改变水印添加的位置。例如，想要把水印添加在视频的右下角，则可以使用以下命令。

```
ffmpeg -i input.mp4 -vf "movie=/Users/name/Downloads/ffmpeg.png[watermark];
[in][watermark]overlay=main_w-overlay_w-10:main_h-overlay_h-10" -y output.mp4
```

播放效果如图 8-17 所示。

图 8-17

我们在 8.3.1 节中继续讨论滤镜 overlay 的更多用法。

8.2.2　常用的音频编辑简单滤镜图

只需在-af 选项中传入适当的参数即可调用音频编辑简单滤镜图。

1．音频回声

滤镜 aecho 可以在音频中添加回声特效，滤镜 aecho 支持的参数如下。

◎　in_gain：回声输入增益，默认为 0.6。

◎　out_gain：回声输出增益，默认为 0.3。

◎　delays：回声延迟，取值范围为(0 - 90000.0]，默认为 1000。

◎　decays：回声强度，取值范围为(0 - 1.0]，默认为 0.5。

按照默认参数为音频添加回声，可以使用以下命令。

```
ffmpeg -i input.mp3 -af aecho -y output.mp3
```

设置多个 delay 值和 decays 值可以模拟多重回声的场景。

```
ffmpeg -i input.mp3 -af "aecho=0.8:0.9:1000|1800:0.3|0.25" -y output.mp3
```

2．音频淡入淡出效果

淡入淡出是音频转场常用的特效之一，滤镜 afade 可以实现音频的淡入淡出效果，它支持的参数如下。

◎ type 或 t：in 为淡入效果，out 为淡出效果，默认为 in。

◎ start_sample 或 ss：设置淡入淡出的起始采样点，默认为 0。

◎ nb_samples 或 ns：设置淡入淡出编辑的采样点总数，默认为 44100。

◎ start_time 或 st：设置淡入淡出的开始时间，默认为 0。

◎ duration 或 d：设置淡入淡出的总编辑时长，默认由 nb_samples 决定。

◎ curve：设置音频变化曲线，默认为 tri。

如果想要给音频文件的前 15s 添加淡入效果，则可以使用以下命令。

```
ffmpeg -i input.mp3 -af afade=d=15 -y output.mp3
```

如果想要截出音频文件的前 20s，同时为最后 10s 添加淡出效果，则可以使用以下命令。

```
ffmpeg -t 20 -i input.mp3 -af afade=t=out:st=10:d=10 -y output.mp3
```

3．音频循环

滤镜 aloop 可以循环播放音频，它支持的参数如下。

◎ loop：循环次数，默认为 1；-1 表示无限循环。

◎ size：最大采样点数，默认为 0。

◎ start：循环起始采样点，默认为 0。

如果想要让音频循环播放 5 次再退出，则可以使用以下命令。

```
ffmpeg -i input.mp3 -af aloop=loop=4:size=100000 -y output.mp3
```

在完成第 1 次播放后，该音频将继续循环播放 4 次后才会退出。

4．音频裁剪

裁剪音频流可以使用滤镜 atrim。滤镜 atrim 支持的参数如下。

◎ start：裁剪起始时间，以秒为单位。

◎ end：裁剪截止时间（不包含），以秒为单位。

◎ start_pts：裁剪起始时间，以音频采样点的时间戳为单位。

◎ end_pts：裁剪截止时间（不包含），以音频采样点的时间戳为单位。

◎ duration：最长输出时间，以秒为单位。

◎ start_frame：裁剪起始帧。

◎ end_frame：裁剪截止帧（不包含）。

滤镜 atrim 不会改变音频包的时间戳。如果想让输出的音频文件的时间戳从 0 开始，则应在滤镜 atrim 的后面添加滤镜 asetpts。例如，对输入音频进行裁剪并输出第 2min 的内容，可以使用以下命令。

```
ffmpeg -i input.mp3 -af "atrim=60:120, asetpts=PTS-STARTPTS" -y output.mp3
```

5. 音频音量的检测与调节

滤镜 volumedetect 可以检测音频的音量。滤镜 volumedetect 的使用方法非常简单，不仅没有任何输入参数，而且不需要指定输出文件，例如：

```
ffmpeg -i input.mp3 -af volumedetect -f null -
```

在上述命令中，输出格式指定为空，并且不添加任何输出文件。该命令会输出音频的音量，如下。

```
[Parsed_volumedetect_0 @ 0x7fd1676042c0] n_samples:       15690192
[Parsed_volumedetect_0 @ 0x7fd1676042c0] mean_volume:     -18.8 dB
[Parsed_volumedetect_0 @ 0x7fd1676042c0] max_volume:      -0.5 dB
[Parsed_volumedetect_0 @ 0x7fd1676042c0] histogram_0db:   7
[Parsed_volumedetect_0 @ 0x7fd1676042c0] histogram_1db:   65
[Parsed_volumedetect_0 @ 0x7fd1676042c0] histogram_2db:   499
[Parsed_volumedetect_0 @ 0x7fd1676042c0] histogram_3db:   2667
[Parsed_volumedetect_0 @ 0x7fd1676042c0] histogram_4db:   8478
[Parsed_volumedetect_0 @ 0x7fd1676042c0] histogram_5db:   20339
```

如果想要调节音频的音量，则可以使用滤镜 volume，该滤镜支持的参数如下。

◎ volume：设置目标音频音量，默认为 1.0。

◎ precision：设置调节精度，可选 fixed、float（默认）或 double。

◎ eval：按一次或每帧设置音量，可选 once（默认）或 frame。

将输入文件的音量调节至原来的一半，可以使用以下命令。

```
ffmpeg -i input.mp3 -af volume=0.5 -y output.mp3
```

使用滤镜 volumedetect 检测输出文件的音量，输出结果如下。

```
[Parsed_volumedetect_0 @ 0x7f9a9b204080] n_samples:      15690192
[Parsed_volumedetect_0 @ 0x7f9a9b204080] mean_volume:    -25.2 dB
[Parsed_volumedetect_0 @ 0x7f9a9b204080] max_volume:     -6.8 dB
[Parsed_volumedetect_0 @ 0x7f9a9b204080] histogram_6db:  2
[Parsed_volumedetect_0 @ 0x7f9a9b204080] histogram_7db:  32
```

```
[Parsed_volumedetect_0 @ 0x7f9a9b204080] histogram_8db:        240
[Parsed_volumedetect_0 @ 0x7f9a9b204080] histogram_9db:        1518
[Parsed_volumedetect_0 @ 0x7f9a9b204080] histogram_10db:       5459
[Parsed_volumedetect_0 @ 0x7f9a9b204080] histogram_11db:       14399
```

以下命令可以将输入文件的音量提升 6dB 并写入输出文件。

```
ffmpeg -i input.mp3 -af volume=volume=6dB:precision=fixed -y output.mp3
```

检测新的输出文件的音量，结果如下。

```
[Parsed_volumedetect_0 @ 0x7fa96471e9c0] n_samples:       15690192
[Parsed_volumedetect_0 @ 0x7fa96471e9c0] mean_volume:     -13.2 dB
[Parsed_volumedetect_0 @ 0x7fa96471e9c0] max_volume:      0.0 dB
[Parsed_volumedetect_0 @ 0x7fa96471e9c0] histogram_0db:   47398
```

8.3 复合滤镜图的应用

在 ffmpeg 中，通过选项-filter_complex 即可使用复合滤镜图，该选项可以兼容音频流和视频流。

如果在对音视频进行编辑的同时需要操作超过一路的输入流或输出流，则必须使用复合滤镜图，因为使用简单滤镜图将导致程序错误。与简单滤镜图相比，复合滤镜图可以合并、分割音视频文件的多路数据流，实现更加复杂的特效，在实际开发中应用十分广泛。

8.3.1 常用的视频编辑复合滤镜图

1. 视频画面融合

滤镜 blend 可以实现视频画面融合的功能，即将两路输入视频的图像融合并输出为一路视频。滤镜 blend 支持的参数如下。

◎ all_mode：像素融合模式。

◎ all_opacity：设置融合的不透明度。

◎ all_expr：指定像素融合计算表达式。

在 all_expr 中，有多个值可以参与计算。

◎ N：视频帧序号，从 0 开始递增。

◎ X/Y：当前像素的坐标。

◎ W/H：当前视频帧颜色分量的宽和高。

◎　SW/SH：当前视频帧颜色分量与亮度分量的宽高比。

◎　T：当前帧的时间，以秒为单位。

◎　TOP/A：顶层视频帧的像素值。

◎　BOTTOM/B：底层视频帧的像素值。

下面的命令可以将输入文件"input1.mp4"和"input2.mp4"的画面融合到输出文件"output.mp4"中，输出画面为两个输入视频画面自左向右的线性平滑过渡。

```
ffmpeg -t 15 -i input1.mp4 -t 15 -i input2.mp4 -filter_complex
blend=all_expr='A*(X/W)+B*(1-X/W)' -y output.mp4
```

两个输入视频画面如图 8-18 所示。

图 8-18

融合后的输出视频画面如图 8-19 所示。

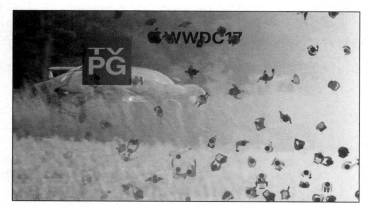

图 8-19

2．视频图像叠加

前面曾简单介绍过滤镜 overlay 的用法。除了水印，滤镜 overlay 还可以实现很多复杂的功能，其中，叠加两个输入视频的图像为最常见的操作之一。

如果想要对视频进行上下叠加操作，就必须为输出视频创建一个画布，把参与叠加的画面都绘制在该画布中。

首先，在滤镜图中创建画布。例如，想要叠加两个尺寸均为 1280 像素×720 像素的视频，则可以使用以下参数创建一个 1280 像素×1440 像素的空画布，并将输出接口命名为"background"。

```
nullsrc=size=1280x1440 [background];
```

其次，从两个输入文件中提取视频流，使用滤镜 setpts 设置时间戳从 0 开始，并把输出接口分别命名为[up]和[down]。

```
[0:v] setpts=PTS-STARTPTS [up];
[1:v] setpts=PTS-STARTPTS [down];
```

最后，使用滤镜 overlay 依次将两个输入视频的画面叠加到画布上。

```
[background][up] overlay=shortest=1 [bg+up];
[bg+up][down] overlay=shortest=1:y=720;
```

完整实现视频画面上下叠加的命令如下所示。

```
ffmpeg -i input1.mp4 -i input2.mp4 -filter_complex "nullsrc=size=1280x1440
[background];[0:v] setpts=PTS-STARTPTS [up];[1:v] setpts=PTS-STARTPTS
[down];[background][up] overlay=shortest=1 [bg+up];[bg+up][down]
overlay=shortest=1:y=720" -map 1:a -y output.mp4
```

依然使用图 8-18 所示的两个输入视频画面，叠加后的输出视频画面如图 8-20 所示。

图 8-20

3．视频拼接

为了便于保存和处理，我们时常需要将多个短视频文件按顺序拼接为一个长视频文件。在 ffmpeg 中，滤镜 concat 可以实现视频拼接功能，它支持的参数如下。

◎ n：指定输入短视频片段的个数，默认为 2。

◎ v：指定输出文件中视频流的路数，该值等于每个短视频片段中的视频流路数，默认为 1。

◎ a：指定输出文件中音频流的路数，该值等于每个短视频片段中的音频流路数，默认为 0。

滤镜 concat 共包含 n×(v+a)个输入接口和 v+a 个输出接口，输入接口和输出接口的排列顺序与输入短视频片段的顺序一致。如果想要将三个短视频片段拼接为一个长视频，并且每个片段都包含一路音频流和一路视频流，则可以使用以下命令。

```
ffmpeg -i input1.mp4 -i input2.mp4 -i input3.mp4 -filter_complex "[0:0] [0:1]
[1:0] [1:1] [2:0] [2:1] concat=n=3:a=1 [v] [a]" -map '[v]' -map '[a]' -y output.mp4
```

8.3.2 常用的音频编辑复合滤镜图

1. 音频混合

音频混合是最常见的操作之一，例如，为拍摄素材添加背景音乐、在 KTV 录制时融合歌声与伴奏等。在 ffmpeg 中，滤镜 amix 可以实现音频混合功能，它支持的参数如下。

◎ inputs：输入流个数，默认为 2。

◎ duration：判断输出时长，可选的值如下。

 ⊙ longest：默认值，以最长时长的输入流为基准。

 ⊙ shortest：以最短时长的输入流为基准。

 ⊙ first：以第 1 路输入流的时长为基准。

◎ dropout_transition：某一路流结束后的过渡时长，默认为 2s。

◎ weights：各路音频流的权重，以空格分隔，默认所有流的权重相同。

如果想要将两个音频文件混合，则可以使用以下命令。

```
ffmpeg -i input1.mp3 -i input2.mp3 -filter_complex amix=duration=first -y
output.mp3
```

2. 音频声道的混合运算和提取

在 ffmpeg 中，滤镜 pan 可以实现音频声道的混合、运算和提取等功能，它支持的参数如下。

◎ l：输出的声道数或声道布局。

◎ outdef：输出声道的表达式，各个表达式之间以"|"分隔。

◎ out_name：输出声道标识符，以声道名称或序号表示。

◎ gain：输出声道增益值，1 表示保持该声道原有音量不变。

◎ in_name：输入声道名称，与 out_name 类似，以声道名称或序号表示。

使用以下命令可以将一个立体声音频文件的左右声道分离，并分别写入两个音频文件。

```
ffmpeg -i input.mp3 -filter_complex "[0:0] pan=1c|c0=c0 [channel0];
[0:0]pan=1c|c0=c1 [channel1]" -map "[channel0]" ./channel0.mp3 -map
"[channel1]" ./channel1.mp3
```

通过 ffprobe 对输入文件 input.mp3 和两个输出文件 channel0.mp3 与 channel1.mp3 进行格式检测可知，立体声音频文件 input.mp3 被分割为两个单声道文件 channel0.mp3 与 channel1.mp3。

input.mp3 的输出结果如下。

```
Duration: 00:02:57.92, start: 0.025057, bitrate: 128 kb/s
  Stream #0:0: Audio: mp3, 44100 Hz, stereo, fltp, 128 kb/s
  Metadata:
    encoder        : LAME3.99r
  Side data:
    replaygain: track gain - -5.000000, track peak - unknown, album gain - unknown,
       album peak - unknown,
```

channel0.mp3 和 channel1.mp3 的输出结果如下。

```
Duration: 00:02:57.92, start: 0.025057, bitrate: 64 kb/s
  Stream #0:0: Audio: mp3, 44100 Hz, mono, fltp, 64 kb/s
Duration: 00:02:57.92, start: 0.025057, bitrate: 64 kb/s
  Stream #0:0: Audio: mp3, 44100 Hz, mono, fltp, 64 kb/s
```

第9章
流媒体应用

在对流媒体进行相关操作之前，需要构建流媒体服务器，以接收推流端发送的数据，并对数据进行转发等操作。经过多年的发展，已经有多种开源的流媒体服务框架在业界得到应用，其中比较著名的有 SRS、live555、EasyDarwin 和 Nginx+nginx-rtmp-module。

除上述开源项目外，还有多种商业软件可供选择，它们稳定可靠、使用友好，并且服务保障更加完善。其中，常用的是 Adobe Media Server 和 Wowza Streaming Engine。考虑到经济成本和易用性，本章分别使用 SRS 和 Nginx + nginx-rtmp-module 来实现简单的流媒体服务，并使用 FFmpeg 进行转码和推拉流操作。

9.1　构建 SRS 流媒体服务

SRS 的全称为 Simple Realtime Streaming Server。从它的名称可以看出，SRS 的最初目的是开发一个简单、高效且易用的实时流媒体服务器。经过若干年的演进，SRS 已经成为国产开源项目的杰出代表之一。

SRS 的下载与编译

获取 SRS 的项目代码及附加资源。

```
git clone https://github.com/ossrs/srs.git
cd srs/trunk
```

对 SRS 进行编译。

```
./configure # 在 mac 系统上编译时需要添加参数 --osx
make
```

在编译后，在命令行中将显示以下信息。

```
The build summary:
    +----------------------------------------------------------------
--------------
    For SRS benchmark, gperf, gprof and valgrind, please read:
        http://blog.csdn.XXX/win_lin/article/details/53503869
    +----------------------------------------------------------------
--------------
    |The main server usage: ./objs/srs -c conf/srs.conf, start the srs server
    |     About HLS, please read
             https://github.XXX/ossrs/srs/wiki/v2_CN_DeliveryHLS
    |     About DVR, please read https://github.com/ossrs/srs/wiki/v3_CN_DVR
    |     About SSL, please read
             https://github.XXX/ossrs/srs/wiki/v1_CN_RTMPHandshake
    |     About transcoding, please read
             https://github.XXX/ossrs/srs/wiki/v3_CN_FFMPEG
    |     About ingester, please read
             https://github.XXX/ossrs/srs/wiki/v1_CN_Ingest
    |     About http-callback, please read
             https://github.XXX/ossrs/srs/wiki/v3_CN_HTTPCallback
    |     Aoubt http-server, please read
             https://github.XXX/ossrs/srs/wiki/v2_CN_HTTPServer
    |     About http-api, please read
             https://github.XXX/ossrs/srs/wiki/v3_CN_HTTPApi
    |     About stream-caster, please read
             https://github.XXX/ossrs/srs/wiki/v2_CN_Streamer
    |     (Disabled) About VALGRIND, please read
             https://github.XXX/ossrs/state-threads/issues/2
    +----------------------------------------------------------------
--------------
binaries, please read https://github.XXX/ossrs/srs/wiki/v2_CN_Build
You can:
      ./objs/srs -c conf/srs.conf
               to start the srs server, with config conf/srs.conf.
```

根据上述提示，执行./objs/srs -c conf/srs.conf 即可启动 SRS，日志如下。

```
[2020-09-18 18:40:15.922][Trace][98086][0] XCORE-SRS/3.0.143(OuXuli)
[2020-09-18 18:40:15.923][Trace][98086][0] config parse complete
[2020-09-18 18:40:15.923][Trace][98086][0] write log to file ./objs/srs.log
[2020-09-18 18:40:15.923][Trace][98086][0] you can: tailf ./objs/srs.log
[2020-09-18 18:40:15.923][Trace][98086][0] @see:
https://github.com/ossrs/srs/wiki/v1_CN_SrsLog
```

此时，在浏览器中输入 http://127.0.0.1:8080/nginx.html，页面将显示对应的 HTML 文件中的内容："Nginx is ok."。

9.1.1 部署 RTMP 流媒体服务

在编译 SRS 后，在启动时通过指定不同的配置文件，即可使用 SRS 的不同功能。例如，想要部署 SRS 的 RTMP 流媒体服务，则在启动时需要指定配置文件 rtmp.conf。该配置文件的默认内容如下。

```
# the config for srs to delivery RTMP
# @see https://github.com/ossrs/srs/wiki/v1_CN_SampleRTMP
# @see full.conf for detail config.

listen              1935;
max_connections     1000;
daemon              off;
srs_log_tank        console;
vhost __defaultVhost__ {
}
```

启动 SRS。

```
./objs/srs -c conf/rtmp.conf
```

在启动 SRS 时，有可能会遇到如下错误提示。

```
[2020-12-23 11:54:54.935][Error][68596][0][0] invalid max_connections=1000,
    required=1106, system limit to 256, total=1006(max_connections=1000,
    nb_consumed_fds=6). you can change max_connections from 1000 to 249, or you can
    login as root and set the limit: ulimit -HSn 1106
[2020-12-23 11:54:54.947][Error][68596][0][0] Failed, code=1023 : check config :
    check connections : 1006 exceed max open files=256
thread [68596][0]: do_main() [src/main/srs_main_server.cpp:175][errno=0]
thread [68596][0]: check_config() [src/app/srs_app_config.cpp:3459][errno=0]
thread [68596][0]: check_number_connections()
[src/app/srs_app_config.cpp:3901][errno=0]
```

根据错误提示可知，该错误产生的原因是配置文件中的参数 max_connections 与系统当前的配置不兼容，将该值修改为 249 以下的值即可。此处我们将其修改为 100 并重新启动。启动后，终端输出的日志如下。

```
[2020-12-23 16:12:55.905][Trace][78297][0] srs checking config...
[2020-12-23 16:12:55.905][Trace][78297][0] ips, iface[0] en0 ipv4 0x8863
    10.151.124.79, iface[1] en0 ipv6 0x8863
    fe80::413:accd:eaef:78fe6.953121e-310n0, iface[2] llw0 ipv6 0x8863
    fe80::f0fe:2ff:feee:812w0, iface[3] en5 ipv6 0x8863
    fe80::aede:48ff:fe00:11226.938193e-310n5
……
[2020-12-23 16:12:55.909][Trace][78297][0] http: root mount
    to ./objs/nginx/html
[2020-12-23 16:12:55.910][Trace][78297][0] st_init success, use kqueue
[2020-12-23 16:12:55.910][Trace][78297][860] server main cid=860, pid=78297,
    ppid=85356, asprocess=0
[2020-12-23 16:12:55.911][Trace][78297][860] write pid=78297 to ./objs/srs.pid
    success!
[2020-12-23 16:12:55.912][Trace][78297][860] RTMP listen at tcp://0.0.0.0:1935,
    fd=7
[2020-12-23 16:12:55.912][Trace][78297][860] signal installed, reload=1,
    reopen=30, fast_quit=15, grace_quit=3
[2020-12-23 16:12:55.912][Trace][78297][860] http: api mount /console
    to ./objs/nginx/html/console
```

在部署后，在推流端即可向 SRS 推流。我们可以使用以下命令将一个本地视频文件通过 ffmpeg 推流到 SRS，命令如下。

```
ffmpeg -re -i ./input.mp4 -codec copy -f flv -y
rtmp://10.151.124.79/live/livestream
```

在该命令中，IP 地址 10.151.124.79 为 SRS 的地址，在实践中，应当根据实际的 IP 地址进行替换。对比之前使用 ffmpeg 进行本地文件的转码、转封装操作，在使用 ffmpeg 将本地视频文件推送到 SRS 时，我们增加了 1 个参数-re。该参数的作用是模拟媒体文件的正常播放顺序，读取其中的音视频流数据并将其向 SRS 推流。如果不使用该参数，则 ffmpeg 会以最快的速度读取并向 SRS 推送音视频包，而这会导致播放速度异常。

在推流成功后，就可以通过客户端从指定的 URL（rtmp://10.151.124.79/live/livestream）获取推流端发送的流媒体数据了。例如，想要通过 ffplay 播放流媒体信息，只需将该 URL 作为输入信息传入即可。

```
ffplay -i rtmp://10.151.124.79/live/livestream
```

9.1.2 部署 HLS 流媒体服务

与部署 RTMP 流媒体服务类似，在部署 HLS 流媒体服务时可以选择对应的配置文件 hls.conf。该配置文件的默认内容如下。

```
# the config for srs to delivery hls
# @see https://github.com/ossrs/srs/wiki/v1_CN_SampleHLS
# @see full.conf for detail config.

listen              1935;
max_connections     1000;
daemon              off;
srs_log_tank        console;
http_server {
    enabled         on;
    listen          8080;
    dir             ./objs/nginx/html;
}
vhost __defaultVhost__ {
    hls {
        enabled         on;
        hls_fragment    10;
        hls_window      60;
        hls_path        ./objs/nginx/html;
        hls_m3u8_file   [app]/[stream].m3u8;
        hls_ts_file     [app]/[stream]-[seq].ts;
    }
}
```

将 max_connections 参数改为 100，然后使用以下命令启动 SRS。

```
./objs/srs -c conf/hls.conf
```

在使用 ffmpeg 推流时，推流的方式与 RTMP 推流的方式一致，命令如下。

```
ffmpeg -re -i ./input.mp4 -codec copy -f flv -y
rtmp://10.151.124.79/live/livestream
```

在推流成功后，即可播放 HLS 格式的媒体流。

```
ffplay -i http://192.168.0.108:8080/live/livestream.m3u8
```

9.1.3　部署 HTTP-FLV 流媒体服务

在启动 SRS 时指定配置文件 http.flv.live.conf，即可使 SRS 支持以 HTTP-FLV 格式分发直播流。配置文件 http.flv.live.conf 的默认内容如下。

```
# the config for srs to remux rtmp to flv live stream.
# @see https://github.com/ossrs/srs/wiki/v2_CN_DeliveryHttpStream
# @see full.conf for detail config.

listen                    1935;
max_connections           1000;
daemon                    off;
srs_log_tank              console;
http_server {
    enabled               on;
    listen                8080;
    dir                   ./objs/nginx/html;
}
vhost __defaultVhost__ {
    http_remux {
        enabled           on;
        mount             [vhost]/[app]/[stream].flv;
    }
}
```

将 max_connections 参数修改为 100，然后使用以下命令启动 SRS。

```
./objs/srs -c conf/http.flv.live.conf
```

在使用 ffmpeg 推流时，推流的方式与以 RTMP 推流的方式一致，具体如下。

```
ffmpeg -re -i ./input.mp4 -codec copy -f flv -y
rtmp://10.151.124.79/live/livestream
```

在推流成功后，即可播放 HTTP-FLV 格式的媒体流。

```
ffplay -i http://192.168.0.108:8080/live/livestream.flv
```

9.2　构建 Nginx RTMP 流媒体服务

Nginx 是当前业界应用最广泛的服务器软件之一，在 Web 服务、代理服务和邮件服务领域都占据大量份额。与 Apache 等同类型的服务器软件相比，Nginx 具有更高的性能和更低的系统资源消耗，并且提供了多种强大的功能模块及优异的扩展性。除此之外，Nginx 还支持跨平台开发与部署，配置操作简单，为使用 Nginx 的开发者提供了较大的便利。

在编写本章时，Nginx 的主线开发版本为 1.19.6 版，稳定版本为 1.18.0 版，同时提供了多个历史版本的存档。在无特殊需求的情况下，推荐使用当前的稳定版本，即 1.18.0 版。

9.2.1 Nginx 的编译和部署

本节以 Ubuntu 系统为例，讲解 Nginx 的编译和部署过程。在 Nginx 的官方网站上提供了源代码的下载链接，因此可以通过 wget 等命令方便地获取并解压缩。

```
mkdir ~/Code/open_source/Nginx
cd ~/Code/open_source/Nginx
wget https://nginx.org/download/nginx-1.18.0.tar.gz
tar -xzvf nginx-1.18.0.tar.gz
```

在解压缩后，所有源代码目录中的内容都将存放在当前目录的 nginx-1.18.0 文件夹中。

在编译 Nginx 源代码之前，应当安装编译所需的若干依赖库，如 libpcre、openssl、zlib。以 Ubuntu 系统为例，可以通过以下命令安装上述依赖库。

```
sudo apt-get update
sudo apt-get install libpcre3 libpcre3-dev
sudo apt-get install openssl libssl-dev
sudo apt-get install zlib1g zlib1g-dev
```

1. Nginx 源代码编译

与其他许多面向类 UNIX 系统的 C/C++开源工程类似，Nginx 的主要编译流程同样由 configure—make—make install 三步实现。首先，进入源代码目录，查看 configure 文件提供的配置选项。

```
cd nginx-1.18.0
configure --help
```

在命令行窗口，configure 文件将输出以下帮助信息（仅展示一部分）。

```
# configure help
--help                             print this message

--prefix=PATH                      set installation prefix
--sbin-path=PATH                   set nginx binary pathname
```

```
--modules-path=PATH               set modules path
--conf-path=PATH                  set nginx.conf pathname
--error-log-path=PATH             set error log pathname
--pid-path=PATH                   set nginx.pid pathname
--lock-path=PATH                  set nginx.lock pathname

# ......
```

通过在 configure 文件中指定对应的参数,即可对 Nginx 的编译过程进行一定程度的定制化,如设置安装目录、可执行程序名称和默认引用的配置文件等。在源代码文件的同级目录中新建目录 nginx_output,将其作为编译输出目录,并对工程进行配置和编译。

```
mkdir ../nginx_output
./configure --prefix=../nginx_output
make
make install
```

完成后,在目标目录 ../nginx_output 中可以看到已经成功生成的文件目录。

```
conf  html  logs  sbin
```

2. Nginx 的配置与部署

Nginx 在运行时会从指定的文件中读取配置信息,其中最核心的文件是 nginx.conf,即 Nginx 默认引用的配置文件。通过该文件可以配置 Nginx 的绝大部分常用功能。在编译 Nginx 源代码后,在 nginx_output/conf 目录中可以找到自动生成的 nginx.conf 文件,其默认内容如下。

```
#user  nobody;
worker_processes  1;

events {
    worker_connections  1024;
}

http {
    include             mime.types;
    default_type        application/octet-stream;

    sendfile            on;
    #tcp_nopush  on;

    #keepalive_timeout  0;
    keepalive_timeout  65;
```

```
#gzip  on;

server {
    listen       80;
    server_name  localhost;

    #charset koi8-r;

    #access_log  logs/host.access.log  main;

    location / {
        root   html;
        index  index.html index.htm;
    }

    #error_page  404              /404.html;

    # redirect server error pages to the static page /50x.html
    #
    error_page   500 502 503 504  /50x.html;
    location = /50x.html {
        root   html;
    }
}
}
```

文件 nginx.conf 中各个配置项的含义如表 9-1 所示。

表 9-1

配 置 项	默 认 值	含 义
user	nobody	运行用户名
worker_processes	1	工作进程数
error_log	logs/error.log	错误日志文件
pid	logs/nginx.pid	pid 文件
worker_connections	1024	单个服务可接收的最大连接数
http 块	-	HTTP 服务配置
include	mime.types	设定文件类型，通过 mime.type 指定
default_type	application/octet-stream	默认文件类型
log_format	-	设定日志格式
sendfile	on	是否通过 sendfile 传输文件

续表

配置项	默认值	含　义
keepalive_timeout	65	连接超时时间
gzip	on	是否开启 gzip 压缩
server 块	-	虚拟主机配置
listen	80	默认监听端口
server_name	localhost	默认服务名称
location /	-	默认请求
root	html	默认访问根目录
index	index.html index.htm	首页索引文件
error_page	/50x.html	错误页面

在 Nginx 编译完成后，生成的可执行程序位于 nginx_output/sbin 目录中。Nginx 的可执行程序内置了简单的帮助信息，通过参数-h 即可查看。

```
./sbin/nginx -h
```

输出的帮助信息如下。

```
-?,-h:          this help
-v:             show version and exit
-V:             show version and configure options then exit
-t:             test configuration and exit
-T:             test configuration, dump it and exit
-q:             suppress non-error messages during configuration testing
-s signal:      send signal to a master process: stop, quit, reopen, reload
-p prefix:      set prefix path (default: ../nginx_output/)
-c filename:    set configuration file (default: conf/nginx.conf)
-g directives:  set global directives out of configuration file
```

根据提示，使用以下命令可以输出当前 Nginx 的版本号。

```
./sbin/nginx -v
```

输出如下。

```
nginx version: nginx/1.18.0
```

在输出的帮助信息中最常用的参数是-s，示例如下。

```
./sbin/nginx -s quit # 退出 Nginx
./sbin/nginx -s stop # 强行停止 Nginx
./sbin/nginx -s reload # 重启 Nginx
```

如果不加任何参数，直接调用生成的可执行程序，则可按照默认配置启动 Nginx 服务。

```
./sbin/nginx #若遇到权限限制则可使用 sudo 模式启动
```

启动后在浏览器地址栏输入 localhost，如果显示 "Welcome to nginx"，则表示启动成功。

9.2.2 Nginx 的流媒体模块 nginx-rtmp-module

除代理服务等基本功能外，Nginx 依靠其优秀的性能和广泛的市场应用份额在当前在线音视频相关业务中越来越受到重视。其中，视频直播和点播作为全网流量最大、应用最广泛的业务模式之一，也希望可以充分利用 Nginx 的各项优势。为此，nginx-rtmp-module 这一影响力最大的 Nginx 流媒体模块应运而生。

nginx-rtmp-module 采用了限制较为宽松的 BSD 开源协议，因而各大商用解决方案厂商可以基于 nginx-rtmp-module 进行二次开发和发行。不仅如此，nginx-rtmp-module 还衍生了多个分支版本，例如，nginx-htp-flv-module 在 nginx-rtmp-module 的基础上实现了http-flv 的直播功能。

1. nginx-rtmp-module 的编译

nginx-rtmp-module 的完整源代码保存在 GitHub 的代码库中，与其他工程类似，通过以下命令可以将 nginx-rtmp-module 复制到本地。

```
git clone https://github.com/arut/nginx-rtmp-module.git
```

下载后，nginx-rtmp-module 可以作为 Nginx 的一个组件集成到 Nginx 中。编译方法是进入 Nginx 源代码目录，并执行以下命令。

```
./configure --prefix=../nginx_output --add-module=../nginx-rtmp-module
make
make install
```

编译后，新生成的可执行程序保存在../nginx_output 目录中，可以通过以下命令启动 Nginx 服务。

```
./sbin/nginx
```

2. 配置 NginxRTMP 直播服务

Nginx 服务的绝大部分功能都可以在 nginx.conf 文件中进行设置，直播服务也不例外。在 nginx.conf 文件中添加 rtmp 配置模块。

```
rtmp {
    server {
        listen 1935;
        chunk_size 4960;

        application live {
            live on;
        }
    }
}
```

nginx.conf 文件中的全部内容如下所示。

```
#user  nobody;
worker_processes  1;

#error_log  logs/error.log;
#error_log  logs/error.log  notice;
#error_log  logs/error.log  info;

#pid        logs/nginx.pid;


events {
    worker_connections  1024;
}

rtmp {
    server {
        listen 1935;
        chunk_size 4960;

        application live {
            live on;
        }
    }
}

http {
```

```
include        mime.types;
default_type   application/octet-stream;

#log_format  main  '$remote_addr - $remote_user [$time_local] "$request" '
#                  '$status $body_bytes_sent "$http_referer" '
#                  '"$http_user_agent" "$http_x_forwarded_for"';

#access_log  logs/access.log  main;

sendfile        on;
#tcp_nopush     on;

#keepalive_timeout  0;
keepalive_timeout  65;

#gzip  on;

server {
    listen        80;
    server_name  localhost;

    #charset koi8-r;

    #access_log  logs/host.access.log  main;

    location / {
        root   html;
        index  index.html index.htm;
    }

        location /stat {
          rtmp_stat all;
        rtmp_stat_stylesheet stat.xsl;
        }

        location /stat.xsl {
                root ../../nginx-rtmp-module/;
        }
    }
}
```

执行以下命令即可检测修改后的配置文件的合法性。

```
sudo ./sbin/nginx -t
```

如果配置文件修改正确，则输出以下信息。

```
nginx: the configuration file ../nginx_output/conf/nginx.conf syntax is ok
nginx: configuration file ../nginx_output/conf/nginx.conf test is successful
```

在修改配置文件后，执行以下命令可以重启 Nginx。

```
sudo ./sbin/nginx -s reload
```

重启 Nginx 后，在浏览器中输入 http://server_ip/stat，如果显示如图 9-1 所示的页面，则表示配置成功。

RTMP	#clients	Video				Audio				In bytes	Out bytes	In bits/s	Out bits/s	State	Time
Accepted: 6		codec	bits/s	size	fps	codec	bits/s	freq	chan	363.86 MB	262.73 MB	0 Kb/s	0 Kb/s		16m 56s
vod															
vod streams	0														
live															
live streams	0														
Generated by nginx–rtmp–module 1.1.4, nginx 1.18.0, pid 18561, built Jan 5 2021 15:27:01 gcc 4.9.3 (Ubuntu 4.9.3–13ubuntu2)															

图 9-1

在启动 NginxRTMP 服务后，可以使用以下命令向其推流。

```
ffmpeg -re -i ./503.flv -codec copy -f flv -y
rtmp://10.151.174.24/live/livestream
```

还可以使用 ffplay 拉流。

```
ffplay -i rtmp://10.151.174.24/live/livestream
```

在推流和拉流过程中，stat 页面会显示当前与 Nginx 服务连接的客户端状况，以及对应媒体流的音频参数和视频参数，如图 9-2 所示。

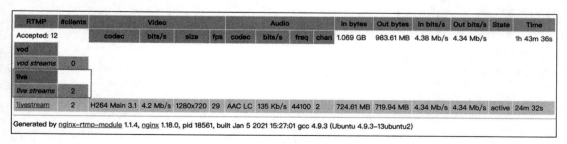

RTMP	#clients	Video					Audio				In bytes	Out bytes	In bits/s	Out bits/s	State	Time
Accepted: 12		codec	bits/s	size	fps	codec	bits/s	freq	chan	1.069 GB	983.61 MB	4.38 Mb/s	4.34 Mb/s		1h 43m 36s
vod																
vod streams	0															
live																
live streams	2															
livestream	2	H264 Main 3.1	4.2 Mb/s	1280x720	29	AAC LC	135 Kb/s	44100	2	724.61 MB	719.94 MB	4.34 Mb/s	4.34 Mb/s	active	24m 32s
Generated by nginx–rtmp–module 1.1.4, nginx 1.18.0, pid 18561, built Jan 5 2021 15:27:01 gcc 4.9.3 (Ubuntu 4.9.3–13ubuntu2)																

图 9-2

3. 配置 Nginx HLS 直播服务

Nginx 的流媒体服务不仅支持 RTMP 拉流，还支持 HLS 等其他主流协议，配置方式同样是修改 nginx.conf 文件。首先在全局的 rtmp 块中增加名为 hls 的 application，参数如下所示。

```
rtmp {
    server {
        listen 1935;
        chunk_size 4960;

            application live {
                live on;
            }

            application hls {
                live on;

        hls on; # 开启 HLS 协议
        hls_path /data/video/hls; # 指定.ts 文件和.m3u8 文件的保存位置
        hls_fragment 6s; # TS 文件分片的时长
            }
    }
}
```

在 http 块中添加一个 location 配置。

```
location /hls {
    types {
        application/vnd.apple.mpegurl m3u8;
        video/mp2t ts;
    }
    alias /data/video/hls/; # 指定访问/hls 目录
    expires -1;
    add_header Cache-Control no-cache;
}
```

执行以下命令重启 Nginx。

```
sudo ./sbin/nginx -s reload
```

执行以下命令，使用 ffmpeg 推流。

```
ffmpeg -re -i ./503.flv -codec copy -f flv -y rtmp://10.151.174.24/hls/hlsstream
```

此时在配置文件中指定的 hls 文件的保存位置，可以看到生成的与推流对应的.m3u8 文件及各个 TS 文件分片，如图 9-3 所示。

在推流成功后，即可使用以下命令播放 HLS 视频流了。

```
ffplay -i http://10.151.174.24/hls/hlsstream.m3u8
```

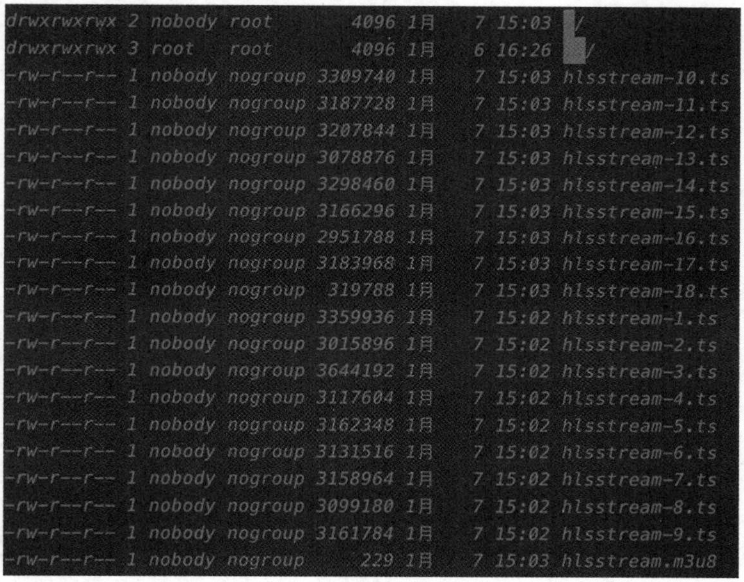

```
drwxrwxrwx 2 nobody root       4096 1月  7 15:03 ./
drwxrwxrwx 3 root   root       4096 1月  6 16:26 ../
-rw-r--r-- 1 nobody nogroup 3309740 1月  7 15:03 hlsstream-10.ts
-rw-r--r-- 1 nobody nogroup 3187728 1月  7 15:03 hlsstream-11.ts
-rw-r--r-- 1 nobody nogroup 3207844 1月  7 15:03 hlsstream-12.ts
-rw-r--r-- 1 nobody nogroup 3078876 1月  7 15:03 hlsstream-13.ts
-rw-r--r-- 1 nobody nogroup 3298460 1月  7 15:03 hlsstream-14.ts
-rw-r--r-- 1 nobody nogroup 3166296 1月  7 15:03 hlsstream-15.ts
-rw-r--r-- 1 nobody nogroup 2951788 1月  7 15:03 hlsstream-16.ts
-rw-r--r-- 1 nobody nogroup 3183968 1月  7 15:03 hlsstream-17.ts
-rw-r--r-- 1 nobody nogroup  319788 1月  7 15:03 hlsstream-18.ts
-rw-r--r-- 1 nobody nogroup 3359936 1月  7 15:02 hlsstream-1.ts
-rw-r--r-- 1 nobody nogroup 3015896 1月  7 15:02 hlsstream-2.ts
-rw-r--r-- 1 nobody nogroup 3644192 1月  7 15:02 hlsstream-3.ts
-rw-r--r-- 1 nobody nogroup 3117604 1月  7 15:02 hlsstream-4.ts
-rw-r--r-- 1 nobody nogroup 3162348 1月  7 15:02 hlsstream-5.ts
-rw-r--r-- 1 nobody nogroup 3131516 1月  7 15:02 hlsstream-6.ts
-rw-r--r-- 1 nobody nogroup 3158964 1月  7 15:02 hlsstream-7.ts
-rw-r--r-- 1 nobody nogroup 3099180 1月  7 15:02 hlsstream-8.ts
-rw-r--r-- 1 nobody nogroup 3161784 1月  7 15:02 hlsstream-9.ts
-rw-r--r-- 1 nobody nogroup     229 1月  7 15:03 hlsstream.m3u8
```

图 9-3

第三部分　开发实战

本部分主要讲解如何使用 libavcodec、libavformat 等 FFmpeg SDK 进行编码与解码、封装与解封装等音视频基本功能的开发方法。本部分内容具有较强的实践意义，推荐所有读者阅读并多加实践。

第 10 章
FFmpeg SDK的使用

在前面的章节中我们用大量的篇幅介绍了如何使用 FFmpeg 的命令行工具 ffmpeg、ffprobe 和 ffplay 实现音视频的编辑、检测和播放等功能，然而从实际应用的角度考虑，二进制可执行程序格式的 FFmpeg 命令行工具很难完全满足开发的需求，主要在于很难以用代码的形式集成到第三方工程中，这就给其应用场景带来了诸多限制。因此，在实际应用中，更多的是以 SDK 的形式使用 FFmpeg 提供的各种组件，通过调用接口实现其提供的各种功能，而上层的业务实现则由开发者根据实际需求自行开发。

在第 7 章中，我们下载了不同版本的 FFmpeg SDK 的静态库文件与动态库文件。从本章开始，我们继续深入研究 FFmpeg 的应用，以调用 FFmpeg SDK 的方式实现诸如封装、解封装、编码和解码等功能。

在官方文档的 examples 目录（示例目录）中有 FFmpeg SDK 的使用示例和 Makefile 文件，我们可以直接编译其中的示例程序。

除此之外，一种功能更强大、应用更广泛的方法是使用 CMake 构建工程。与直接编写 Makefile 文件相比，CMake 不仅可以跨平台，生成适用于 Windows 系统上的 Visual Studio、macOS X 系统上的 Xcode 工程，而且编写与修改也更加简单，更易于扩展。本章我们介绍如何使用 CMake 构建 FFmpeg SDK 的示例程序并实现相应的功能。本章中的脚本和命令主要是在 macOS X 系统中操作的，在 Linux 系统的各个版本中基本可以通用。如果希望在 Windows 系统中实现，则可以使用对应的 CMD 命令行，或安装支持 bash 脚本语言的开发环境（如 git bash 或 Mingw + msys 等）。

10.1　使用 CMake 构建工程

CMake 强大的功能依赖于 CMakeLists.txt 文件，因此如何编写 CMakeLists.txt 文件便成为关键所在。本章我们从一个最简单的 CMake 工程开始，由浅入深地讲解使用 CMake 构建工程的方法。由于 CMake 在使用过程中涉及的细节极为烦琐，因此本节我们只讨论核心知识点。关于 CMake 的更多内容可以查看官方文档。

10.1.1　使用 CMake 构建 Hello World 工程

本节我们使用 CMake 构建一个仅包含一个 C++ 源文件的工程，并将其编译成一个可执行程序。首先，在指定的位置创建工程目录 HelloWorldTest，并在该目录下新建源文件 hello-world.cpp。

```
mkdir HelloWorldTest
cd HelloWorldTest
touch hello-world.cpp
```

在 hello-world.cpp 中编写如下代码，这段代码的功能极为简单，即输出一个字符串 "Hello world!"。

```cpp
#include <cstdlib>
#include <iostream>
#include <string>

std::string say_hello() {
    return std::string("Hello world!");
}

int main(int argc, char** argv) {
    std::cout << say_hello() << std::endl;
    return EXIT_SUCCESS;
}
```

如前文所述，使用 CMake 构建工程的关键在于编写 CMakeLists.txt 文件，因此接下来在工程目录中创建 CMakeLists.txt 文件。

```
touch CMakeLists.txt
```

在 CMakeLists.txt 文件中编写以下内容。

```
cmake_minimum_required(VERSION 3.5 FATAL_ERROR)

project(hello-world-01 LANGUAGES CXX)

add_executable(hello-world hello-world.cpp)
```

说明如下。

- ◎ cmake_minimum_required(VERSION 3.5 FATAL_ERROR)：指定构建平台所安装的 CMake 的最低版本为 3.5。若当前使用的版本过低，则构建过程将终止并报告错误。
- ◎ project(hello-world-01 LANGUAGES CXX)：指定项目名称为 hello-world-01，并说明程序使用的语言为 C++。
- ◎ add_executable(hello-world hello-world.cpp)：表示在该工程中将源文件 hello-world.cpp 生成名为 hello-world 的可执行程序。

在编写 CMakeLists.txt 文件后，为了方便编译运行，我们继续为工程添加编译运行脚本，将其命名为 build.sh，并添加可执行权限。

```
touch build.sh
chmod +x ./build.sh
```

编译运行脚本的内容如下。

```
#! /bin/bash
rm -rf output     # 清理临时目录
mkdir output      # 创建临时目录
cd output

cmake ..          # 在临时目录中构建工程
make
./hello-world
```

在创建并进入临时目录 output 后，执行以下命令。

```
cmake ..
```

该命令表示在当前目录的上层目录中查找 CMakeLists.txt 文件，并在当前目录中构建工程。在构建工程过程中将检查当前编译环境的可用性，如各种编译器是否可获得，并且在终端界面中输出如下信息。

```
-- The CXX compiler identification is AppleClang 11.0.3.11030032
-- Check for working CXX compiler:
```

```
/Applications/Xcode.app/Contents/Developer/Toolchains/XcodeDefault.xctoolcha
in/usr/bin/c++
-- Check for working CXX compiler: /Applications/Xcode.app/Contents/Developer/
    Toolchains/XcodeDefault.xctoolchain/usr/bin/c++ -- works
-- Detecting CXX compiler ABI info
-- Detecting CXX compiler ABI info - done
-- Detecting CXX compile features
-- Detecting CXX compile features - done
-- Configuring done
-- Generating done
-- Build files have been written to:
/Users/yinwenjie/Code/test/HelloWorldTest/output
```

在临时目录 output 中将生成 4 个临时文件或目录。

```
CMakeCache.txt          CMakeFiles          Makefile          cmake_install.cmake
```

可以看到，CMake 已经生成了编译所需的 Makefile 文件，执行 make 命令即可编译。编译过程与执行结果如下。

```
Scanning dependencies of target hello-world
[ 50%] Building CXX object CMakeFiles/hello-world.dir/hello-world.cpp.o
[100%] Linking CXX executable hello-world
[100%] Built target hello-world
Hello world!
```

至此，一个最简单的使用 CMake 构建的 Hello World 工程就完成了。

10.1.2　在工程中编译并输出多个文件

在实际开发过程中，任何一个工程的复杂性都比上述只包含一个源文件的工程要复杂得多。为了向实践靠拢，本节我们对 HelloWorldTest 工程目录做一些升级，使其支持编译输出多个可执行程序。

在 HelloWorldTest 工程目录中创建子目录 demo，并将 hello-world.cpp 移入其中。

```
mkdir demo
mv ./hello-world.cpp ./demo
```

在 demo 目录下创建另一个源文件 cmd-dir.cpp，并输入以下代码。

```
#include <cstdlib>
#include <iostream>
#include <string>
```

```
int main(int argc, char** argv) {
    std::cout << "This is cmd_dir." << std::endl;
    return EXIT_SUCCESS;
}
```

现在在 demo 目录中有两个测试源文件，为了同时编译这两个测试源文件，我们需要对 CMakeLists.txt 文件进行修改，修改后的 CMakeLists.txt 文件内容如下所示。

```
cmake_minimum_required(VERSION 3.5 FATAL_ERROR)
project(hello-world-01 LANGUAGES CXX)

set(demo_dir ${PROJECT_SOURCE_DIR}/demo)
file(GLOB demo_codes ${demo_dir}/*.cpp)

foreach (demo ${demo_codes})
    string(REGEX MATCH "[^/]+$" demo_file ${demo})
    string(REPLACE ".cpp" "" demo_basename ${demo_file})
    add_executable(${demo_basename} ${demo})
endforeach()
```

首先，通过 set 命令定义 demo 源文件的目录为 CMakeLists.txt 文件同级目录下的 demo 子目录。

然后，通过 file 命令按照指定格式在 demo 子目录中查找源文件，并将所有源文件保存在数组 demo_codes 中。在创建可执行程序阶段，原本独立的 add_executable 命令被置于一组 foreach 循环中。在循环体中通过正则表达式获取测试源文件的扩展名，并将其作为可执行程序的文件名分别输出。

最后，在编译脚本 build.sh 的末尾添加新的可执行程序，执行以下命令。

```
./cmd-dir
```

重新执行编译脚本，输出结果如下。

```
-- The CXX compiler identification is AppleClang 11.0.3.11030032
-- Check for working CXX compiler: /Applications/Xcode.app/Contents/Developer/
Toolchains/XcodeDefault.xctoolchain/usr/bin/c++
-- Check for working CXX compiler:
/Applications/Xcode.app/Contents/Developer/Toolchains/XcodeDefault.xctoolcha
in/usr/bin/c++ -- works
-- Detecting CXX compiler ABI info
-- Detecting CXX compiler ABI info - done
```

```
-- Detecting CXX compile features
-- Detecting CXX compile features - done
-- Configuring done
-- Generating done
-- Build files have been written to:
/Users/yinwenjie/Code/FFMpeg/FFMpeg_book/HelloWorldTest/output
Scanning dependencies of target hello-world
[ 25%] Building CXX object CMakeFiles/hello-world.dir/demo/hello-world.cpp.o
[ 50%] Linking CXX executable hello-world
[ 50%] Built target hello-world
Scanning dependencies of target cmd-dir
[ 75%] Building CXX object CMakeFiles/cmd-dir.dir/demo/cmd-dir.cpp.o
[100%] Linking CXX executable cmd-dir
[100%] Built target cmd-dir
Hello world!
This is cmd_dir.
```

在升级 CMakeLists.txt 文件后，我们可以随时向 demo 程序中添加测试程序，无须修改编译 CMakeLists.txt 文件即可编译生成新的 demo 程序。

10.1.3　在工程中添加头文件和源文件目录

在开发过程中，源代码的头文件和源文件通常是按照指定的目录分别存放的，如 inc 目录和 src 目录等。demo 目录中的示例代码的主要作用是实现并测试相应的功能。如何通过修改 CMakeLists.txt 文件实现对头文件和源文件目录的引用便成为关键。

在 HelloWorldTest 工程目录中添加两个目录。

◎　inc：保存工程的头文件。
◎　src：保存工程的源文件。

```
mkdir inc src
```

在 inc 目录中加入头文件 test.h，在 src 目录中加入源文件 test.cpp。

```
// inc/test.h
#ifndef TEST_H
#define TEST_H
int test_log();
#endif

// src/test.cpp
```

```
#include <iostream>
#include "test.h"

int test_log() {
    std::cout << "This is test_log." << std::endl;
    return 0;
}
```

如果想要在 demo 源文件 cmd-dir.cpp 中引用头文件 test.h 中定义的函数 test_log，则需要对 CMakeLists.txt 文件做一定的修改，主要有以下两个方面。

◎　添加头文件路径，使源文件在包含指定的头文件时可以成功引用。

◎　指定源文件及其位置，在最终编译时一并编译输出到可执行程序，避免出现找不到符号的问题。

在 CMake 中添加头文件路径可以使用命令 include_directories(${path})实现，只需将头文件目录作为参数添加到该命令中即可。在本例中，是在 CMakeLists.txt 文件中添加以下命令。

```
include_directories(${PROJECT_SOURCE_DIR}/inc)
```

可以仿照获取 demo 代码文件的方式获取源代码文件。首先，指定源代码文件目录；然后，通过 file 目录遍历其中的源代码文件，并将这些源代码文件保存到指定变量中。

```
set(src_dir ${PROJECT_SOURCE_DIR}/src)
file(GLOB src_codes ${src_dir}/*.cpp)
```

最后，在输出每一个可执行程序时，将获取的源代码文件添加到 add_executable 命令中。

```
add_executable(${demo_basename} ${demo} ${src_codes})
```

升级后的 CMakeLists.txt 文件内容如下所示。

```
cmake_minimum_required(VERSION 3.5 FATAL_ERROR)
project(hello-world-01 LANGUAGES CXX)

include_directories(${PROJECT_SOURCE_DIR}/inc)

set(src_dir ${PROJECT_SOURCE_DIR}/src)
file(GLOB src_codes ${src_dir}/*.cpp)

set(demo_dir ${PROJECT_SOURCE_DIR}/demo)
file(GLOB demo_codes ${demo_dir}/*.cpp)

foreach (demo ${demo_codes})
```

```
    string(REGEX MATCH "[^/]+$" demo_file ${demo})
    string(REPLACE ".cpp" "" demo_basename ${demo_file})
    add_executable(${demo_basename} ${demo} ${src_codes})
endforeach()
```

为了验证效果，简单修改 cmd-dir.cpp 的源代码，调用 test.h 中定义的函数 test_log。

```
#include <cstdlib>
#include <iostream>
#include <string>

#include "test.h"

int main(int argc, char **argv)
{
    std::cout << "This is cmd_dir." << std::endl;
    test_log();
    return EXIT_SUCCESS;
}
```

在编译执行后，终端输出结果如下。

```
- The CXX compiler identification is AppleClang 11.0.3.11030032
-- Check for working CXX compiler: /Applications/Xcode.app/Contents/Developer/
Toolchains/XcodeDefault.xctoolchain/usr/bin/c++
-- Check for working CXX compiler:
/Applications/Xcode.app/Contents/Developer/Toolchains/XcodeDefault.xctoolcha
in/usr/bin/c++ -- works
-- Detecting CXX compiler ABI info
-- Detecting CXX compiler ABI info - done
-- Detecting CXX compile features
-- Detecting CXX compile features - done
-- Configuring done
-- Generating done
-- Build files have been written to:
/Users/yinwenjie/Code/FFMpeg/FFMpeg_book/HelloWorldTest/output
Scanning dependencies of target hello-world
[ 16%] Building CXX object CMakeFiles/hello-world.dir/demo/hello-world.cpp.o
[ 33%] Building CXX object CMakeFiles/hello-world.dir/src/test.cpp.o
[ 50%] Linking CXX executable hello-world
[ 50%] Built target hello-world
Scanning dependencies of target cmd-dir
[ 66%] Building CXX object CMakeFiles/cmd-dir.dir/demo/cmd-dir.cpp.o
[ 83%] Building CXX object CMakeFiles/cmd-dir.dir/src/test.cpp.o
[100%] Linking CXX executable cmd-dir
```

```
[100%] Built target cmd-dir
Hello world!
This is cmd_dir.
This is test_log.
```

从结果可见，This is test_log.已成功输出，说明 inc 目录和 src 目录已经引入到工程中。

10.1.4 在工程中引入动态库

想要在代码中使用 FFmpeg SDK 相关的功能，就必须把相应的库文件添加到工程中，只有这样才能调用对应的 API 来执行相关的操作。这里我们下载 shared 和 dev 两个版本，并从中获取动态库文件和头文件目录，如图 10-1 所示。

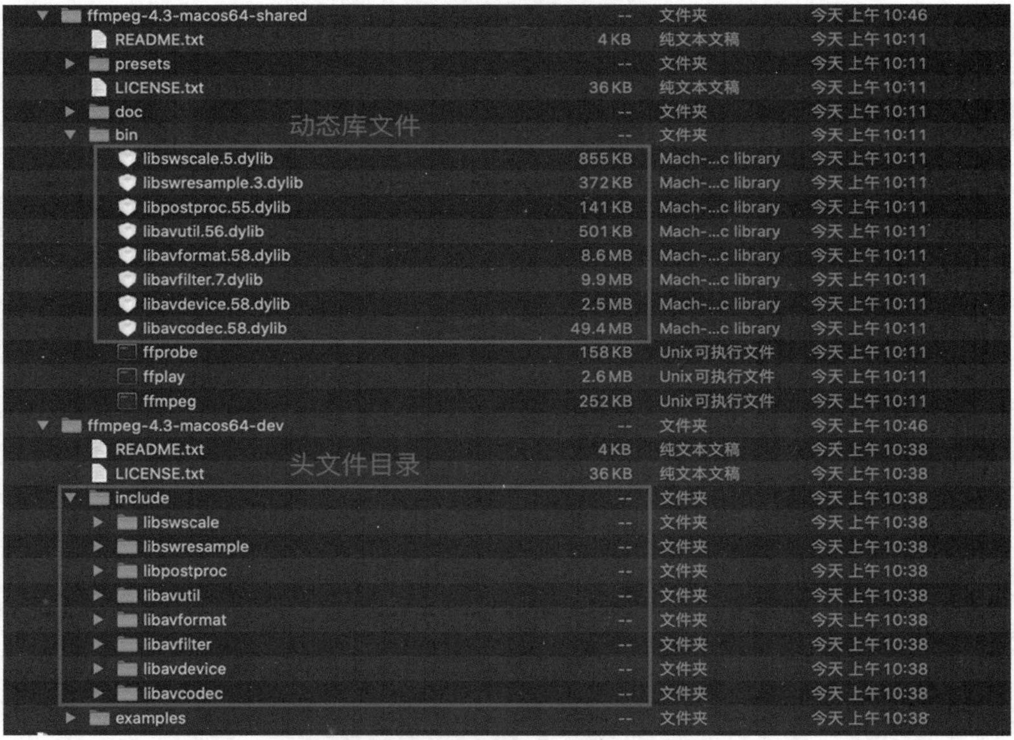

图 10-1

在 HelloWorldTest 工程目录下新建子目录 dep，以用于保存第三方依赖库。在目录 dep 中新建 FFmpeg 目录，并将获取的头文件目录和动态库文件保存其中。dep/FFmpeg 目录中的结构如图 10-2 所示。

图 10-2

继续修改 CMakeLists.txt 文件。首先，将 FFmpeg 的头文件目录添加到工程中。

```
include_directories(${PROJECT_SOURCE_DIR}/dep/FFmpeg/include)
```

然后，将 FFmpeg SDK 的动态库目录添加到工程中，可以使用 CMake 提供的 link_directories(${path})命令实现。

```
set(ffmpeg_libs_dir ${PROJECT_SOURCE_DIR}/dep/FFmpeg/libs)
link_directories(${ffmpeg_libs_dir})
```

与添加源代码文件和测试代码文件类似，使用 file 命令在动态库目录中查找动态库文件。

```
file(GLOB ffmpeg_dylibs ${ffmpeg_libs_dir}/*.dylib)
```

最后，将所需的库文件链接到可执行程序中，通过 CMake 提供的 target_link_libraries 命令即可实现。将下面的命令添加到 add_executable 命令之后。

```
target_link_libraries(${demo_basename} ${ffmpeg_dylibs})
```

修改后的 CMakeLists.txt 文件内容如下所示。

```
cmake_minimum_required(VERSION 3.5 FATAL_ERROR)
project(hello-world-01 LANGUAGES CXX)

include_directories(${PROJECT_SOURCE_DIR}/inc)
include_directories(${PROJECT_SOURCE_DIR}/dep/FFmpeg/include)

set(ffmpeg_libs_dir ${PROJECT_SOURCE_DIR}/dep/FFmpeg/libs)
```

```
link_directories(${ffmpeg_libs_dir})
file(GLOB ffmpeg_dylibs ${ffmpeg_libs_dir}/*.dylib)

set(src_dir ${PROJECT_SOURCE_DIR}/src)
file(GLOB src_codes ${src_dir}/*.cpp)

set(demo_dir ${PROJECT_SOURCE_DIR}/demo)
file(GLOB demo_codes ${demo_dir}/*.cpp)

foreach (demo ${demo_codes})
    get_filename_component(demo_basename ${demo} NAME_WE)
    add_executable(${demo_basename} ${demo} ${src_codes})
    target_link_libraries(${demo_basename} ${ffmpeg_dylibs})
endforeach()
```

10.2 FFmpeg SDK 基本使用方法示例：获取目录下的文件信息

10.2.1 显示指定目录信息

在设置好工程的目录结构和 CMakeLists.txt 文件后，就可以在代码中根据需求调用 FFmpeg 的 API 实现相关功能了。本节我们参考并简单修改官方文档中的参考示例 example/avio_list_dir.c，实现显示指定目录信息的功能。

定义 main 函数和输出提示函数，如下。

```
static void usage(const char *program_name) {
    std::cout << "usage: " << std::string(program_name) << " input_dir" <<
std::endl;
    std::cout << "API example program to show how to list files in directory
accessed through AVIOContext." << std::endl;
}

int main(int argc, char *argv[]) {
    int ret;
    av_log_set_level(AV_LOG_DEBUG); // 设置日志级别为 debug
    if (argc < 2) {
        // 输出帮助信息
        usage(argv[0]);
        return 1;
    }
```

```
avformat_network_init(); // 初始化网络库
ret = list_op(argv[1]);
avformat_network_deinit(); // 反初始化

return ret < 0 ? 1 : 0;
}
```

主要功能由 list_op 实现。

```
static int list_op(const char *input_dir) {
    AVIODirEntry *entry = NULL;
    AVIODirContext *ctx = NULL;
    int cnt, ret;
    char filemode[4], uid_and_gid[20];

    if ((ret = avio_open_dir(&ctx, input_dir, NULL)) < 0) {
        av_log(NULL, AV_LOG_ERROR, "Cannot open directory: %s.\n",
            av_err2str(ret));
        goto fail;
    }

    cnt = 0;
    for (;;) {
        if ((ret = avio_read_dir(ctx, &entry)) < 0) {
            av_log(NULL, AV_LOG_ERROR, "Cannot list directory: %s.\n",
                av_err2str(ret));
            goto fail;
        }
        if (!entry)
            break;
        if (entry->filemode == -1) {
            snprintf(filemode, 4, "???");
        }
        else {
            snprintf(filemode, 4, "%3" PRIo64, entry->filemode);
        }
        snprintf(uid_and_gid, 20, "%" PRId64 "(%" PRId64 ")", entry->user_id,
            entry->group_id);
        if (cnt == 0)
            av_log(NULL, AV_LOG_INFO, "%-9s %12s %30s %10s %s %16s %16s %16s\n",
                "TYPE", "SIZE", "NAME", "UID(GID)", "UGO", "MODIFIED",
                "ACCESSED", "STATUS_CHANGED");
        av_log(NULL, AV_LOG_INFO, "%-9s %12" PRId64 " %30s %10s %s %16" PRId64
```

```
            " %16"PRId64 " %16" PRId64 "\n",
            type_string(entry->type).c_str(),
            entry->size,
            entry->name,
            uid_and_gid,
            filemode,
            entry->modification_timestamp,
            entry->access_timestamp,
            entry->status_change_timestamp);
        avio_free_directory_entry(&entry);
        cnt++;
    };

fail:
    avio_close_dir(&ctx);
    return ret;
}
```

在编译脚本 build.sh 的末尾，在调用可执行程序时添加当前目录作为参数。

```
./cmd-dir .
```

执行编译脚本，终端输出如下。

```
TYPE            SIZE                      NAME    UID(GID) UGO            MODIFIED
ACCESSED   STATUS_CHANGED
<DIR>           416                CMakeFiles   501(20) 755
1596613655000000 1596613654000000 1596613655000000
<FILE>          7477                 Makefile   501(20) 644
1596613653000000 1596613654000000 1596613653000000
<FILE>          1424      cmake_install.cmake   501(20) 644
1596613654000000 1596613654000000 1596613654000000
<FILE>          37232            hello-world   501(20) 755
1596613654000000 1596613655000000 1596613654000000
<FILE>          42364                cmd-dir   501(20) 755
1596613655000000 1596613655000000 1596613655000000
<FILE>          12692           CMakeCache.txt   501(20) 644
1596613653000000 1596613654000000 1596613653000000
```

10.2.2　解析 API 和结构体

在 10.2.1 节实现的代码内部调用了以下几个 FFmpeg API，相关函数定义在 libavformat 库的
avio.h 中。

◎　avio_open_dir。

◎　avio_read_dir。

◎　avio_free_directory_entry。

◎　avio_close_dir。

涉及上述 API 的还有以下两类结构体。

◎　AVIODirContext。

◎　AVIODirEntry。

1. 打开目标目录

FFmpeg 提供了打开目标目录的 API：avio_open_dir，其完整声明方式如下。

```
int avio_open_dir(AVIODirContext **s, const char *url, AVDictionary **options);
```

avio_open_dir 传入一个指定的路径地址作为输入，在打开目标完成后保存为 AVIODirContext 类型的结构体。在 avio.h 中，AVIODirContext 的内部包含了一个 URLContext 指针。

```
typedef struct AVIODirContext {
    struct URLContext *url_context;
} AVIODirContext;
```

2. 遍历目录中的文件

在打开目标目录后，通过 avio_read_dir 可以读取目录中的文件，声明方式如下。

```
int avio_read_dir(AVIODirContext *s, AVIODirEntry **next);
```

avio_open_dir 以 AVIODirContext 作为输入，以 AVIODirEntry 作为输出。在目标目录中，每读到一个文件或目录，都将其中的信息保存到 AVIODirEntry 中并返回。在读取全部文件或目录后，该参数返回空值。

AVIODirEntry 的定义如下。

```
typedef struct AVIODirEntry {
    char *name;                        /**< 文件名称 */
    int type;                          /**< 类型（文件或目录）*/
    int utf8;                          /**< 设置为 1 表示文件名称采用 UTF-8 编码 */
    int64_t size;                      /**< 文件大小，以字节为单位 */
    int64_t modification_timestamp;    /**< 修改时间戳 */
```

```
    int64_t access_timestamp;              /**< 访问时间戳 */
    int64_t status_change_timestamp;       /**< 状态改变时间戳 */
    int64_t user_id;                       /**< 所属用户标识 */
    int64_t group_id;                      /**< 所属组标识 */
    int64_t filemode;                      /**< 是否采用 UNIX 文件模式 */
} AVIODirEntry;
```

从每一个返回的 **AVIODirEntry** 中可以获得文件的名称、类型、大小和修改时间等信息。

限于篇幅,该功能的完整代码请参考在线代码库中的示例。

第 11 章
使用FFmpeg SDK进行视频编解码

对视频媒体数据进行解码获得图像，以及将图像压缩编码并输出为指定格式的压缩码流是开发中的基本操作，也是实现其他高级功能（如转码、滤镜、编辑等操作）的基础。由于功能强大、使用场景广泛，FFmpeg 中的编解码库 libavcodec 成为音视频项目中最常用的编解码组件之一。

本章我们重点介绍如何使用 libavcodec 将图像序列编码为 H.264 的视频码流，以及如何将视频码流解码为 YUV 格式的图像，并介绍 libavcodec 中常用的关键数据结构的定义与作用。

从本章开始，我们正式讲解如何使用 FFmpeg SDK 进行视频开发，建议读者按照第 10 章介绍的方法重新创建一个名为 FFmpegTutorial 或其他近似名称的工程，用于管理、编译和测试所编写的代码，或者直接将第 10 章创建的 HelloWorldTest 重新命名为 FFmpegTutorial，以便于后续的学习。

11.1 libavcodec 视频编码

在 FFmpeg 提供的示例代码 encode_video.c 中显示了调用 FFmpeg SDK 进行视频编码的基本方法，本章我们以此为参考构建一个基于 libavcodec 的 H.264 视频编码器。

11.1.1 主函数与数据 I/O 实现

在 FFmpegTutorial 工程的 demo 目录中新建测试代码 video_encoder.cpp。

```
touch demo/video_encoder.cpp
```

在 inc 目录中创建头文件 io_data.h，在 src 目录中创建源文件 io_data.h。

```
touch inc/io_data.h
touch src/io_data.cpp
```

在 io_data.h 和 io_data.cpp 中实现打开和关闭输入文件及输出文件的操作。

```
// io_data.h
#ifndef IO_DATA_H
#define IO_DATA_H
extern "C" {
    #include <libavcodec/avcodec.h>
}
#include <stdint.h>

int32_t open_input_output_files(const char* input_name, const char*
output_name);
void close_input_output_files();
#endif

// io_data.cpp
#include "io_data.h"
#include <iostream>
#include <stdlib.h>
#include <string.h>

static FILE *input_file = nullptr;
static FILE *output_file = nullptr;

int32_t open_input_output_files(const char* input_name, const char* output_name)
{
    if (strlen(input_name) == 0 || strlen(output_name) == 0) {
        std::cerr << "Error: empty input or output file name." << std::endl;
        return -1;
    }
    close_input_output_files();

    input_file = fopen(input_name, "rb");
    if (input_file == nullptr) {
        std::cerr << "Error: failed to open input file." << std::endl;
        return -1;
    }
    output_file = fopen(output_name, "wb");
    if (output_file == nullptr) {
        std::cerr << "Error: failed to open output file." << std::endl;
        return -1;
```

```
    }
    return 0;
}

void close_input_output_files() {
    if (input_file != nullptr) {
        fclose(input_file);
        input_file = nullptr;
    }
    if (output_file != nullptr) {
        fclose(output_file);
        output_file = nullptr;
    }
}
```

main 函数的功能是判断输入参数，以及打开输入文件和输出文件。

```
#include <cstdlib>
#include <iostream>
#include <string>

#include "io_data.h"

static void usage(const char *program_name) {
    std::cout << "usage: " << std::string(program_name) << " input_yuv output_file
codec_name" << std::endl;
}

int main(int argc, char **argv) {
    if (argc < 4) {
        usage(argv[0]);
        return 1;
    }

    char *input_file_name = argv[1];
    char *output_file_name = argv[2];
    char *codec_name = argv[3];

    std::cout << "Input file:" << std::string(input_file_name) << std::endl;
    std::cout << "output file:" << std::string(output_file_name) << std::endl;
    std::cout << "codec name:" << std::string(codec_name) << std::endl;

    int32_t result = open_input_output_files(input_file_name, output_file_name);
    if (result < 0) {
```

```
        return result;
    }

    // ......

    close_input_output_files();
    return 0;
}
```

11.1.2　视频编码器初始化

在编码之前，首先需要对编码器实例进行初始化，并配置相应的参数。在 inc 目录中创建头文件 video_encoder_core.h，在 src 目录中创建源文件 video_encoder_core.cpp，并编写以下代码。

```cpp
// video_encoder_core.h
#ifndef VIDEO_ENCODER_CORE_H
#define VIDEO_ENCODER_CORE_H
#include <stdint.h>

// 初始化视频编码器
int32_t init_video_encoder(const char *codec_name);

// 销毁视频编码器
void destroy_video_encoder();

#endif

// video_encoder_core.cpp
extern "C"
{
    #include <libavcodec/avcodec.h>
    #include <libavutil/opt.h>
    #include <libavutil/imgutils.h>
}
#include <iostream>
#include <string.h>
#include "video_encoder_core.h"

static AVCodec *codec = nullptr;
static AVCodecContext *codec_ctx = nullptr;
static AVFrame *frame = nullptr;
```

```cpp
static AVPacket *pkt = nullptr;

int32_t init_video_encoder(const char *codec_name) {
    // 验证输入编码器名称非空
    if (strlen(codec_name) == 0) {
        std::cerr << "Error: empty codec name." << std::endl;
        return -1;
    }

    // 查找编码器
    codec = avcodec_find_encoder_by_name(codec_name);
    if (!codec) {
        std::cerr << "Error: could not find codec with codec name:" <<
std::string(codec_name) << std::endl;
        return -1;
    }

    // 创建编码器上下文结构
    codec_ctx = avcodec_alloc_context3(codec);
    if (!codec_ctx) {
        std::cerr << "Error: could not allocate video codec context." << std::endl;
        return -1;
    }

    // 配置编码参数
    codec_ctx->profile = FF_PROFILE_H264_HIGH;
    codec_ctx->bit_rate = 2000000;
    codec_ctx->width = 1280;
    codec_ctx->height = 720;
    codec_ctx->gop_size = 10;
    codec_ctx->time_base = (AVRational){ 1, 25 };
    codec_ctx->framerate = (AVRational){ 25, 1 };
    codec_ctx->max_b_frames = 3;
    codec_ctx->pix_fmt = AV_PIX_FMT_YUV420P;

    if (codec->id == AV_CODEC_ID_H264) {
        av_opt_set(codec_ctx->priv_data, "preset", "slow", 0);
    }

    // 使用指定的 codec 初始化编码器上下文结构
    int32_t result = avcodec_open2(codec_ctx, codec, nullptr);
    if (result < 0) {
        std::cerr << "Error: could not open codec:" <<
```

```
std::string(av_err2str(result)) << std::endl;
      return -1;
   }

   pkt = av_packet_alloc();
   if (!pkt) {
      std::cerr << "Error: could not allocate AVPacket." << std::endl;
      return -1;
   }

   frame = av_frame_alloc();
   if (!frame) {
      std::cerr << "Error: could not allocate AVFrame." << std::endl;
      return -1;
   }
   frame->width = codec_ctx->width;
   frame->height = codec_ctx->height;
   frame->format = codec_ctx->pix_fmt;

   result = av_frame_get_buffer(frame, 0);
   if (result < 0) {
      std::cerr << "Error: could not get AVFrame buffer." << std::endl;
      return -1;
   }

   return 0;
}

void destroy_video_encoder() {
   // 释放编码器上下文结构
   avcodec_free_context(&codec_ctx);
}
```

接下来介绍在初始化编码器结构时所调用的 API 与使用的结构体。

1. 查找编码器

在 init_video_encoder 中调用的第一个 FFmpeg API 为 avcodec_find_encoder_by_name，其声明方式如下。

```
/**
 * 通过指定名称查找编码器实例
 */
AVCodec *avcodec_find_encoder_by_name(const char *name);
```

通过向 avcodec_find_encoder_by_name 传入一个字符串类型的编码器名称即可查找对应的编码器实例。例如，传入参数 libx264 表示使用 x264 编码器编码；传入参数 h264_nvenc 表示使用 NVIDIA H.264 编码器编码。需要注意的是，此处传入的编码器必须在 FFmpeg SDK 编译前的 configure 阶段开启，否则该 API 将无法找到对应的编码器，并返回一个空指针（nullptr）。

从 avcodec.h 中的函数声明可知，avcodec_find_encoder_by_name 还存在一个功能类似的函数 avcodec_find_encoder，其声明方式如下。

```
/**
 * 通过指定编码器 ID 查找编码器实例
 */
AVCodec *avcodec_find_encoder(enum AVCodecID id);
```

从上述函数声明可知，avcodec_find_encoder 所接收的参数不再是字符串格式的编码器名称，而是一个枚举类型的 AVCodecID。在 FFmpeg 中，不同的编码格式用不同的 CodecID 表示。例如，AV_CODEC_ID_H264 表示 H.264 编码，AV_CODEC_ID_HEVC 或 AV_CODEC_ID_H265 表示 H.265 编码等，均定义在头文件 avcodec.h 中。

显然，使用 avcodec_find_encoder_by_name 查找编码器可以使开发者对系统的控制性更强，但是整体兼容性较弱，因为一旦当前使用的 FFmpeg SDK 不支持指定的编码器，则整个流程将以错误结束。如果使用 avcodec_find_encoder，则调用者将无法指定使用特定的编码器进行编码，只能由系统根据优先级自动选择，因此整体兼容性更好。总体来说，开发者应根据实际业务场景和需求的不同评估选择。

上述两个查找编码器的 API 在成功找到指定的编码器后，将返回一个 AVCodec 类型的结构实例。AVCodec 类型的结构包含了 FFmpeg libavcodec 对一个编码器底层实现的封装，其内部定义的部分结构如下。

```
typedef struct AVCodec {
  /**
   * 编码器名称。在编码器和解码器两大类别中分别具有唯一性，用户可依据该名称查找编码器或
   * 或解码器实例
   */
  const char *name;
  /**
   * 编码器实例的完整名称
   */
  const char *long_name;
  enum AVMediaType type;
```

```
enum AVCodecID id;
/**
 * 当前编码器所支持的能力
 */
int capabilities;
const AVRational *supported_framerates;///< 支持的帧率
const enum AVPixelFormat *pix_fmts;     ///< 支持的图像像素格式
const int *supported_samplerates;       ///< 支持的音频采样率
const enum AVSampleFormat *sample_fmts;///< 支持的音频采样格式
const uint64_t *channel_layouts;        ///< 支持的声道布局
uint8_t max_lowres;                     ///< 支持的降分辨率解码
const AVClass *priv_class;
const AVProfile *profiles;              ///< 支持的编码档次

/**
 * 编码器实现的组件或封装名称, 主要用于标识该编码器的外部实现者。
 * 当该字段为空时, 该编码器由 libavcodec 库内部实现; 当该字段不为空时, 该编码器
 * 由硬件或操作系统等外部实现, 并在该字段保存 AVCodec.nam 的缩写
 */
const char *wrapper_name;

// ......
}
```

在 AVCodec 结构中, 常用的数据成员如下。

编码器名称

AVCodec 中保存了用于查找编码器的简要名称和完整名称, 分别用 name 和 long_name 表示。例如, 编码器 libx264 的名称如下。

◎　name: libx264。
◎　long_mame: libx264 H.264/AVC/MPEG-4 AVC/MPEG-4 part 10。

媒体类型

在 AVCodec 中, 名为 AVMediaType 的枚举类型表示当前编码器处理的媒体类型。AVMediaType 的定义如下。

```
enum AVMediaType {
    AVMEDIA_TYPE_UNKNOWN = -1,
    AVMEDIA_TYPE_VIDEO,
    AVMEDIA_TYPE_AUDIO,
```

```
  AVMEDIA_TYPE_DATA,
  AVMEDIA_TYPE_SUBTITLE,
  AVMEDIA_TYPE_ATTACHMENT,
  AVMEDIA_TYPE_NB
};
```

对于 libx264 等解码器，该值应为 AVMEDIA_TYPE_VIDEO，即 0。

编码类型

编码类型表示当前编码器可以输出哪一种格式的码流。例如，libx264 作为 H.264 编码器，其 Codec ID 应当为 AV_CODEC_ID_H264，即 27。

编码器特性

不同的编码器在实现编码功能时有不同的特性。AVCodec 中的 capabilities 可以通过每个 bit 的取值判断编码器的能力。libx264 的 capabilities 由以下三个选项组成。

◎ AV_CODEC_CAP_DELAY：编解码器在输入数据结束后需要传入空值，以获取未输出的缓存数据。

◎ AV_CODEC_CAP_AUTO_THREADS：支持自动多线程判断。

◎ AV_CODEC_CAP_ENCODER_REORDERED_OPAQUE：记录每一帧的 reordered_opaque 结构。

编码器封装名称

在 libavcodec 库中，经常出现多个编码器类型保存在一个封装中的情况。例如，libavcodec 库中的 libx264、libx264rgb 和 libx262 分别属于不同的编码器类型，但是三者均定义在源代码 libx264 中。只要选择三者中的任意一个编码器，AVCodec 中的 wrapper_name 值就返回 libx264。

2．分配编码器上下文

在 FFmpeg 中，每一个编码器实例均对应一个上下文结构，在编码开始前，可以通过该上下文件结构配置相应的编码参数。若编码器上下文结构定义为 AVCodecContext，则可以通过 avcodec_alloc_context3 创建。avcodec_alloc_context3 的声明方式如下。

```
/**
 * 通过找到的 AVCodec 结构分配编码器句柄 AVCodecContext
 */
AVCodecContext *avcodec_alloc_context3(const AVCodec *codec);
```

avcodec_alloc_context3 以 AVCodec 结构作为输入，创建上下文结构 AVCodecContext，并将相应的参数设置为默认值。AVCodecContext 结构的主要作用是设置编码过程的参数。该结构定义在头文件 avcodec.h 中，十分庞大，限于篇幅，本节只给出该结构的部分定义。

```
typedef struct AVCodecContext {
    const AVClass *av_class;
    int log_level_offset;

    enum AVMediaType codec_type; /* see AVMEDIA_TYPE_xxx */
    const struct AVCodec *codec;
    enum AVCodecID    codec_id; /* see AV_CODEC_ID_xxx */

    unsigned int codec_tag;

    void *priv_data;

    // ......
    /**
     * 平均码率
     */
    int64_t bit_rate;

    /**
     * 容许的码率误差
     */
    int bit_rate_tolerance;

    int width, height;
    int coded_width, coded_height;
    int gop_size;
    enum AVPixelFormat pix_fmt;
    int max_b_frames;
    // ......
} AVCodecContext;
```

在编码之前，部分参数可以直接通过 AVCodecContext 结构中的成员变量进行设置，如编码的 profile、图像的宽和高、关键帧间隔、码率和帧率等。对于其他编码器的私有参数，AVCodecContext 结构使用成员 priv_data 保存编解码器的配置信息，可以通过 av_opt_set 等方法进行设置。FFmpeg 中定义了多种设置编解码器参数的方法，主要如下。

```
int av_opt_set(void *obj, const char *name, const char *val, int search_flags);
int av_opt_set_int(void *obj, const char *name, int64_t    val, int
```

```
      search_flags);
int av_opt_set_double(void *obj, const char *name, double      val, int
      search_flags);
int av_opt_set_q(void *obj, const char *name, AVRational  val, int search_flags);
int av_opt_set_bin(void *obj, const char *name, const uint8_t *val, int size,
int search_flags);
int av_opt_set_image_size(void *obj, const char *name, int w, int h, int
      search_flags);
int av_opt_set_pixel_fmt(void *obj, const char *name, enum AVPixelFormat fmt,
int search_flags);
int av_opt_set_sample_fmt(void *obj, const char *name, enum AVSampleFormat fmt,
int search_flags);
int av_opt_set_video_rate(void *obj, const char *name, AVRational val, int
      search_flags);
int av_opt_set_channel_layout(void *obj, const char *name, int64_t ch_layout,
int search_flags);
int av_opt_set_dict_val(void *obj, const char *name, const AVDictionary *val,
int search_flags);
```

从本节开始，在我们编写的代码中，以下部分即为配置编码参数。

```
// 配置编码参数
codec_ctx->profile = FF_PROFILE_H264_HIGH;
codec_ctx->bit_rate = 2000000;
codec_ctx->width = 1280;
codec_ctx->height = 720;
codec_ctx->gop_size = 10;
codec_ctx->time_base = (AVRational){ 1, 25 };
codec_ctx->framerate = (AVRational){ 25, 1 };
codec_ctx->max_b_frames = 3;
codec_ctx->pix_fmt = AV_PIX_FMT_YUV420P;

if (codec->id == AV_CODEC_ID_H264) {
   av_opt_set(codec_ctx->priv_data, "preset", "slow", 0);
}
```

在上述代码中，我们指定编码的 profile 为 High profile，输出码率为 2Mbps，输入图像的宽、高为 1280 像素×720 像素，关键帧间隔为 10，输出帧率为 25fps，在每个 I 帧和 P 帧之间插入 3 个 B 帧，指定输入图像的格式为 YUV420P。如果使用 H.264 编码，则设置 preset 为 slow。

3．初始化编码器

在配置好编码器的参数后，接下来调用 avcodec_open2 函数对编码器上下文进行初始化，avcodec_open2 函数的声明方式如下。

```
/**
 * 通过给定的 AVCodec 实例初始化 AVCodecContext 句柄。该句柄必须提前使用
 * avcodec_alloc_context3 创建
 */
int avcodec_open2(AVCodecContext *avctx, const AVCodec *codec, AVDictionary
**options);
```

从上述声明中可知，avcodec_open2 函数支持传入以下 3 个参数。

◎ AVCodecContext *avctx：通过函数 avcodec_alloc_context3 创建待初始化的编码器上下文结构。

◎ const AVCodec *codec：通过编码器名称或 Codec ID 获取编码器。

◎ AVDictionary **options：用户自定义编码器选项。

在 avcodec_open2 函数中将给 AVCodecContext 内部的数据成员分配内存空间，以进行编码参数的校验，并调用编码器内部的 init 函数进行初始化操作。

从本节开始，在我们编写的代码中，以下部分即为打开编码器、初始化编码上下文。

```
int32_t result = avcodec_open2(codec_ctx, codec, nullptr);
if (result < 0) {
   std::cerr << "Error: could not open codec:" << std::string(av_err2str(result))
<< std::endl;
   return -1;
}
```

4. 创建图像帧与码流包结构

在 FFmpeg 中，未压缩的图像和压缩的视频码流分别使用 AVFrame 结构和 AVPacket 结构保存。针对视频编码器，其流程为从数据源获取图像格式的输入数据，保存为 AVFrame 对象并传入编码器，从编码器中输出 AVPacket 结构。

AVFrame 结构

AVFrame 结构定义在 libavutil/frame.h 中，该结构包含相当多的成员，限于篇幅，此处仅列出部分成员，AVFrame 结构的完整定义请参考 libavutil/frame.h 的源代码。

```
typedef struct AVFrame {
#define AV_NUM_DATA_POINTERS 8
   uint8_t *data[AV_NUM_DATA_POINTERS];
   int linesize[AV_NUM_DATA_POINTERS];
   uint8_t **extended_data;
```

```
int width, height;
int nb_samples;
int format;
int key_frame;
enum AVPictureType pict_type;
AVRational sample_aspect_ratio;
int64_t pts;
int64_t pkt_dts;
// ......
```

在 AVFrame 结构中，它所包含的最重要的结构即图像数据的缓存区。待编码图像的像素数据保存在 AVFrame 结构的 data 指针所保存的内存区中。从上述定义可知，一个 AVFrame 结构最多可以保存 8 个图像分量，各图像分量的像素数据保存在 AVFrame::data[0] ~ AVFrame::data[7] 所指向的内存区中。

在保存图像像素数据时，存储区的宽度有时会大于图像的宽度，这时可以在每一行像素的末尾填充字节。此时，存储区的宽度（通常称作步长 stride）可以通过 AVFrame 的 linesize 获取。与 data 类似，linesize 也是一个数组，通过 AVFrame::linesize[0] ~AVFrame::linesize[7]可以获取每个分量的存储区宽度。

AVFrame 结构中的其他常用成员如下。

◎ width, height：AVFrame 结构中保存的图像的宽和高。

◎ format：图像的颜色格式，最常用的是 AV_PIX_FMT_YUV420P。

◎ key_frame：当前帧的关键帧标识位，1 表示该帧为关键帧，0 表示该帧为非关键帧。

◎ pict_type：当前帧的类型，0、1、2 分别表示 I 帧、P 帧和 B 帧。

◎ pts：当前帧的显示时间戳。

AVPacket 结构

AVPacket 结构用于保存未解码的二进制码流的一个数据包，它定义在 avcodec.h 中，其结构如下。

```
typedef struct AVPacket {

    AVBufferRef *buf;

    int64_t pts;

    int64_t dts;
```

```
    uint8_t *data;
    int   size;
    int   stream_index;

    int   flags;

    AVPacketSideData *side_data;
    int side_data_elems;

    int64_t duration;

    int64_t pos;        ///当前 packet 在数据流中的二进制位置，-1 表示未知

} AVPacket;
```

在一个 AVPacket 结构中，码流数据保存在 data 指针指向的内存区中，数据长度为 size 字节。在从编码器获取到输出的 AVPacket 结构后，可以通过 data 指针和 size 值读取编码后的码流。

在 AVPacket 结构中，其他常用的成员如下。

◎ dts：当前 packet 的解码时间戳，以 AVStream 中的 time_base 为单位。

◎ pts：当前 packet 的显示时间戳，必须大于或等于 dts 值。

◎ stream_idx：当前 packet 所从属的 stream 序号。

◎ duration：当前 packet 的显示时长，即按顺序显示下一帧 pts 与当前 pts 的差值。

创建 AVFrame 结构和 AVPacket 结构

从本节开始，我们均通过以下方式创建 AVFrame 结构和 AVPacket 结构。

```
pkt = av_packet_alloc();
if (!pkt) {
    std::cerr << "Error: could not allocate AVPacket." << std::endl;
    return -1;
}

frame = av_frame_alloc();
if (!frame) {
    std::cerr << "Error: could not allocate AVFrame." << std::endl;
    return -1;
}
frame->width = codec_ctx->width;
```

```
frame->height = codec_ctx->height;
frame->format = codec_ctx->pix_fmt;
```

函数 av_packet_alloc 可以创建一个空的 packet 对象，并将其内部字段按照默认值初始化。函数 av_packet_alloc 的声明方式如下。

```
/**
 * 创建 AVPacket 结构的实例并初始化
 */
AVPacket *av_packet_alloc(void);
```

除函数 av_packet_alloc 外，FFmpeg 还提供了多个函数用来创建 AVPacket 结构，常用的如下。

◎　av_packet_clone：依照一个已存在的 packet 创建新 packet，新 packet 是对原 packet 的引用。

◎　av_packet_free：释放一个 packet；如果该 packet 存在引用计数，则其引用计数减 1。

◎　av_init_packet：对一个 packet 内部的成员赋予默认值。

◎　av_new_packet：按照指定大小分配一个 packet 的存储空间，并初始化该 packet。

◎　av_packet_ref：根据传入的 packet 创建新的引用 packet。

◎　av_packet_unref：回收该 packet。

创建 AVFrame 结构可以通过函数 av_frame_alloc 实现，其声明方式如下。

```
/**
 * 创建 AVFrame 结构的实例并初始化
 */
AVFrame *av_frame_alloc(void);
```

函数 av_frame_alloc 实现的仅仅是创建 AVFrame 结构的实例，以及初始化其内部各个字段的值，并未分配用于存储其内部图像的内存空间。如果想要分配内存空间，就需要调用函数 av_frame_get_buffer，其声明方式如下。

```
/**
 * 给 AVFrame 结构中的音视频数据分配内存空间
 */
int av_frame_get_buffer(AVFrame *frame, int align);
```

从本节开始，我们均通过以下方式创建和初始化图像帧和码流包。

```
pkt = av_packet_alloc();
if (!pkt) {
    std::cerr << "Error: could not allocate AVPacket." << std::endl;
    return -1;
}

frame = av_frame_alloc();
if (!frame) {
    std::cerr << "Error: could not allocate AVFrame." << std::endl;
    return -1;
}
frame->width = codec_ctx->width;
frame->height = codec_ctx->height;
frame->format = codec_ctx->pix_fmt;

result = av_frame_get_buffer(frame, 0);
if (result < 0) {
    std::cerr << "Error: could not get AVFrame buffer." << std::endl;
    return -1;
}
```

11.1.3 编码循环体

在编码循环体部分，至少需要实现以下三个功能。

（1）从视频源中循环获取输入图像（如从输入文件中读取）。

（2）将当前帧传入编码器进行编码，获取输出的码流包。

（3）输出码流包中的压缩码流（如写出到输出文件）。

首先实现图像数据的读取和码流数据的写出功能。

1．读取图像数据和写出码流数据

在 io_data.h 和 io_data.cpp 中分别实现对 YUV 图像数据的读取和对码流数据的写出功能。

```
// io_data.h
#ifndef IO_DATA_H
#define IO_DATA_H

// ......

int32_t read_yuv_to_frame(AVFrame *frame);
```

```cpp
void write_pkt_to_file(AVPacket *pkt);

#endif

// io_data.cpp
// ......
int32_t read_yuv_to_frame(AVFrame *frame) {
    int32_t frame_width = frame->width;
    int32_t frame_height = frame->height;
    int32_t luma_stride = frame->linesize[0];
    int32_t chroma_stride = frame->linesize[1];
    int32_t frame_size = frame_width * frame_height * 3 / 2;
    int32_t read_size = 0;

    if (frame_width == luma_stride) {
        // 如果 width 等于 stride，则说明 frame 中不存在 padding 字节，可整体读取
        read_size += fread(frame->data[0], 1, frame_width * frame_height,
            input_file);
        read_size += fread(frame->data[1], 1, frame_width * frame_height / 4,
            input_file);
        read_size += fread(frame->data[2], 1, frame_width * frame_height / 4,
            input_file);
    }
    else {
        // 如果 width 不等于 stride，则说明 frame 中存在 padding 字节，
        // 对三个分量应当逐行读取
        for (size_t i = 0; i < frame_height; i++) {
            read_size += fread(frame->data[0]+i*luma_stride, 1, frame_width,
                input_file);
        }
        for (size_t uv = 1; uv < 2; uv++)
        {
            for (size_t i = 0; i < frame_height/2; i++) {
                read_size += fread(frame->data[uv]+i*chroma_stride, 1,
                    frame_width/2, input_file);
            }
        }
    }

    // 验证读取数据是否正确
    if (read_size != frame_size)
    {
        std::cerr << "Error: Read data error, frame_size:" << frame_size << ",
```

```
            read_size:" << read_size << std::endl;
        return -1;
    }

    return 0;
}

void write_pkt_to_file(AVPacket *pkt) {
    fwrite(pkt->data, 1, pkt->size, output_file);
}
```

　　如果输入图像不是标准格式的宽度（如 16 像素的整数倍），则为了兼容编码要求，AVFrame 结构中的图像存储区宽度（即 stride 值）可能会超过图像的实际宽度。通过 AVFrame::linesize 数组中的值可获取每个颜色分量的 stride 值。

2. 编码一帧图像数据

　　在 src/video_encoder_core.cpp 中，函数 encode_frame 可以将 1 帧 YUV 图像数据编码为码流。

```
static int32_t encode_frame(bool flushing) {
    int32_t result = 0;
    if (!flushing) {
        std::cout << "Send frame to encoder with pts: " << frame->pts << std::endl;
    }

    result = avcodec_send_frame(codec_ctx, flushing ? nullptr : frame);
    if (result < 0) {
        std::cerr << "Error: avcodec_send_frame failed." << std::endl;
        return result;
    }

    while (result >= 0) {
        result = avcodec_receive_packet(codec_ctx, pkt);
        if (result == AVERROR(EAGAIN) || result == AVERROR_EOF) {
            return 1;
        }
        else if (result < 0) {
            std::cerr << "Error: avcodec_receive_packet failed." << std::endl;
            return result;
        }

        if (flushing) {
            std::cout << "Flushing:";
```

```
        }
        std::cout << "Got encoded package with dts:" << pkt->dts << ", pts:" <<
            pkt->pts << ", " << std::endl;
        write_pkt_to_file(pkt);
    }
    return 0;
}
```

从上述代码可知，编码 1 帧图像数据需要调用两个关键的 API：函数 avcodec_send_frame 和函数 avcodec_receive_packet，分别实现将图像送入编码器和从编码器中获取视频码流的功能。二者在 avcodec.h 中的声明方式如下。

```
/**
 * 将保存了图像数据的 AVFrame 结构传入编码器
 */
int avcodec_send_frame(AVCodecContext *avctx, const AVFrame *frame);
/**
 * 从编码器中获取保存了压缩码流数据的 AVPacket 结构
 */
int avcodec_receive_packet(AVCodecContext *avctx, AVPacket *avpkt);
```

函数 avcodec_send_frame 用于将 AVFrame 结构所封装的图像数据传入编码器。该函数接收 2 个参数。

◎　AVCodecContext *avctx：当前编码器的上下文结构。

◎　AVFrame *frame：待编码的图像结构。当该参数为空时表示编码结束，此时应刷新编码器缓存的码流。

我们可以通过函数 avcodec_send_frame 的返回值判断执行状态。当返回值为 0 时，表示正常执行。如果返回负值（负值为错误码），则可能是以下原因造成的。

◎　AVERROR(EAGAIN)：输出缓存区已满，应先调用函数 avcodec_receive_packet 获取输出数据后再尝试输入。

◎　AVERROR_EOF：编码器已收到刷新指令，不再接收新的图像输入。

◎　AVERROR(EINVAL)：编码器状态错误。

◎　AVERROR(ENOMEM)：内存空间不足。

函数 avcodec_receive_packet 用于从编码器中获取输出的码流，并保存在传入的 AVPacket 结构中。该函数接收 2 个参数。

◎ AVCodecContext *avctx：当前编码器的上下文结构。

◎ AVPacket *avpkt：输出的码流包结构，包含编码器输出的视频码流。

与函数 avcodec_send_frame 类似，我们可以通过函数 avcodec_receive_packet 的返回值判断执行状态。当返回值为 0 时，表示正常执行。如果返回负值，则可能是以下原因造成的。

◎ AVERROR(EAGAIN)：编码器尚未完成对新 1 帧的编码，应继续通过函数 avcodec_send_frame 传入后续图像。

◎ AVERROR_EOF：编码器已完全输出内部缓存的码流，编码完成。

◎ AVERROR(EINVAL)：编码器状态错误。

3．编码循环体的整体实现

在读取图像并编码 1 帧图像数据后，接下来可以通过 encode 函数对 YUV 输入图像进行循环编码。

```cpp
// video_encoder_core.h
int32_t encoding(int32_t frame_cnt);

// video_encoder_core.cpp
int32_t encoding(int32_t frame_cnt) {
    int result = 0;
    for (size_t i = 0; i < frame_cnt; i++) {
        result = av_frame_make_writable(frame);
        if (result < 0) {
            std::cerr << "Error: could not av_frame_make_writable." << std::endl;
            return result;
        }

        result = read_yuv_to_frame(frame);
        if (result < 0) {
            std::cerr << "Error: read_yuv_to_frame failed." << std::endl;
            return result;
        }
        frame->pts = i;

        result = encode_frame(false);
        if (result < 0) {
            std::cerr << "Error: encode_frame failed." << std::endl;
            return result;
        }
```

```
    }
    result = encode_frame(true);
    if (result < 0) {
        std::cerr << "Error: flushing failed." << std::endl;
        return result;
    }

    return 0;
}
```

11.1.4　关闭编码器

在编码完 YUV 图像，并保存或转发编码的码流后，应关闭编码器，释放先前分配的图像帧和码流包结构。该部分内容在函数 destroy_video_encoder 中实现。

```
void destroy_video_encoder() {
    avcodec_free_context(&codec_ctx);
    av_frame_free(&frame);
    av_packet_free(&pkt);
}
```

最终，main 函数的实现如下。

```
int main(int argc, char **argv) {
    if (argc < 4) {
        usage(argv[0]);
        return 1;
    }

    char *input_file_name = argv[1];
    char *output_file_name = argv[2];
    char *codec_name = argv[3];

    std::cout << "Input file:" << std::string(input_file_name) << std::endl;
    std::cout << "output file:" << std::string(output_file_name) << std::endl;
    std::cout << "codec name:" << std::string(codec_name) << std::endl;

    int32_t result = open_input_output_files(input_file_name, output_file_name);
    if (result < 0) {
        return result;
    }

    result = init_video_encoder(codec_name);
```

```
    if (result < 0) {
        goto failed;
    }

    result = encoding(50);
    if (result < 0) {
        goto failed;
    }

failed:
    destroy_video_encoder();
    close_input_output_files();
    return 0;
}
```

编译完成后，使用以下方法执行测试程序。

```
video_encoder ~/Video/input_1280x720.yuv output.h264 libx264
```

执行完成后，video_encoder 编码会生成输出视频码流文件 output.h264。使用 ffplay 可播放输出码流文件，查看编码结果。

```
ffplay -i output.h264
```

11.1.5 FFmpeg 视频编码延迟分析

1. 默认编码配置——高输出延迟

如果按照前文的代码实现和编码器设置直接编译、运行，则可以得到以下输出结果。

```
Input file:/Users/yinwenjie/Video/input_1280x720.yuv
output file:./output.h264
codec name:libx264
[libx264 @ 0x7fc33a012200] using cpu capabilities: MMX2 SSE2Fast SSSE3 SSE4.2
AVX FMA3 BMI2 AVX2
[libx264 @ 0x7fc33a012200] profile High, level 3.1
Send frame to encoder with pts: 0
Send frame to encoder with pts: 1
Send frame to encoder with pts: 2
Send frame to encoder with pts: 3
Send frame to encoder with pts: 4
Send frame to encoder with pts: 5
Send frame to encoder with pts: 6
Send frame to encoder with pts: 7
```

```
Send frame to encoder with pts: 8
Send frame to encoder with pts: 9
……
Flushing:Got encoded package with dts:-2, pts:0,
Flushing:Got encoded package with dts:-1, pts:2,
Flushing:Got encoded package with dts:0, pts:1,
Flushing:Got encoded package with dts:1, pts:3,
Flushing:Got encoded package with dts:2, pts:7,
Flushing:Got encoded package with dts:3, pts:5,
Flushing:Got encoded package with dts:4, pts:4,
Flushing:Got encoded package with dts:5, pts:6,
Flushing:Got encoded package with dts:6, pts:11,
Flushing:Got encoded package with dts:7, pts:9,
Flushing:Got encoded package with dts:8, pts:8,
Flushing:Got encoded package with dts:9, pts:10,
……
```

从上面的输出日志信息可以看出，在向编码器循环输入图像帧的过程中，编码器并没有输出任何视频码流，直到图像输入完成并刷新编码器后，所有图像帧对应的视频码流才从编码器中输出。这种情况在工程中的表现是，编码器在编码过程中产生较大延迟，即输入第 1 帧后需要等待较长时间才会获得第 1 帧的码流。

使用 libx264 编码产生的延迟通常是由多方面导致的，具体如下。

◎　平台算力不足：libx264 是纯软件编码方案，部分低端设备在对高帧率、高分辨率的视频进行编码时可能存在算力不足的问题。

◎　编码配置问题：如编码前瞻设置、B 帧数量和多线程并行编码配置。

2. x264 编码低延迟优化配置

通过修改编码配置可以解决延迟过高的问题，即在编码器初始化阶段，在 AVCodecContext 结构中添加如下配置。

```
codec_ctx->profile = FF_PROFILE_H264_HIGH;
codec_ctx->bit_rate = 2000000;
codec_ctx->width = 1280;
codec_ctx->height = 720;
codec_ctx->gop_size = 10;
codec_ctx->time_base = (AVRational){ 1, 25 };
codec_ctx->framerate = (AVRational){ 25, 1 };
codec_ctx->pix_fmt = AV_PIX_FMT_YUV420P;
```

```
if (codec->id == AV_CODEC_ID_H264) {
    av_opt_set(codec_ctx->priv_data, "preset", "slow", 0);
    av_opt_set(codec_ctx->priv_data, "tune", "zerolatency", 0);
}
```

通过上述代码，我们为编码器添加了 tune 参数，值为 zerolatency。传入该参数后，在编码时可以禁用 B 帧编码、帧级多线程编码和前瞻码率控制等特性，以降低延迟。此时编码器的输出日志如下。

```
Send frame to encoder with pts: 0
Got encoded package with dts:0, pts:0,
Send frame to encoder with pts: 1
Got encoded package with dts:1, pts:1,
Send frame to encoder with pts: 2
Got encoded package with dts:2, pts:2,
Send frame to encoder with pts: 3
Got encoded package with dts:3, pts:3,
Send frame to encoder with pts: 4
Got encoded package with dts:4, pts:4,
Send frame to encoder with pts: 5
Got encoded package with dts:5, pts:5,
Send frame to encoder with pts: 6
Got encoded package with dts:6, pts:6,
Send frame to encoder with pts: 7
Got encoded package with dts:7, pts:7,
Send frame to encoder with pts: 8
Got encoded package with dts:8, pts:8,
Send frame to encoder with pts: 9
Got encoded package with dts:9, pts:9,
Send frame to encoder with pts: 10
Got encoded package with dts:10, pts:10,
Send frame to encoder with pts: 11
Got encoded package with dts:11, pts:11,
Send frame to encoder with pts: 12
Got encoded package with dts:12, pts:12,
Send frame to encoder with pts: 13
Got encoded package with dts:13, pts:13,
Send frame to encoder with pts: 14
Got encoded package with dts:14, pts:14,
Send frame to encoder with pts: 15
Got encoded package with dts:15, pts:15,
Send frame to encoder with pts: 16
Got encoded package with dts:16, pts:16,
```

```
Send frame to encoder with pts: 17
Got encoded package with dts:17, pts:17,
Send frame to encoder with pts: 18
Got encoded package with dts:18, pts:18,
Send frame to encoder with pts: 19
Got encoded package with dts:19, pts:19,
```

由此可见，编码器在获得图像输入后可以直接输出编码后的码流，不再因为将图像缓存在编码器内部而产生输出延迟。进一步分析输出码流的帧类型，可知每一个码流包对应的帧类型如下。

```
I P P P I P P P P P P P P I P P P P I
```

需要注意的是，由于禁用了帧级多线程编码，所以虽然可以获得较低的延迟，但是会影响编码速度，因此在使用时应多加留意。

3. 加入 B 帧的低延迟编码

在使用 zerolatency 进行低延迟编码时，通常是无法生成 B 帧的。但是由于 B 帧可以较高地压缩码率，所以在某些场景下又希望加入 B 帧，此时便可以在编码参数配置中进行配置。

```
codec_ctx->profile = FF_PROFILE_H264_HIGH;
codec_ctx->bit_rate = 2000000;
codec_ctx->width = 1280;
codec_ctx->height = 720;
codec_ctx->gop_size = 10;
codec_ctx->time_base = (AVRational){ 1, 25 };
codec_ctx->framerate = (AVRational){ 25, 1 };
// 在 I 帧和 P 帧之间最多插入 3 个 B 帧
codec_ctx->max_b_frames = 3;
codec_ctx->pix_fmt = AV_PIX_FMT_YUV420P;

if (codec->id == AV_CODEC_ID_H264) {
    av_opt_set(codec_ctx->priv_data, "preset", "slow", 0);
    av_opt_set(codec_ctx->priv_data, "tune", "zerolatency", 0);
}
```

编码器的日志信息如下。

```
Send frame to encoder with pts: 0
Send frame to encoder with pts: 1
Send frame to encoder with pts: 2
Send frame to encoder with pts: 3
```

```
Got encoded package with dts:-2, pts:0,
Send frame to encoder with pts: 4
Got encoded package with dts:-1, pts:2,
Send frame to encoder with pts: 5
Got encoded package with dts:0, pts:1,
Send frame to encoder with pts: 6
Got encoded package with dts:1, pts:3,
Send frame to encoder with pts: 7
Got encoded package with dts:2, pts:7,
Send frame to encoder with pts: 8
Got encoded package with dts:3, pts:5,
Send frame to encoder with pts: 9
Got encoded package with dts:4, pts:4,
Send frame to encoder with pts: 10
Got encoded package with dts:5, pts:6,
Send frame to encoder with pts: 11
Got encoded package with dts:6, pts:11,
……
Got encoded package with dts:14, pts:14,
Flushing:Got encoded package with dts:15, pts:16,
Flushing:Got encoded package with dts:16, pts:18,
Flushing:Got encoded package with dts:17, pts:19,
```

帧类型顺序如下。

```
I B P I B B B P B B B P P I B B B P P P
```

由于单独指定了 max_b_frames 参数为 3，因此替换了 zerolatency 中禁用 B 帧编码的选项。

11.2 libavcodec 视频解码

在 FFmpeg 提供的示例代码 decode_video.c 中显示了调用 FFmpeg SDK 进行视频解码的基本方法。本节我们以此为参考构建一个基于 FFmpeg libavcodec 的 H.264 视频解码器。

11.2.1 主函数实现

在 demo 目录中新建测试代码 video_decoder.cpp。

```
touch demo/video_decoder.cpp
```

在 11.1 节实现的 FFmpeg 编码器中，我们已经在 io_data.h 和 io_data.cpp 中实现了相关的数据读写功能，此处可以复用其功能。在 video_decoder.cpp 中编写以下代码。

```cpp
#include <cstdlib>
#include <iostream>
#include <string>

#include "io_data.h"

static void usage(const char *program_name) {
    std::cout << "usage: " << std::string(program_name) << " input_file
output_file" << std::endl;
}

int main(int argc, char **argv) {
    if (argc < 3) {
        usage(argv[0]);
        return 1;
    }

    char *input_file_name = argv[1];
    char *output_file_name = argv[2];

    std::cout << "Input file:" << std::string(input_file_name) << std::endl;
    std::cout << "output file:" << std::string(output_file_name) << std::endl;

    int32_t result = open_input_output_files(input_file_name, output_file_name);
    if (result < 0) {
        return result;
    }

    // ......

    close_input_output_files();
    return 0;
}
```

11.2.2　视频解码器初始化

与创建编码器类似，在视频解码之前应先初始化视频解码器。在 inc 目录中创建头文件 video_encoder_core.h，在 src 目录中创建源文件 video_encoder_core.cpp，并实现以下代码。

```cpp
// video_encoder_core.h
#ifndef VIDEO_DECODER_CORE_H
#define VIDEO_DECODER_CORE_H
#include <stdint.h>
```

```cpp
int32_t init_video_decoder();
void destroy_video_decoder();

int32_t decoding();

#endif
// video_encoder_core.cpp
extern "C"{
    #include <libavcodec/avcodec.h>
}
#include <iostream>

#include "video_decoder_core.h"
#include "io_data.h"

static AVCodec *codec = nullptr;
static AVCodecContext *codec_ctx = nullptr;
static AVCodecParserContext *parser = nullptr;

static AVFrame *frame = nullptr;
static AVPacket *pkt = nullptr;

int32_t init_video_decoder() {
    codec = avcodec_find_decoder(AV_CODEC_ID_H264);
    if (!codec) {
        std::cerr << "Error: could not find codec." << std::endl;
        return -1;
    }

    parser = av_parser_init(codec->id);
    if (!parser) {
        std::cerr << "Error: could not init parser." << std::endl;
        return -1;
    }

    codec_ctx = avcodec_alloc_context3(codec);
    if (!codec_ctx) {
        std::cerr << "Error: could not alloc codec." << std::endl;
        return -1;
    }

    int32_t result = avcodec_open2(codec_ctx, codec, nullptr);
    if (result < 0) {
```

```
        std::cerr << "Error: could not open codec." << std::endl;
        return -1;
    }

    frame = av_frame_alloc();
    if (!frame) {
        std::cerr << "Error: could not alloc frame." << std::endl;
        return -1;
    }

    pkt = av_packet_alloc();
    if (!pkt)
    {
        std::cerr << "Error: could not alloc packet." << std::endl;
        return -1;
    }

    return 0;
}

void destroy_video_decoder() {
    av_parser_close(parser);
    avcodec_free_context(&codec_ctx);
    av_frame_free(&frame);
    av_packet_free(&pkt);
}
```

从上述代码可知，解码器的初始化与编码器的初始化类似，区别仅在于需要多创建一个
AVCodecParserContext 类型的对象。AVCodecParserContext 是码流解析器的句柄，其作用是从一
串二进制数据流中解析出符合某种编码标准的码流包。使用函数 av_parser_init 可以根据指定的
codec_id 创建一个码流解析器，该函数的声明方式如下。

```
/**
 * 根据指定的 codec_id 创建码流解析器
 */
AVCodecParserContext *av_parser_init(int codec_id);
```

11.2.3　解码循环体

解码循环体至少需要实现以下三个功能。

◎　从输入源中循环获取码流包（如从输入文件中读取码流包）。

◎ 将当前帧传入解码器，获取输出的图像帧。

◎ 输出解码获取的图像帧（如将图像帧写入输出文件）。

1. 读取并解析输入码流

在数据 I/O 部分，将从输入文件中读取的数据添加到缓存，并判断输入文件到达结尾的方法。

```
// io_data.h

// ......
int32_t end_of_input_file();

int32_t read_data_to_buf(uint8_t *buf, int32_t size, int32_t& out_size);

// io_data.cpp
int32_t end_of_input_file() {
    return feof(input_file);
}

int32_t read_data_to_buf(uint8_t *buf, int32_t size, int32_t& out_size) {
    int32_t read_size = fread(buf, 1, size, input_file);
    if (read_size == 0) {
        std::cerr << "Error: read_data_to_buf failed." << std::endl;
        return -1;
    }
    out_size = read_size;
    return 0;
}
```

在 video_decoder_core.h 和 video_decoder_core.cpp 中添加函数 decoding 的实现。

```
// video_decoder_core.h
// ......
int32_t decoding();

// video_decoder_core.cpp

// ......
int32_t decoding() {
    uint8_t inbuf[INBUF_SIZE] ={ 0 };
    int32_t result = 0;
    uint8_t *data = nullptr;
```

```cpp
int32_t data_size = 0;
while (!end_of_input_file()) {
    result = read_data_to_buf(inbuf, INBUF_SIZE, data_size);
    if (result < 0) {
        std::cerr << "Error: read_data_to_buf failed." << std::endl;
        return -1;
    }

    data = inbuf;
    while (data_size > 0) {
        result = av_parser_parse2(parser, codec_ctx, &pkt->data, &pkt->size,
            data, data_size, AV_NOPTS_VALUE, AV_NOPTS_VALUE, 0);
        if (result < 0) {
            std::cerr << "Error: av_parser_parse2 failed." << std::endl;
            return -1;
        }

        data += result;
        data_size -= result;

        if (pkt->size) {
            std::cout << "Parsed packet size:" << pkt->size << std::endl;
        }
    }
}

return 0;
}
```

如上述代码所示，想要从数据缓存区中解析出 AVPacket 结构，就必须调用 av_parser_parse2 函数。该函数的声明方式如下。

```cpp
/**
 * 从一串连续的二进制码流中按照指定格式解析出一个码流包结构
 */
int av_parser_parse2(AVCodecParserContext *s,
    AVCodecContext *avctx,
    uint8_t **poutbuf, int *poutbuf_size,
    const uint8_t *buf, int buf_size,
    int64_t pts, int64_t dts,
    int64_t pos);
```

当调用函数 av_parser_parse2 时，首先通过参数指定保存某一段码流数据的缓存区及其长度，然后通过输出 poutbuf 指针或 poutbuf_size 的值来判断是否读取了一个完整的 AVPacket 结构。当*poutbuf 指针为 NULL 或 poutbuf_size 的值为 0 时，表示解析码流包的过程尚未完成；当*poutbuf 指针为非空或 poutbuf_size 的值为正时，表示已完成一次完整的解析过程。

2. 解码视频码流包

下面在 src/video_decoder_core.cpp 中实现解码一个 AVPacket 码流包的功能。

```cpp
static int32_t decode_packet(bool flushing) {
    int32_t result = 0;
    result = avcodec_send_packet(codec_ctx, flushing ? nullptr : pkt);
    if (result < 0) {
        std::cerr << "Error: faile to send packet, result:" << result <<std::endl;
        return -1;
    }

    while (result >= 0) {
        result = avcodec_receive_frame(codec_ctx, frame);
        if (result == AVERROR(EAGAIN) || result == AVERROR_EOF)
            return 1;
        else if (result < 0) {
            std::cerr << "Error: faile to receive frame, result:" << result
                <<std::endl;
            return -1;
        }
        if (flushing) {
            std::cout << "Flushing:";
        }
        std::cout << "Write frame pic_num:" << frame->coded_picture_number <<
std::endl;
    }
    return 0;
}
```

解码阶段使用的两个关键 API 为 avcodec_send_packet 函数和 avcodec_receive_frame 函数，二者的声明方式如下。

```cpp
/**
 * 将保存压缩码流的 AVPacket 结构传入解码器
 */
int avcodec_send_packet(AVCodecContext *avctx, const AVPacket *avpkt);

/**
```

```
*  从解码器中获取保存解码输出图像的 AVFrame 结构
*/
int avcodec_receive_frame(AVCodecContext *avctx, AVFrame *frame);
```

函数 avcodec_send_packet 用于将 AVPacket 结构所封装的二进制码流传入解码器，它可以接收 2 个参数。

◎ AVCodecContext *avctx：当前解码器的上下文结构。

◎ AVPacket *avpkt：输入的码流包结构，当该参数为空时，表示解码结束，开始刷新解码器缓存的图像。

我们可以通过函数 avcodec_send_packet 的返回值判断执行状态。当返回值为 0 时，表示正常执行。如果返回负值，则可能的原因如下。

◎ AVERROR(EAGAIN)：输出缓存区已满，应先调用函数 avcodec_receive_frame 获取输出数据，之后再尝试输入。

◎ AVERROR_EOF：解码器已收到刷新指令，不再接收新的图像输入。

◎ AVERROR(EINVAL)：解码器状态错误。

◎ AVERROR(ENOMEM)：内存空间不足。

函数 avcodec_receive_frame 可以从解码器中获取解码输出的图像帧结构，该函数接收 2 个参数。

◎ AVCodecContext *avctx：当前编码器的上下文结构。

◎ AVFrame *frame：解码输出的图像结构。

与函数 avcodec_send_packet 类似，我们可以通过函数 avcodec_receive_frame 的返回值判断执行状态。当返回值为 0 时，表示正常执行。如果返回负值（错误码），则可能是以下原因造成的。

◎ AVERROR(EAGAIN)：解码器尚未完成对新 1 帧的解码，应继续通过函数 avcodec_send_packet 传入后续码流。

◎ AVERROR_EOF：解码器已完全输出内部缓存的码流，解码完成。

◎ AVERROR(EINVAL)：解码器状态错误。

◎ AVERROR_INPUT_CHANGED：当前解码帧的参数发生了改变。

在实现视频编码器后，可以发现，解码一个 AVPacket 结构的方法与在编码器中编码一个

AVFrame 结构的方法类似。当将图像编码为视频流时，首先，应向编码器发送图像帧（send_frame）；其次，在编码完成后从编码器接收码流包（receive_packet）。反过来，当将视频流解码为图像时，首先，应向解码器发送码流包（send_packet）；其次，在解码完成后从解码器接收图像帧（receive_frame）。

3. 输出解码图像数据

在前文讲解的 AVFrame 结构中，我们知道解码输出的图像数据是按各个分量储存在 AVFrame 结构的 data 数组中的，每个分量的宽度在 linesize 数组中保存。因此，需要在 io_data.h 与 io_data.cpp 中实现 write_frame_to_yuv 函数，将 AVFrame 结构中保存的图像数据写入输出文件。

```cpp
// io_data.h
// ......
int32_t write_frame_to_yuv(AVFrame *frame);

// io_data.cpp
// ......
int32_t write_frame_to_yuv(AVFrame *frame) {
    uint8_t **pBuf = frame->data;
    int *pStride = frame->linesize;
    for (size_t i = 0; i < 3; i++) {
        int32_t width = (i == 0 ? frame->width : frame->width / 2);
        int32_t height = (i == 0 ? frame->height : frame->height / 2);
        for (size_t j = 0; j < height; j++) {
            fwrite(pBuf[i], 1, width, output_file);
            pBuf[i] += pStride[i];
        }
    }
    return 0;
}
```

为了在解码一个 AVPacket 结构后就能输出 YUV 数据到输出文件，我们必须对 decode_packet 进行修改，具体如下。

```cpp
static int32_t decode_packet(bool flushing) {
    int32_t result = 0;
    result = avcodec_send_packet(codec_ctx, flushing ? nullptr : pkt);
    if (result < 0) {
        std::cerr << "Error: faile to send packet, result:" << result << std::endl;
        return -1;
```

```
    }

    while (result >= 0) {
        result = avcodec_receive_frame(codec_ctx, frame);
        if (result == AVERROR(EAGAIN) || result == AVERROR_EOF)
            return 1;
        else if (result < 0) {
            std::cerr << "Error: faile to receive frame, result:" << result
                <<std::endl;
            return -1;
        }
        if (flushing) {
            std::cout << "Flushing:";
        }
        std::cout << "Write frame pic_num:" << frame->coded_picture_number <<
std::endl;
        write_frame_to_yuv(frame);
    }
    return 0;
}
```

解码循环函数 decoding 的最终实现如下。

```
int32_t decoding() {
    uint8_t inbuf[INBUF_SIZE] ={ 0 };
    int32_t result = 0;
    uint8_t *data = nullptr;
    int32_t data_size = 0;
    while (!end_of_input_file()) {
        result = read_data_to_buf(inbuf, INBUF_SIZE, data_size);
        if (result < 0) {
            std::cerr << "Error: read_data_to_buf failed." << std::endl;
            return -1;
        }

        data = inbuf;
        while (data_size > 0) {
            result = av_parser_parse2(parser, codec_ctx, &pkt->data, &pkt->size,
                data, data_size, AV_NOPTS_VALUE, AV_NOPTS_VALUE, 0);
            if (result < 0) {
                std::cerr << "Error: av_parser_parse2 failed." << std::endl;
                return -1;
            }
```

```
        data += result;
        data_size -= result;

        if (pkt->size) {
            std::cout << "Parsed packet size:" << pkt->size << std::endl;
            decode_packet(false);
        }
    }
}
decode_packet(true);
return 0;
}
```

11.2.4 关闭解码器

与清理编码器的各个对象类似，在完成了对解码输出图像的保存和渲染显示后，应关闭解码器和码流解析器，释放先前分配的 AVPacket 结构和 AVFrame 结构。该部分在函数 destroy_video_decoder 中实现。

```
void destroy_video_decoder() {
    av_parser_close(parser);
    avcodec_free_context(&codec_ctx);
    av_frame_free(&frame);
    av_packet_free(&pkt);
}
```

最终，main 函数的实现如下。

```
int main(int argc, char **argv) {
    if (argc < 3) {
        usage(argv[0]);
        return 1;
    }

    char *input_file_name = argv[1];
    char *output_file_name = argv[2];

    std::cout << "Input file:" << std::string(input_file_name) << std::endl;
    std::cout << "output file:" << std::string(output_file_name) << std::endl;

    int32_t result = open_input_output_files(input_file_name, output_file_name);
    if (result < 0) {
        return result;
```

```
    }

    result = init_video_decoder();
    if (result < 0) {
        return result;
    }

    result = decoding();
    if (result < 0) {
        return result;
    }

    destroy_video_decoder();
    close_input_output_files();
    return 0;
}
```

编译完成后，使用以下方法执行测试程序。

```
video_decoder ~/Video/es.h264 output.yuv
```

解码完成后，使用 **ffplay** 可播放输出的.yuv 图像文件。

```
ffplay -f rawvideo -pix_fmt yuv420p -video_size 1280x720 output.yuv
```

第12章
使用FFmpeg SDK进行音频编解码

音频信号的编码和解码是多媒体应用的重要场景。例如，在视频会议、远程教学等场景中，音频编码的效率和质量对用户体验会产生重要影响。在FFmpeg中，对音频信号的编码和解码也是最基本、最常用的功能之一。与对视频信息的编解码类似，对音频信息的编解码同样由编解码库libavcodec实现。

在本章中，我们着重介绍如何调用libavcodec库中的相关API，将PCM格式的原始音频采样数据编码为MP3格式或AAC格式的音频文件，以及将MP3格式或AAC格式的音频文件解码为PCM格式的音频采样数据。

12.1 libavcodec 音频编码

在FFmpeg提供的示例代码encode_audio.cpp中，显示了调用FFmpeg SDK进行音频编码的基本方法。本章我们以此为参考构建一个基于libavcodec库的音频流编码器。示例代码encode_audio.cpp编码的是人工合成的音频信号，而本章所构建的编码器所编码的是一段音乐的采样数据。

12.1.1 主函数实现

在demo目录中新建测试代码audio_encoder.cpp。

```
touch demo/audio_encoder.cpp
```

在第11章中，我们实现了基本的读写二进制数据的功能，分别声明和实现于io_data.h和io_data.cpp中，本章我们直接复用其功能。主函数的基本框架如下。

```cpp
#include <cstdlib>
#include <iostream>
#include <string>

#include "io_data.h"

static void usage(const char *program_name) {
    std::cout << "usage: " << std::string(program_name) << " input_yuv output_file
codec_name" << std::endl;
}

int main(int argc, char **argv) {
    if (argc < 4) {
        usage(argv[0]);
        return 1;
    }

    char *input_file_name = argv[1];
    char *output_file_name = argv[2];
    char *codec_name = argv[3];

    std::cout << "Input file:" << std::string(input_file_name) << std::endl;
    std::cout << "output file:" << std::string(output_file_name) << std::endl;
    std::cout << "codec name:" << std::string(codec_name) << std::endl;

    int32_t result = open_input_output_files(input_file_name, output_file_name);
    if (result < 0) {
        return result;
    }

    // ......

    close_input_output_files();
    return 0;
}
```

12.1.2　音频编码器初始化

与视频编码类似，在编码音频信号之前，应先初始化音频编码器。在 inc 目录中创建头文件 audio_encoder_core.h，在 src 目录中创建源文件 audio_encoder_core.cpp，并编写以下代码。

```cpp
// audio_encoder_core.h
// 初始化音频编码器
```

```
int32_t init_audio_encoder(const char *codec_name);

// audio_encoder_core.cpp
#include <stdint.h>
#include <stdio.h>
#include <stdlib.h>
#include <iostream>

extern "C" {
#include <libavcodec/avcodec.h>
#include <libavutil/channel_layout.h>
#include <libavutil/common.h>
#include <libavutil/frame.h>
#include <libavutil/samplefmt.h>
}

#include "audio_encoder_core.h"

static AVCodec *codec = nullptr;
static AVCodecContext *codec_ctx = nullptr;
static AVFrame *frame = nullptr;
static AVPacket *pkt = nullptr;

static enum AVCodecID audio_codec_id;

int32_t init_audio_encoder(const char *codec_name) {
    if (strcasecmp(codec_name, "MP3") == 0) {
        audio_codec_id = AV_CODEC_ID_MP3;
        std::cout << "Select codec id: MP3" << std::endl;
    }
    else if (strcasecmp(codec_name, "AAC") == 0) {
        audio_codec_id = AV_CODEC_ID_AAC;
        std::cout << "Select codec id: AAC" << std::endl;
    }
    else {
        std::cerr << "Error invalid audio format." << std::endl;
        return -1;
    }

    codec = avcodec_find_encoder(audio_codec_id);
    if (!codec) {
        std::cerr << "Error: could not find codec." << std::endl;
        return -1;
    }
```

```
codec_ctx = avcodec_alloc_context3(codec);
if (!codec_ctx) {
    std::cerr << "Error: could not alloc codec." << std::endl;
    return -1;
}
// 设置音频编码器的参数
codec_ctx->bit_rate = 128000;                    // 设置输出码率为 128Kbps
codec_ctx->sample_fmt = AV_SAMPLE_FMT_FLTP;      // 音频采样格式为 fltp
codec_ctx->sample_rate = 44100;                  // 音频采样率为 44.1kHz
codec_ctx->channel_layout = AV_CH_LAYOUT_STEREO; // 声道布局为立体声
codec_ctx->channels = 2;                         // 声道数为双声道

int32_t result = avcodec_open2(codec_ctx, codec, nullptr);
if (result < 0) {
    std::cerr << "Error: could not open codec." << std::endl;
    return -1;
}

frame = av_frame_alloc();
if (!frame) {
    std::cerr << "Error: could not alloc frame." << std::endl;
    return -1;
}

frame->nb_samples = codec_ctx->frame_size;
frame->format = codec_ctx->sample_fmt;
frame->channel_layout = codec_ctx->channel_layout;
result = av_frame_get_buffer(frame, 0);
if (result < 0) {
    std::cerr << "Error: AVFrame could not get buffer." << std::endl;
    return -1;
}

pkt = av_packet_alloc();
if (!pkt) {
    std::cerr << "Error: could not alloc packet." << std::endl;
    return -1;
}
return 0;
}
```

从以上代码可知，初始化音频编码器与初始化视频编码器类似，其区别在于查找编码器所需的编码器 ID 不同，以及为编码器上下文结构输入的参数不同。显然，编码音频流不需要指定图像的宽、高，以及 GOP 大小等视频信息特有的参数，但需要输入音频采样格式、音频采样率、声道布局和声道数等音频编码所需的信息。

12.1.3 编码循环体

1. PCM 文件的内部和外部存储结构

在初始化音频编码器时，我们指定了输入音频的采样格式为 AV_SAMPLE_FMT_FLTP。FFmpeg 中定义了多种音频信息的采样格式，具体如下。

```
enum AVSampleFormat {
    AV_SAMPLE_FMT_NONE = -1,
    AV_SAMPLE_FMT_U8,       ///< 无符号 8 位整型，packed
    AV_SAMPLE_FMT_S16,      ///< 有符号 16 位整型，packed
    AV_SAMPLE_FMT_S32,      ///< 有符号 32 位整型，packed
    AV_SAMPLE_FMT_FLT,      ///< 单精度浮点数，packed
    AV_SAMPLE_FMT_DBL,      ///< 双精度浮点数，packed

    AV_SAMPLE_FMT_U8P,      ///< 无符号 8 位整型，planar
    AV_SAMPLE_FMT_S16P,     ///< 有符号 16 位整型，planar
    AV_SAMPLE_FMT_S32P,     ///< 有符号 32 位整型，planar
    AV_SAMPLE_FMT_FLTP,     ///< 单精度浮点数，planar
    AV_SAMPLE_FMT_DBLP,     ///< 双精度浮点数，planar
    AV_SAMPLE_FMT_S64,      ///< 有符号 64 位整型
    AV_SAMPLE_FMT_S64P,     ///< 有符号 64 位整型，planar
};
```

根据上述定义，音频的采样格式可分为 packed 和 planar 两大类。在每个大类中，根据保存采样点的数据类型又可以分为若干细分类型。

对于单声道音频，packed 格式和 planar 格式在数据的保存方式上并无实际区别。而对于多声道、立体声音频，不同格式的采样数据的保存方式不同。以 packed 格式保存的采样数据，各个声道之间按照采样值交替存储；以 planar 格式保存的采样数据，各个采样值按照不同声道连续存储。图 12-1 分别以 8 bit 和 16 bit 为例展示了 planar 格式和 packed 格式是如何保存音频采样数据的。

在实际使用中，PCM 文件的采样格式以 packed 为主，而 FFmpeg 内部使用的格式为 planar。例如，FFmpeg 默认的 MP3 编码器 libmp3lame 仅支持 planar 格式作为编码的采样格式。

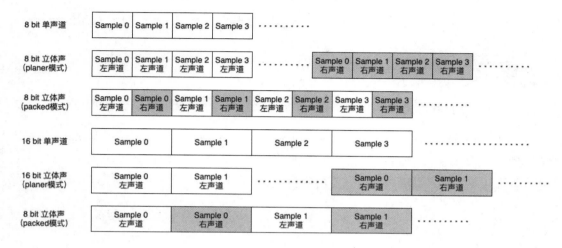

图 12-1

2. 读取 PCM 音频采样数据

由于 FFmpeg 内部的音频采样数据是以 planar 格式保存在 AVFrame 结构中的，而输入的 PCM 音频采样数据是 packed 格式的，因此从输入文件读取音频采样值的重点是将 packed 格式的数据转换为 planar 格式进行保存。

在 io_data.h 和 io_data.cpp 中声明并实现以下函数。

```cpp
// io_data.h
// ......
int32_t read_pcm_to_frame(AVFrame *frame, AVCodecContext *codec_ctx);

// io_data.cpp
// ......
int32_t read_pcm_to_frame(AVFrame *frame, AVCodecContext *codec_ctx) {
    int data_size = av_get_bytes_per_sample(codec_ctx->sample_fmt);
    if (data_size < 0)    {
        /* This should not occur, checking just for paranoia */
        std::cerr << "Failed to calculate data size" << std::endl;
        return -1;
    }

    // 从输入文件中交替读取一个采样值的各个声道的数据，
    // 保存到 AVFrame 结构的存储分量中
    for (int i = 0; i < frame->nb_samples; i++) {
        for (int ch = 0; ch < codec_ctx->channels; ch++) {
```

```
          fread(frame->data[ch] + data_size * i, 1, data_size, input_file);
      }
   }
   return 0;
}
```

3. 编码音频采样数据

在读取音频采样数据并将其保存到 AVFrame 结构中后，接下来就需要将 AVFrame 结构传入编码器，获取保存了压缩码流数据的 AVPacket 结构。其实现方式与视频编码完全一致。

```cpp
static int32_t encode_frame(bool flushing) {
   int32_t result = 0;
   result = avcodec_send_frame(codec_ctx, flushing ? nullptr : frame);
   if (result < 0)     {
      std::cerr << "Error: avcodec_send_frame failed." << std::endl;
      return result;
   }

   while (result >= 0) {
      result = avcodec_receive_packet(codec_ctx, pkt);
      if (result == AVERROR(EAGAIN) || result == AVERROR_EOF) {
         return 1;
      }
      else if (result < 0) {
         std::cerr << "Error: avcodec_receive_packet failed." << std::endl;
         return result;
      }
      write_pkt_to_file(pkt);
   }
   return 0;
}
```

4. 实现编码循环

在 audio_encoder_core.h 和 audio_encoder_core.cpp 中声明和实现音频编码函数。

```cpp
// audio_encoder_core.h
// 音频编码
int32_t audio_encoding();

//  audio_encoder_core.cpp
int32_t audio_encoding() {
   int32_t result = 0;
```

```
while (!end_of_input_file()) {
    result = read_pcm_to_frame(frame, codec_ctx);
    if (result < 0) {
        std::cerr << "Error: read_pcm_to_frame failed." << std::endl;
        return -1;
    }

    result = encode_frame(false);
    if (result < 0) {
        std::cerr << "Error: encode_frame failed." << std::endl;
        return result;
    }
}
result = encode_frame(true);
if (result < 0) {
    std::cerr << "Error: flushing failed." << std::endl;
    return result;
}
return 0;
}
```

12.1.4　关闭编码器

在完成整个编码过程后，需要进行收尾操作，关闭编码器并释放 AVFrame 结构和 AVPacket 结构。在 audio_encoder_core.h 和 audio_encoder_core.cpp 中声明和实现以下代码。

```
// audio_encoder_core.h
// 销毁音频编码器
void destroy_audio_encoder();

// audio_encoder_core.cpp
void destroy_audio_encoder() {
    av_frame_free(&frame);
    av_packet_free(&pkt);
    avcodec_free_context(&codec_ctx);
}
```

最终，main 函数的实现如下。

```
#include <cstdlib>
#include <iostream>
#include <string>
```

```
#include "io_data.h"
#include "audio_encoder_core.h"

static void usage(const char *program_name) {
    std::cout << "usage: " << std::string(program_name) << " input_yuv output_file
        codec_name" << std::endl;
}

int main(int argc, char **argv) {
    if (argc < 4) {
        usage(argv[0]);
        return 1;
    }
    char *input_file_name = argv[1];
    char *output_file_name = argv[2];
    char *codec_name = argv[3];

    std::cout << "Input file:" << std::string(input_file_name) << std::endl;
    std::cout << "output file:" << std::string(output_file_name) << std::endl;
    std::cout << "codec name:" << std::string(codec_name) << std::endl;

    int32_t result = open_input_output_files(input_file_name, output_file_name);
    if (result < 0) {
        return result;
    }
    result = init_audio_encoder(argv[3]);
    if (result < 0) {
        return result;
    }
    result = audio_encoding();
    if (result < 0) {
        goto failed;
    }

failed:
    destroy_audio_encoder();
    close_input_output_files();
    return 0;
}
```

该音频测试程序的运行方法如下。

```
audio_encoder ~/Video/input_f32le_2_44100.pcm output.mp3 MP3
```

与视频文件类似，使用 **ffplay** 可播放输出的.mp3 文件以测试效果。

```
ffplay -i output.mp3
```

12.2　libavcodec 音频解码

在 FFmpeg 提供的示例代码 decode_audio.cpp 中显示了调用 FFmpeg SDK 进行音频解码的基本方法。本节我们以此为参考构建一个基于 libavcodec 库的音频流解码器。

12.2.1　主函数实现

与 12.1 节实现的 FFmpeg 音频编码器类似，在 demo 目录中创建测试代码 audio_decoder.cpp。

```
touch demo/audio_decoder.cpp
```

与音频编码器的实现类似，在实现解码功能时，同样可以直接复用在 io_data.h 和 io_data.cpp 中实现的数据读写功能，基本框架如下。

```cpp
#include <cstdlib>
#include <iostream>
#include <string>

#include "io_data.h"

static void usage(const char *program_name) {
    std::cout << "usage: " << std::string(program_name) << " input_file
output_file audio_format(MP3/AAC)" << std::endl;
}

int main(int argc, char **argv) {
    if (argc < 3) {
        usage(argv[0]);
        return 1;
    }

    char *input_file_name = argv[1];
    char *output_file_name = argv[2];

    std::cout << "Input file:" << std::string(input_file_name) << std::endl;
    std::cout << "output file:" << std::string(output_file_name) << std::endl;

    int32_t result = open_input_output_files(input_file_name, output_file_name);
```

```
    if (result < 0) {
        return result;
    }

    // ......
    close_input_output_files();
    return 0;
}
```

12.2.2 音频解码器初始化

与视频解码的流程类似，首先应实现音频解码器的初始化。在 inc 目录中创建头文件 audio_encoder_core.h，在 src 目录中创建源文件 audio_encoder_core.cpp，并实现以下代码。

```cpp
// audio_encoder_core.h
#ifndef AUDIO_DECODER_CORE_H
#define AUDIO_DECODER_CORE_H
#include <stdint.h>

int32_t init_audio_decoder(char *audio_codec_id);
void destroy_audio_decoder();

#endif

// audio_encoder_core.cpp

extern "C" {
#include <libavcodec/avcodec.h>
}
#include <iostream>

#include "audio_decoder_core.h"
#include "io_data.h"

#define AUDIO_INBUF_SIZE 20480
#define AUDIO_REFILL_THRESH 4096

static AVCodec *codec = nullptr;
static AVCodecContext *codec_ctx = nullptr;
static AVCodecParserContext *parser = nullptr;

static AVFrame *frame = nullptr;
static AVPacket *pkt = nullptr;
```

```cpp
static enum AVCodecID audio_codec_id;

int32_t init_audio_decoder(char *audio_codec) {
    if (strcasecmp(audio_codec, "MP3") == 0) {
        audio_codec_id = AV_CODEC_ID_MP3;
        std::cout << "Select codec id: MP3" << std::endl;
    }
    else if (strcasecmp(audio_codec, "AAC") == 0) {
        audio_codec_id = AV_CODEC_ID_AAC;
        std::cout << "Select codec id: AAC" << std::endl;
    }
    else {
        std::cerr << "Error invalid audio format." << std::endl;
        return -1;
    }
    codec = avcodec_find_decoder(audio_codec_id);
    if (!codec) {
        std::cerr << "Error: could not find codec." << std::endl;
        return -1;
    }
    parser = av_parser_init(codec->id);
    if (!parser) {
        std::cerr << "Error: could not init parser." << std::endl;
        return -1;
    }
    codec_ctx = avcodec_alloc_context3(codec);
    if (!codec_ctx) {
        std::cerr << "Error: could not alloc codec." << std::endl;
        return -1;
    }
    int32_t result = avcodec_open2(codec_ctx, codec, nullptr);
    if (result < 0) {
        std::cerr << "Error: could not open codec." << std::endl;
        return -1;
    }

    frame = av_frame_alloc();
    if (!frame) {
        std::cerr << "Error: could not alloc frame." << std::endl;
        return -1;
    }
    pkt = av_packet_alloc();
    if (!pkt) {
        std::cerr << "Error: could not alloc packet." << std::endl;
```

```
      return -1;
   }

   return 0;
}

void destroy_audio_decoder() {
   av_parser_close(parser);
   avcodec_free_context(&codec_ctx);
   av_frame_free(&frame);
   av_packet_free(&pkt);
}
```

从上述代码可知，音频解码功能的实现与视频解码功能的实现几乎完全一致。唯一的区别在于，我们希望同时支持 MP3 格式和 AAC 格式的解码，因此需要增加 CODEC_ID 选择过程。

```
if (strcasecmp(audio_codec, "MP3") == 0) {
   audio_codec_id = AV_CODEC_ID_MP3;
   std::cout << "Select codec id: MP3" << std::endl;
}
else if (strcasecmp(audio_codec, "AAC") == 0) {
   audio_codec_id = AV_CODEC_ID_AAC;
   std::cout << "Select codec id: AAC" << std::endl;
}
else {
   std::cerr << "Error invalid audio format." << std::endl;
   return -1;
}
```

12.2.3　解码循环体

与视频解码类似，解码循环体至少需要实现以下三个功能。

◎　从输入源中循环获取码流包（如从输入文件中读取码流包）。
◎　将当前帧传入解码器，获取输出的音频采样数据。
◎　输出解码获取的音频采样数据（如将采样数据写入输出文件）。

1．读取并解析输入码流

在 io_data.h 和 io_data.cpp 中我们已经声明并实现了从输入文件中读取二进制数据到缓存，以及判断文件结尾等操作，在这里可以复用这些功能，实现从输入音频文件中读取码流包的功能。在 audio_decoder_core.h 和 audio_decoder_core.cpp 中添加 audio_decoding 函数的声明和实现。

```cpp
// audio_decoder_core.h

// ......
int32_t audio_decoding();

// ......


// audio_decoder_core.cpp

// ......
int32_t audio_decoding() {
    uint8_t inbuf[AUDIO_INBUF_SIZE + AV_INPUT_BUFFER_PADDING_SIZE] = {0};
    int32_t result = 0;
    uint8_t *data = nullptr;
    int32_t data_size = 0;
    while (!end_of_input_file()) {
        result = read_data_to_buf(inbuf, AUDIO_INBUF_SIZE, data_size);
        if (result < 0) {
            std::cerr << "Error: read_data_to_buf failed." << std::endl;
            return -1;
        }

        data = inbuf;
        while (data_size > 0) {
            result = av_parser_parse2(parser, codec_ctx, &pkt->data, &pkt->size,
                data, data_size, AV_NOPTS_VALUE, AV_NOPTS_VALUE, 0);
            if (result < 0) {
                std::cerr << "Error: av_parser_parse2 failed." << std::endl;
                return -1;
            }

            data += result;
            data_size -= result;

            if (pkt->size) {
                std::cout << "Parsed packet size:" << pkt->size << std::endl;
                // ......
            }
        }
    }
    return 0;
}
// ......
```

从上述代码可知，从音频流缓存中解析出 AVPacket 结构的方法与从视频流缓存中解析出 AVPacket 结构的方法类似，均是调用 av_parser_parse2 函数实现的。

2．解码音频码流包

在 src/audio_decoder_core.cpp 中实现解码一个 AVPacket 码流包的功能。

```
static int32_t decode_packet(bool flushing) {
    int32_t result = 0;
    result = avcodec_send_packet(codec_ctx, flushing ? nullptr : pkt);
    if (result < 0) {
        std::cerr << "Error: faile to send packet, result:" << result << std::endl;
        return -1;
    }
    while (result >= 0) {
        result = avcodec_receive_frame(codec_ctx, frame);
        if (result == AVERROR(EAGAIN) || result == AVERROR_EOF)
            return 1;
        else if (result < 0) {
            std::cerr << "Error: faile to receive frame, result:" << result <<
                std::endl;
            return -1;
        }
        if (flushing) {
            std::cout << "Flushing:";
        }

        std::cout << "frame->nb_samples:" << frame->nb_samples << ",
frame->channels:" << frame->channels << std::endl;
    }
    return result;
}
```

与解码视频流的流程类似，解码音频流同样需要调用两个关键 API：avcodec_send_packet 函数和 avcodec_receive_frame 函数。通过 avcodec_send_packet 函数将码流解析器输出的 AVPacket 结构传入解码器，并通过 avcodec_receive_frame 函数将解码器输出的音频采样数据保存到 AVFrame 结构中。

3．输出解码音频数据

在 io_data.h 与 io_data.cpp 中实现 write_samples_to_pcm 函数，将 AVFrame 结构中保存的音频采样数据写入输出文件。

```
// io_data.h
// ......
int32_t write_samples_to_pcm(AVFrame *frame, AVCodecContext *codec_ctx);

// io_data.cpp
// ......
int32_t write_samples_to_pcm(AVFrame *frame, AVCodecContext *codec_ctx) {
    int data_size = av_get_bytes_per_sample(codec_ctx->sample_fmt);
    if (data_size < 0) {
        /* This should not occur, checking just for paranoia */
        std::cerr << "Failed to calculate data size" << std::endl;
        exit(1);
    }

    for (int i = 0; i < frame->nb_samples; i++) {
        for (int ch = 0; ch < codec_ctx->channels; ch++) {
            fwrite(frame->data[ch] + data_size * i, 1, data_size, output_file);
        }
    }

    return 0;
}
```

在 decode_packet 中获取音频采样数据后，通过函数 write_samples_to_pcm 可以将音频采样数据写入输出文件。

```
static int32_t decode_packet(bool flushing) {
    int32_t result = 0;
    result = avcodec_send_packet(codec_ctx, flushing ? nullptr : pkt);
    if (result < 0)    {
        std::cerr << "Error: faile to send packet, result:" << result << std::endl;
        return -1;
    }
    while (result >= 0)    {
        result = avcodec_receive_frame(codec_ctx, frame);
        if (result == AVERROR(EAGAIN) || result == AVERROR_EOF)
            return 1;
        else if (result < 0)        {
            std::cerr << "Error: faile to receive frame, result:" << result <<
                std::endl;
            return -1;
        }
        if (flushing) {
            std::cout << "Flushing:";
```

```
    }
    write_samples_to_pcm(frame, codec_ctx);
    std::cout << "frame->nb_samples:" << frame->nb_samples << ",
        frame->channels:" << frame->channels << std::endl;
    }
    return result;
}
```

为了显示音频流的参数,以测试输出的音频采样文件,在解码循环函数 audio_decoding 的最后,我们通过日志输出解码音频信号的部分参数。

```
static int get_format_from_sample_fmt(const char **fmt,
                                      enum AVSampleFormat sample_fmt) {
    int i;
    struct sample_fmt_entry {
        enum AVSampleFormat sample_fmt;
        const char *fmt_be, *fmt_le;
    } sample_fmt_entries[] = {
        {AV_SAMPLE_FMT_U8, "u8", "u8"},
        {AV_SAMPLE_FMT_S16, "s16be", "s16le"},
        {AV_SAMPLE_FMT_S32, "s32be", "s32le"},
        {AV_SAMPLE_FMT_FLT, "f32be", "f32le"},
        {AV_SAMPLE_FMT_DBL, "f64be", "f64le"},
    };
    *fmt = NULL;

    for (i = 0; i < FF_ARRAY_ELEMS(sample_fmt_entries); i++) {
        struct sample_fmt_entry *entry = &sample_fmt_entries[i];
        if (sample_fmt == entry->sample_fmt) {
            *fmt = AV_NE(entry->fmt_be, entry->fmt_le);
            return 0;
        }
    }

    std::cerr << "sample format %s is not supported as output format\n"
        << av_get_sample_fmt_name(sample_fmt) << std::endl;
    return -1;
}

int32_t get_audio_format(AVCodecContext *codec_ctx) {
    int ret = 0;
    const char *fmt;
    enum AVSampleFormat sfmt = codec_ctx->sample_fmt;
```

```
    if (av_sample_fmt_is_planar(sfmt)) {
        const char *packed = av_get_sample_fmt_name(sfmt);
        std::cout << "Warning: the sample format the decoder produced is planar
            " << std::string(packed) << ", This example will output the first
            channel only." << std::endl;
        sfmt = av_get_packed_sample_fmt(sfmt);
    }

    int n_channels = codec_ctx->channels;
    if ((ret = get_format_from_sample_fmt(&fmt, sfmt)) < 0) {
        return -1;
    }

    std::cout << "Play command: ffpay -f " << std::string(fmt) << " -ac " <<
        n_channels << " -ar " << codec_ctx->sample_rate << " output.pcm" <<
std::endl;
    return 0;
}
```

解码循环函数 audio_decoding 的最终实现如下。

```
int32_t audio_decoding() {
    uint8_t inbuf[AUDIO_INBUF_SIZE + AV_INPUT_BUFFER_PADDING_SIZE] = {0};
    int32_t result = 0;
    uint8_t *data = nullptr;
    int32_t data_size = 0;
    while (!end_of_input_file()) {
        result = read_data_to_buf(inbuf, AUDIO_INBUF_SIZE, data_size);
        if (result < 0) {
            std::cerr << "Error: read_data_to_buf failed." << std::endl;
            return -1;
        }

        data = inbuf;
        while (data_size > 0) {
            result = av_parser_parse2(parser, codec_ctx, &pkt->data, &pkt->size,
                data, data_size, AV_NOPTS_VALUE, AV_NOPTS_VALUE, 0);
            if (result < 0) {
                std::cerr << "Error: av_parser_parse2 failed." << std::endl;
                return -1;
            }

            data += result;
            data_size -= result;
```

```
        if (pkt->size) {
            std::cout << "Parsed packet size:" << pkt->size << std::endl;
            decode_packet(false);
        }
    }
}
decode_packet(true);
get_audio_format(codec_ctx);

return 0;
}
```

12.2.4 关闭解码器

与视频流的解码流程类似，在完成音频的解码和采样数据的输出后，需要关闭解码器和码流解析器，并释放先前分配的 AVPacket 结构和 AVFrame 结构。该部分在 destroy_audio_decoder 函数中实现。

```
void destroy_audio_decoder() {
    av_parser_close(parser);
    avcodec_free_context(&codec_ctx);
    av_frame_free(&frame);
    av_packet_free(&pkt);
}
```

最终，main 函数的实现如下。

```
#include <cstdlib>
#include <iostream>
#include <string>

#include "io_data.h"
#include "audio_decoder_core.h"

static void usage(const char *program_name) {
    std::cout << "usage: " << std::string(program_name) << " input_file
output_file audio_format(MP3/AAC)" << std::endl;
}

int main(int argc, char **argv) {
    if (argc < 4) {
        usage(argv[0]);
```

```
        return 1;
    }

    char *input_file_name = argv[1];
    char *output_file_name = argv[2];

    std::cout << "Input file:" << std::string(input_file_name) << std::endl;
    std::cout << "output file:" << std::string(output_file_name) << std::endl;

    int32_t result = open_input_output_files(input_file_name, output_file_name);
    if (result < 0) {
        return result;
    }

    result = init_audio_decoder(argv[3]);
    if (result < 0) {
        return result;
    }

    result = audio_decoding();
    if (result < 0) {
        return result;
    }

    destroy_audio_decoder();
    close_input_output_files();
    return 0;
}
```

该音频解码测试程序的执行方法如下。

```
audio_decoder ~/Video/test.mp3 output.pcm MP3
```

与播放图像数据类似，在解码完成后，使用 **ffplay** 可播放解码完成的.pcm 音频采样数据。

```
ffplay -f f32le -ac 2 -ar 44100 output.pcm
```

第13章
使用FFmpeg SDK进行音视频文件的解封装与封装

在大多数应用场景下，音视频数据并非以分离的音频文件和视频文件的形式进行保存、传输和应用的，而是被封装为一个完整的，包括所有相关的音视频及辅助数据的文件。该文件的格式即为音视频数据的封装格式。

对音视频信息进行封装和解封装是最为常见的操作，FFmpeg 提供了大量操作媒体封装格式的方法。在第 5 章中，我们较为详细地介绍了音视频文件封装的基本概念和文件封装格式 FLV、MPEG-TS 与 MP4。本章我们着重介绍如何调用 libavformat 库中的相关 API，对音视频文件进行解封装和封装。

13.1 音视频文件的解封装

FFmpeg 提供的示例代码 demuxing_decoding.c 中介绍了解封装的基本操作流程，这里我们仿照其实现，编写一个使用 libavformat 库解封装音视频文件的示例程序。在该示例程序中，我们以一个 MP4 格式的音视频文件作为输入，解析出它的音频流和视频流，并将其输出为独立的音频文件和视频文件。

13.1.1 主函数实现

在 demo 目录中新建测试代码 demuxer.cpp。

```
touch demo/demuxer.cpp
```

由于 FFmpeg 提供的解复用 API 中已经实现了文件打开和数据读取功能，因此我们可以直接复用这些功能。首先在 demuxer.cpp 中实现主函数。

```cpp
#include <cstdlib>
#include <iostream>
#include <string>

#include "demuxer_core.h"

static void usage(const char *program_name) {
    std::cout << "usage: " << std::string(program_name) << " input_file
        output_video_file output_audio_file" << std::endl;
}

int main(int argc, char **argv) {
    if (argc < 4)     {
        usage(argv[0]);
        return 1;
    }

    return 0;
}
```

13.1.2　解复用器初始化

在使用 libavformat 库对音视频文件解复用之前需要进行一系列的初始化操作，主要包括打开输入文件、获取音视频流参数和打开对应的解码器等。在 inc 目录中创建头文件 demuxer_core.h，在 src 目录中创建源文件 demuxer_core.cpp，在头文件中编写以下代码。

```cpp
// demuxer_core.h
#ifndef DEMUXER_CORE_H
#define DEMUXER_CORE_H
#include <stdint.h>

int32_t init_demuxer(char *input_name, char *video_output, char *audio_output);

#endif
```

在源文件中编写以下代码。

```cpp
// demuxer_core.cpp
static int open_codec_context(int32_t *stream_idx, AVCodecContext **dec_ctx,
AVFormatContext *fmt_ctx, enum AVMediaType type) {
    int ret, stream_index;
```

```cpp
    AVStream *st;
    AVCodec *dec = NULL;

    ret = av_find_best_stream(fmt_ctx, type, -1, -1, NULL, 0);
    if (ret < 0) {
        std::cerr << "Error: Could not find " <<
            std::string(av_get_media_type_string(type)) << " stream in input
file." << std::endl;
            return ret;
    }
    else {
        stream_index = ret;
        st = fmt_ctx->streams[stream_index];

        /* find decoder for the stream */
        dec = avcodec_find_decoder(st->codecpar->codec_id);
        if (!dec) {
            std::cerr << "Error: Failed to find codec:" <<
                std::string(av_get_media_type_string(type)) << std::endl;
            return -1;
        }

        *dec_ctx = avcodec_alloc_context3(dec);
        if (!*dec_ctx) {
            std::cerr << "Error: Failed to alloc codec context:" <<
                std::string(av_get_media_type_string(type)) << std::endl;
            return -1;
        }

        if((ret = avcodec_parameters_to_context(*dec_ctx, st->codecpar))<0) {
            std::cerr << "Error: Failed to copy codec parameters to decoder
                context." << std::endl;
            return ret;
        }

        if ((ret = avcodec_open2(*dec_ctx, dec, nullptr)) < 0) {
            std::cerr << "Error: Could not open " <<
                std::string(av_get_media_type_string(type)) << " codec." <<
std::endl;
            return ret;
        }
        *stream_idx = stream_index;
    }
    return 0;
```

```
}

int32_t init_demuxer(char *input_name, char *video_output_name, char
*audio_output_name) {
    if (strlen(input_name) == 0) {
        std::cerr << "Error: empty input file name." << std::endl;
        exit(-1);
    }

    int32_t result = avformat_open_input(&format_ctx, input_name, nullptr,
        nullptr);
    if (result < 0) {
        std::cerr << "Error: avformat_open_input failed." << std::endl;
        exit(-1);
    }

    result = avformat_find_stream_info(format_ctx, nullptr);
    if (result < 0) {
        std::cerr << "Error: avformat_find_stream_info failed." << std::endl;
        exit(-1);
    }

    result = open_codec_context(&video_stream_index, &video_dec_ctx, format_ctx,
        AVMEDIA_TYPE_VIDEO);
    if (result >= 0) {
        video_stream = format_ctx->streams[video_stream_index];
        output_video_file = fopen(video_output_name, "wb");
        if (!output_video_file) {
            std::cerr << "Error: failed to open video output file." << std::endl;
            return -1;
        }
    }
    result = open_codec_context(&audio_stream_index, &audio_dec_ctx, format_ctx,
        AVMEDIA_TYPE_AUDIO);
    if (result >= 0) {
        audio_stream = format_ctx->streams[audio_stream_index];
        output_audio_file = fopen(audio_output_name, "wb");
        if (!output_audio_file) {
            std::cerr << "Error: failed to open audio output file." << std::endl;
            return -1;
        }
    }

    /* dump input information to stderr */
```

```
    av_dump_format(format_ctx, 0, input_name, 0);

    if (!audio_stream && !video_stream) {
        std::cerr << "Error: Could not find audio or video stream in the input,
            aborting" << std::endl;
        return -1;
    }

    av_init_packet(&pkt);
    pkt.data = NULL;
    pkt.size = 0;

    frame = av_frame_alloc();
    if (!frame) {
        std::cerr << "Error: Failed to alloc frame." << std::endl;
        return -1;
    }

    if (video_stream) {
        std::cout << "Demuxing video from file " << std::string(input_name) <<
" into " << std::string(video_output_name) << std::endl;
    }
    if (audio_stream) {
        std::cout << "Demuxing audio from file " << std::string(input_name) <<
" into " << std::string(audio_output_name) << std::endl;
    }

    return 0;
}
```

当使用 libavformat 库解复用音视频时会使用多个新的 API 和结构体，下面分别介绍。

1．打开音视频输入文件

在使用 libavformat 库打开音视频输入文件时需要使用新的 API，即函数 avformat_open_input。它声明在 libavformat/avformat.h 中。

```
/**
 * 打开输入的音视频文件或媒体流。注意，相应的音视频解码器并未打开
 */
int avformat_open_input(AVFormatContext **ps, const char *url, ff_const59
AVInputFormat *fmt, AVDictionary **options);
```

函数 avformat_open_input 共接收四个参数，作用如下。

◎　ps：输入文件的上下文句柄结构，代表当前打开的输入文件或流，类型为 AVFormatContext 结构。

◎　url：输入文件路径或流 URL 的字符串。

◎　fmt：指定输入文件的格式，类型为 AVInputFormat 结构。当设为空时，表示根据输入文件的内容自动检测输入格式。

◎　options：在打开输入文件的过程中未定义的选项，类型为 AVDictionary 指针。

与编解码器上下文结构 AVCodecContext 相似，文件上下文结构 AVFormatContext 也是 FFmpeg 提供的关键数据结构之一。该结构定义在 avformat.h 中，其中的部分关键字段如下。

```
typedef struct AVFormatContext {
    const AVClass *av_class;
    ff_const59 struct AVInputFormat *iformat;
    ff_const59 struct AVOutputFormat *oformat;
    void *priv_data;
    AVIOContext *pb;
    int ctx_flags;
    unsigned int nb_streams;
    AVStream **streams;
    char *url;
    int64_t start_time;
    int64_t duration;
    int64_t bit_rate;
    unsigned int packet_size;
    int max_delay;
    // ......
} AVFormatContext;
```

由于该结构内部定义过于复杂，所以此处不显示其全部内容。表 13-1 中简要列出了部分常用结构，其余结构及含义可参考头文件中结构体的定义。

表 13-1

名　　　称	类　　　型	含　　　义
iformat	AVInputFormat *	输入文件格式，仅用于解复用功能
oformat	AVOutputFormat *	输出文件格式，仅用于复用功能
nb_streams	unsigned int	文件句柄结构中包含的媒体流数量
streams	AVStream **	保存媒体流结构的数组地址
start_time	int64_t	媒体起始时间，以时间基 AV_TIME_BASE 为单位
duration	int64_t	媒体持续时间，以时间基 AV_TIME_BASE 为单位

名　　称	类　　型	含　　义
bit_rate	int64_t	输入文件的总码率，以 bps 为单位
start_time_realtime	int64_t	真实的开始时间，以毫秒为单位

函数 avformat_open_input 主要执行以下两个最重要的步骤。

（1）init_input：打开输入的音视频文件或网络媒体流，并初步探测输入数据的格式。

（2）s->iformat->read_header：解析与某个封装格式对应的头文件中的流信息。

2. 解析输入文件的音视频流信息

在调用函数 avformat_open_input 后，接下来需要调用函数 avformat_find_stream_info，以解析输入文件中的音视频流信息。该函数与函数 avformat_open_input 一样，声明在 libavformat/avformat.h 中。

```
/**
 * 读取输入音视频文件或媒体流的部分数据，以推测其格式和参数
 */
int avformat_find_stream_info(AVFormatContext *ic, AVDictionary **options);
```

该函数共接收两个参数。

◎　ic：通过函数 avformat_open_input 打开的输入音视频文件或流的句柄结构体指针。
◎　options：在对应的打开文件中，每一路媒体流的编解码器参数选项，可设置为空。

在函数 avformat_find_stream_info 的内部实现中，主要流程为遍历输入音视频文件包含的各路媒体流。针对输入文件的每一路音频流、视频流或字幕流，都在该函数内部打开对应的解码器，读取部分数据并进行解码。同时，在解码的过程中将多个参数保存到 AVStream 结构的对应成员中。

AVStream 结构用于表示音视频输入文件中所包含的一路音频流、视频流或字幕流。由于在一个音视频文件中可能包含一路或多路媒体流，因此音视频输入文件对应的 AVFormatContext 结构包含了媒体流对应的 AVStream 结构。

```
typedef struct AVFormatContext
{
    // ......
```

```
    /**
     * 当前文件包含的数据流数量
     */
    unsigned int nb_streams;
    /**
     * 当前文件保存的各个数据流的地址
     */
    AVStream **streams;

    // ......
} AVFormatContext;
```

AVStream 结构与 AVFormatContext 结构一样，也声明在 libavformat/avformat.h 中，其部分成员如下。

```
typedef struct AVStream
{
    int index; /**< 文件中数据流索引 */
    /**
     * 数据流标识符
     */
    int id;

    void *priv_data;

    /**
     * 当前数据流的时间基
     */
    AVRational time_base;

    /**
     * 当前数据流中第一帧数据的时间
     */
    int64_t start_time;

    /**
     * 当前数据流的时长
     */
    int64_t duration;

    int64_t nb_frames; ///< 当前数据流的总帧数，0 表示未知

    int disposition;
```

```
    enum AVDiscard discard; ///< 表示丢弃的码流包信息

    /**
     * 采样纵横比
     */
    AVRational sample_aspect_ratio;

    AVDictionary *metadata;

    /**
     * 当前数据流的平均帧率
     */
    AVRational avg_frame_rate;

    // ......
} AVStream;
```

AVStream 结构中的常用成员如表 13-2 所示。

表 13-2

名　　称	类　　型	含　　义
index	int	当前媒体流在输入文件句柄结构中的流序号
time_base	AVRational	当前媒体流的时间基
start_time	int64_t	当前媒体流第一帧的显示时间戳，可能为空（AV_NOPTS_VALUE）
duration	int64_t	当前媒体流的时长，以 time_base 为单位
nb_frames	int64_t	当前媒体流所包含的总帧数
codecpar	AVCodecParameters	当前媒体流对应的编解码参数，如媒体类型、编解码器 ID、数据格式、码率等

FFmpeg 还提供了选择媒体流的 API——函数 av_find_best_stream。如果一个输入文件中包含了多路媒体流，如一路视频流、多路音频流和多路字幕流，则通过函数 av_find_best_stream 可以较为方便地选择我们关注的流序号。该函数同样声明在 libavformat/avformat.h 中。

```
/**
 * 查找当前文件中的最佳数据流
 */
int av_find_best_stream(AVFormatContext *ic,
                enum AVMediaType type,
                int wanted_stream_nb,
                int related_stream,
```

```
                   AVCodec **decoder_ret,
                   int flags);
```

该函数共接收六个参数。

◎　ic：输入文件句柄结构。

◎　type：指定的媒体类型，如音频、视频、字幕等。

◎　wanted_stream_nb：用户指定的媒体流索引，-1 表示自动选择。

◎　related_stream：查找与指定流相关的媒体流索引，-1 表示不查找。

◎　decoder_ret：输出选定媒体流的解码器结构。

◎　flags：标志位，目前无定义。

当返回值为非负值时，该值为选定的流序号。如果发生错误，则返回 AVERROR_DECODER_NOT_FOUND，调用方式如下。

```
int video_stream_idx = av_find_best_stream(fmt_ctx, AVMEDIA_TYPE_VIDEO, -1, -1,
NULL, 0);
if (video_stream_idx < 0) {
    std::cerr << "Error: failed to find video stream." << std::endl;
    return -1;
}

int audio_stream_idx = av_find_best_stream(fmt_ctx, AVMEDIA_TYPE_AUDIO, -1, -1,
NULL, 0);
if (audio_stream_idx < 0) {
    std::cerr << "Error: failed to find audio stream." << std::endl;
    return -1;
}
```

13.1.3　循环读取码流包数据

在初始化解复用器之后，就可以直接从输入文件中读取音频流、视频流或字幕流等码流包结构了。对于通过函数 avformat_open_input 打开的封装格式的输入文件句柄，读取码流包时不再需要单独定义并初始化对应的码流解析器实例，而是可以直接调用函数 av_read_frame 轻松实现。函数 av_read_frame 声明在 libavformat/avformat.h 中。

```
/**
 * 从打开的音视频文件或媒体流中读取下一个码流包结构
 */
int av_read_frame(AVFormatContext *s, AVPacket *pkt);
```

该函数较为简单，仅接收两个参数。

◎　s：输入文件句柄结构。

◎　pkt：保存码流的 AVPacket 结构。

当执行成功时，返回值为 0；当执行失败时，返回负值（错误码）。通过循环调用该函数，可以循环读取输入文件的码流包。

```
while (av_read_frame(format_ctx, &pkt) >= 0) {
    std::cout << "Read packet, pts:" << pkt.pts << ", stream:" << pkt.stream_index
<< ", size:" << pkt.size << std::endl;
    if (pkt.stream_index == audio_stream_index) {
        // 处理音频码流包
    }
    else if (pkt.stream_index == video_stream_index) {
        // 处理视频码流包
    }
    av_packet_unref(&pkt);
    if (result < 0) {
        break;
    }
}
```

参考第 11 章和第 12 章实现的视频流和音频流的解码方法，对读取的码流包进行解码，实现对输入文件的循环解复用及解码。

```
static int32_t decode_packet(AVCodecContext *dec, const AVPacket *pkt) {
    int32_t result = 0;
    result = avcodec_send_packet(dec, pkt);
    if (result < 0) {
        std::cerr << "Error: avcodec_send_packet failed." << std::endl;
        return result;
    }

    while (result >= 0) {
        result = avcodec_receive_frame(dec, frame);
        if (result < 0) {
            if (result == AVERROR_EOF || result == AVERROR(EAGAIN))
                return 0;

            std::cerr << "Error:Error during decoding:" <<
std::string(av_err2str(result)) << std::endl;
            return result;
```

```
        }

        if (dec->codec->type == AVMEDIA_TYPE_VIDEO) {
            write_frame_to_yuv(frame);
        }
        else {
            write_samples_to_pcm(frame, audio_dec_ctx);
        }

        av_frame_unref(frame);
    }

    return result;
}

int32_t demuxing(char *video_output_name, char *audio_output_name) {
    int32_t result = 0;
    while (av_read_frame(format_ctx, &pkt) >= 0) {
        std::cout << "Read packet, pts:" << pkt.pts << ", stream:" <<
pkt.stream_index << ", size:" << pkt.size << std::endl;
        if (pkt.stream_index == audio_stream_index) {
            result = decode_packet(audio_dec_ctx, &pkt);
        }
        else if (pkt.stream_index == video_stream_index) {
            result = decode_packet(video_dec_ctx, &pkt);
        }
        av_packet_unref(&pkt);
        if (result < 0) {
            break;
        }
    }

    /* flush the decoders */
    if (video_dec_ctx)
        decode_packet(video_dec_ctx, nullptr);
    if (audio_dec_ctx)
        decode_packet(audio_dec_ctx, nullptr);

    std::cout << "Demuxing succeeded." << std::endl;
    if (video_dec_ctx) {
        std::cout << "Play the output video file with the command:" <<
                    std::endl << "  ffplay -f rawvideo -pix_fmt " <<
            std::string(av_get_pix_fmt_name(video_dec_ctx->pix_fmt)) <<
                        " -video_size " << video_dec_ctx->width <<
```

```
                                    "x" << video_dec_ctx->height << " " <<
                          std::string(video_output_name) << std::endl;
    }
    if (audio_dec_ctx) {
        enum AVSampleFormat sfmt = audio_dec_ctx->sample_fmt;
        int n_channels = audio_dec_ctx->channels;
        const char *fmt;

        if (av_sample_fmt_is_planar(sfmt)) {
            const char *packed = av_get_sample_fmt_name(sfmt);
            sfmt = av_get_packed_sample_fmt(sfmt);
            n_channels = 1;
        }
        result = get_format_from_sample_fmt(&fmt, sfmt);
        if (result < 0) {
            return -1;
        }
        std::cout << "Play the output video file with the command:" <<
                  std::endl << "   ffplay -f " << std::string(fmt) <<
                                " -ac " << n_channels << " -ar " <<
                              audio_dec_ctx->sample_rate << " " <<
                        std::string(audio_output_name) << std::endl;
    }

    return 0;
}
```

13.1.4 释放解复用器和解码器

在解复用和解码完成后，需要释放输入文件对应的 AVFormatContext 结构，以及音频流和视频流对应的 AVCodecContext 结构，实现方法如下。

```
void destroy_demuxer() {
    avcodec_free_context(&video_dec_ctx);
    avcodec_free_context(&audio_dec_ctx);
    avformat_close_input(&format_ctx);
    if (output_video_file != nullptr) {
        fclose(output_video_file);
        output_video_file = nullptr;
    }
    if (output_audio_file != nullptr) {
        fclose(output_audio_file);
        output_audio_file = nullptr;
```

```
        }
}
```

13.1.5　主函数的整体实现

在编写好解复用器的初始化、输入文件的解复用循环、解复用器的释放，以及其他内部函数后，可以参考下面的代码实现 demo 示例程序的主函数。

```cpp
#include <cstdlib>
#include <iostream>
#include <string>

#include "demuxer_core.h"

static void usage(const char *program_name) {
    std::cout << "usage: " << std::string(program_name) <<
        " input_file output_video_file output_audio_file" << std::endl;
}

int main(int argc, char **argv) {
    if (argc < 4) {
        usage(argv[0]);
        return 1;
    }

    do {
        int32_t result = init_demuxer(argv[1], argv[2], argv[3]);
        if (result < 0) {
            break;
        }
        result = demuxing(argv[2], argv[3]);
    } while (0);

end:
    destroy_demuxer();
    return 0;
}
```

由于解封装过程所需的主要信息都保存在输入文件头部，因此该测试程序的执行方式十分简单，仅需指定输入文件、输出的.yuv 图像文件和.pcm 音频文件即可。

```
demuxer ~/Video/test.mp4 output1.yuv output2.pcm
```

对输出的.yuv 图像文件和.pcm 音频文件进行测试的方法可分别参考 11.2 节和 12.2 节中介绍的使用 ffplay 播放的方法。

13.2 音频流与视频流文件的封装

与解封装过程相反，音频流和视频流的封装过程就是将分离的视频流和音频流信息按照某种特定格式写入一个输出文件。FFmpeg 的官方代码示例 mux.c 中提供了将人工合成的视频图像和音频数据封装为一个输出文件的示例程序。本节我们参考它的实现，将一个 H.264 格式的视频流和一个 MP3 格式的音频流封装为一个输出文件。

13.2.1 主函数实现

在 demo 目录中新建测试代码 muxer.cpp。

```
touch demo/muxer.cpp
```

在 muxer.cpp 中编写主函数。

```cpp
#include <cstdlib>
#include <iostream>
#include <string>

static void usage(const char *program_name) {
    std::cout << "usage: " << std::string(program_name) << " video_file audio_file
output_file" << std::endl;
}

int main(int argc, char **argv) {
    if (argc < 4) {
        usage(argv[0]);
        return 1;
    }
    return 0;
}
```

我们指定该示例程序接收三个输入参数，分别表示输入视频流文件、输入音频流文件和输出文件。

13.2.2　音视频流复用器的初始化

在解封装某种容器格式的音视频文件前需要实现一个音视频流解复用器，即 Demuxer。与之相反的是，想要将分离的音频流和视频流封装为一个音视频文件则需要实现一个音视频流复用器，即 Muxer。在 inc 目录中创建头文件 muxer_core.h，在 src 目录中创建源文件 muxer_core.cpp，并在头文件中编写以下代码。

```
#ifndef MUXER_CORE_H
#define MUXER_CORE_H
#include <stdint.h>
int32_t init_muxer(char *video_input_file, char *audio_input_file, char
*output_file);

#endif
```

在源文件中编写以下代码。

```
#include "muxer_core.h"
#include <iostream>
#include <stdlib.h>
#include <string.h>

extern "C" {
#include <libavutil/avutil.h>
#include <libavutil/imgutils.h>
#include <libavutil/samplefmt.h>
#include <libavutil/timestamp.h>
#include <libavformat/avformat.h>
}

#define STREAM_FRAME_RATE 25 /* 25 images/s */

static AVFormatContext *video_fmt_ctx = nullptr, *audio_fmt_ctx = nullptr,
*output_fmt_ctx = nullptr;
static AVPacket pkt;
static int32_t in_video_st_idx = -1, in_audio_st_idx = -1;
static int32_t out_video_st_idx = -1, out_audio_st_idx = -1;

int32_t init_muxer(char *video_input_file, char *audio_input_file, char
*output_file) {
    int32_t result = init_input_video(video_input_file, "h264");
    if (result < 0) {
        return result;
```

```
    }
    result = init_input_audio(audio_input_file, "mp3");
    if (result < 0) {
        return result;
    }
    result = init_output(output_file);
    if (result < 0) {
        return result;
    }

    return 0;
}
```

接下来详细解析这部分代码。在接口函数 init_muxer 中调用了三个内部函数。

◎　init_input_video：初始化输入视频文件，需要指定输入视频文件的路径和格式。

◎　init_input_audio：初始化输入音频文件，需要指定输入音频文件的路径和格式。

◎　init_output：初始化输出文件。

其中，初始化输入视频文件和初始化输入音频文件的方法相似，因此这里以初始化输入视频文件为例进行分析。从 init_muxer 的代码中可知，这里输入的是 H.264 格式的裸码流。

1．以指定格式打开输入文件

在第 11 章中，我们曾用码流解析器 AVCodecParserContext 从一串连续的二进制码流中解析出符合 H.264 标准的码流包，其实现方法较为烦琐。在第 12 章中，我们曾通过函数 avformat_open_input 打开一个封装格式的视频文件，通过该函数返回的 AVFormatContext 结构可以方便地获取 AVPacket 结构的码流包。实际上，在 FFmpeg 中，H.264 格式的裸码流被认为是一种特殊的"封装格式"，可以为其指定对应的输入格式。

FFmpeg 中提供了通过格式名称查找输入格式结构的 API，即函数 av_find_input_format。该函数声明在 libavformat/avformat.h 中。

```
/**
 * 根据输入文件的格式名称查找 AVInputFormat 结构
 */
ff_const59 AVInputFormat *av_find_input_format(const char *short_name);
```

通过传入格式名称，该函数可以返回对应的 AVInputFormat 结构的指针，在打开输入文件时作为指定格式传入。函数 init_input_video 的实现方式如下。

```
static int32_t init_input_video(char *video_input_file, const char
*video_format) {
    int32_t result = 0;
    AVInputFormat *video_input_format = av_find_input_format(video_format);
    if (!video_input_format) {
        std::cerr << "Error: failed to find proper AVInputFormat for format:"
                  << std::string(video_format) << std::endl;
        return -1;
    }
    result = avformat_open_input(&video_fmt_ctx, video_input_file,
video_input_format, nullptr);
    if (result < 0) {
        std::cerr << "Error: avformat_open_input failed!" << std::endl;
        return -1;
    }
    result = avformat_find_stream_info(video_fmt_ctx, nullptr);
    if (result < 0) {
        std::cerr << "Error: avformat_find_stream_info failed!" << std::endl;
        return -1;
    }
    return result;
}
```

打开音频输入文件的方法如下。

```
static int32_t init_input_audio(char *audio_input_file, const char
*audio_format) {
    int32_t result = 0;
    AVInputFormat *audio_input_format = av_find_input_format(audio_format);
    if (!audio_input_format) {
        std::cerr << "Error: failed to find proper AVInputFormat for format:"
                  << std::string(audio_format) << std::endl;
        return -1;
    }

    result = avformat_open_input(&audio_fmt_ctx, audio_input_file,
        audio_input_format, nullptr);
    if (result < 0) {
        std::cerr << "Error: avformat_open_input failed!" << std::endl;
        return -1;
    }
    result = avformat_find_stream_info(audio_fmt_ctx, nullptr);
    if (result < 0) {
        std::cerr << "Error: avformat_find_stream_info failed!" << std::endl;
```

```
        return -1;
    }
    return result;
}
```

2. 创建输出文件句柄结构

打开输入文件句柄可以使用函数 avformat_open_input 实现。与其对应的是，当将一个封装格式的文件作为输出文件时，需要单独创建对应输出文件的 AVFormatContext 结构作为输出文件句柄。创建输出文件句柄可以通过 libavformat/avformat.h 中声明的 API，即函数 avformat_alloc_output_context2 实现。

```
/**
 * 创建 AVFormatContext 结构的输出文件上下文句柄
 */
int avformat_alloc_output_context2(AVFormatContext **ctx, ff_const59
AVOutputFormat *oformat, const char *format_name, const char *filename);
```

该函数共接收四个参数。

◎ ctx：由该函数分配的输出文件句柄的指针，当执行出现错误时，返回空指针。

◎ oformat：指定输出文件的格式，可设为空值，通常通过 format_name 和 filename 判断。

◎ format_name：指定输出文件的格式名称，可设为空值，通常通过输出文件名判断。

◎ filename：输出文件名。

通过以下代码可以创建一个新的输出文件句柄。

```
avformat_alloc_output_context2(&output_fmt_ctx, nullptr, nullptr,
output_file);
if (!output_fmt_ctx) {
    std::cerr << "Error: alloc output format context failed!" << std::endl;
    return -1;
}
```

在创建输出文件句柄后，接下来要向其中添加媒体流。添加媒体流可以使用函数 avformat_new_stream 实现，该函数的声明方式如下。

```
/**
 * 在指定的输出文件句柄中添加音频流或视频流
 */
AVStream *avformat_new_stream(AVFormatContext *s, const AVCodec *c);
```

该函数共接收两个参数。

◎　s：输出文件句柄。

◎　c：媒体流初始化对应的编解码器参数，可指定为空。

返回值为一个 AVStream 结构的指针，指向添加完成的媒体流结构。

新创建的 AVStream 结构基本是空的，缺少关键信息。为了将输入媒体流和输出媒体流的参数对齐，需要将输入文件中媒体流的参数（主要是码流编码参数）复制到输出文件对应的媒体流中。主要步骤是在输入文件中查找相应的音频流或视频流，并复制到对应的输出流中。

```cpp
in_video_st_idx = av_find_best_stream(video_fmt_ctx, AVMEDIA_TYPE_VIDEO, -1, -1,
nullptr, 0);
if (in_video_st_idx < 0) {
    std::cerr << "Error: find video stream in input video file failed!"
            << std::endl;
    return -1;
}
result = avcodec_parameters_copy(video_stream->codecpar,
video_fmt_ctx->streams[in_video_st_idx]->codecpar);
if (result < 0) {
    std::cerr << "Error: copy video codec paramaters failed!" << std::endl;
    return -1;
}
```

这里会用到一个新的 API，即函数 avcodec_parameters_copy，该函数声明在 libavcodec/codec_par.h 中。

```cpp
/**
 * 复制 AVCodecParameters 中的编解码参数
 */
int avcodec_parameters_copy(AVCodecParameters *dst, const AVCodecParameters
*src);
```

该函数的作用十分简单，即将源 AVCodecParameters 中所包含的编解码参数复制到目标 AVCodecParameters 中。

在创建好输出文件句柄，并在其中添加相应的媒体流后，打开输出文件，将文件 I/O 结构对应到输出文件的 AVFormatContext 结构（注意，有的输出格式没有输出文件）。

```cpp
if (!(fmt->flags & AVFMT_NOFILE)) {
    result = avio_open(&output_fmt_ctx->pb, output_file, AVIO_FLAG_WRITE);
```

```
    if (result < 0)     {
        std::cerr << "Error: avio_open output file failed!"
                  << std::string(output_file) << std::endl;
        return -1;
    }
}
```

函数 init_output 的完整实现如下。

```
static int32_t init_output(char *output_file) {
    int32_t result = 0;
    avformat_alloc_output_context2(&output_fmt_ctx, nullptr, nullptr,
        output_file);
    if (!output_fmt_ctx) {
        std::cerr << "Error: alloc output format context failed!" << std::endl;
        return -1;
    }

    AVOutputFormat *fmt = output_fmt_ctx->oformat;
    std::cout << "Default video codec id:" << fmt->video_codec
              << ", audio codec id:" << fmt->audio_codec << std::endl;

    AVStream *video_stream = avformat_new_stream(output_fmt_ctx, nullptr);
    if (!video_stream) {
        std::cerr << "Error: add video stream to output format context failed!"
            << std::endl;
        return -1;
    }
    out_video_st_idx = video_stream->index;
    in_video_st_idx = av_find_best_stream(video_fmt_ctx, AVMEDIA_TYPE_VIDEO, -1,
        -1, nullptr, 0);
    if (in_video_st_idx < 0) {
        std::cerr << "Error: find video stream in input video file failed!" <<
            std::endl;
        return -1;
    }
    result = avcodec_parameters_copy(video_stream->codecpar,
        video_fmt_ctx->streams[in_video_st_idx]->codecpar);
    if (result < 0) {
        std::cerr << "Error: copy video codec paramaters failed!" << std::endl;
        return -1;
    }
    video_stream->id = output_fmt_ctx->nb_streams - 1;
    video_stream->time_base = (AVRational){1, STREAM_FRAME_RATE};
```

```cpp
    AVStream *audio_stream = avformat_new_stream(output_fmt_ctx, nullptr);
    if (!audio_stream) {
        std::cerr << "Error: add audio stream to output format context failed!"
            << std::endl;
        return -1;
    }
    out_audio_st_idx = audio_stream->index;
    in_audio_st_idx = av_find_best_stream(audio_fmt_ctx, AVMEDIA_TYPE_AUDIO, -1,
        -1, nullptr, 0);
    if (in_audio_st_idx < 0) {
        std::cerr << "Error: find audio stream in input audio file failed!" <<
            std::endl;
        return -1;
    }
    result = avcodec_parameters_copy(audio_stream->codecpar,
        audio_fmt_ctx->streams[in_audio_st_idx]->codecpar);
    if (result < 0) {
        std::cerr << "Error: copy audio codec paramaters failed!" << std::endl;
        return -1;
    }
    audio_stream->id = output_fmt_ctx->nb_streams - 1;
    audio_stream->time_base = (AVRational){1,
    audio_stream->codecpar->sample_rate};

    av_dump_format(output_fmt_ctx, 0, output_file, 1);
    std::cout << "Output video idx:" << out_video_st_idx
            << ", audio idx:" << out_audio_st_idx << std::endl;

    if (!(fmt->flags & AVFMT_NOFILE)) {
        result = avio_open(&output_fmt_ctx->pb, output_file, AVIO_FLAG_WRITE);
        if (result < 0) {
            std::cerr << "Error: avio_open output file failed!" <<
                std::string(output_file) << std::endl;
            return -1;
        }
    }

    return result;
}
```

13.2.3 复用音频流和视频流

将音频流和视频流复用到输出文件共需要三步。

（1）写入输出文件的头结构。

（2）循环写入音频包和视频包。

（3）写入输出文件的尾结构。

其中，写入输出文件的头结构和写入输出文件的尾结构可以通过调用特定的 API 实现，而循环写入音频包和视频包则较为复杂，需要确保音频包和视频包与解码播放同步，下面分别讨论。

1．写入输出文件的头结构

多数封装格式的音视频文件都携带一个复杂度不同的头结构。为了写入输出文件的头结构，FFmpeg 提供了专门的函数 avformat_write_header，该函数声明在 libavformat/avformat.h 中。

```
/**
 * 分配输出文件中每一路数据流的私有数据，并将相应的数据写入文件头部
 */
av_warn_unused_result
int avformat_write_header(AVFormatContext *s, AVDictionary **options);
```

该函数接收两个输入参数。

◎ s：输出文件句柄。

◎ options：封装输出的容器文件的参数集合，可设为空。

调用方法如下。

```
result = avformat_write_header(output_fmt_ctx, nullptr);
if (result < 0) {
    return result;
}
```

2．循环写入音频包和视频包

将输入文件的音频包和视频包循环写入输出文件可以分为以下三步。

◎ 从输入文件中读取音频包或视频包。

◎ 确定音频包和视频包的时间戳，判断写入顺序。

◎　将码流包写入输出文件。

其中，最为关键的是确定时间戳并判断写入顺序。下面详细介绍确定时间戳和判断写入顺序的方法。

比较时间戳

根据当前已写入输出文件的时间戳的顺序，确定当前应该读取的音频包或视频包。

```
// ......
int64_t cur_video_pts = 0, cur_audio_pts = 0; // 音频包和视频包的时间戳记录
AVStream *in_video_st = video_fmt_ctx->streams[in_video_st_idx];
AVStream *in_audio_st = audio_fmt_ctx->streams[in_audio_st_idx];

// ......
while (1) {
    if (av_compare_ts(cur_video_pts, in_video_st->time_base, cur_audio_pts,
        in_audio_st->time_base) <= 0) {
        // 写入视频包
        // ......
    }
    else {
        // 写入音频包
        // ......
    }
}
```

FFmpeg 提供了专门用于比较时间戳的函数 av_compare_ts，其作用是根据对应的时间基比较两个时间戳的顺序。若当前已记录的音频时间戳比视频时间戳新，则从输入视频文件中读取数据并写入；反之，若当前已记录的视频时间戳比音频时间戳新，则从输入音频文件中读取数据并写入。

计算视频包的时间戳

由于从 H.264 格式的裸码流中读取的视频包中通常不包含时间戳数据，所以无法通过函数 av_compare_ts 来比较时间戳。为此，我们通过视频帧数和给定帧率计算每一个 AVPacket 结构的时间戳并为其赋值。

在 AVStream 结构中有一个重要的结构 r_frame_rate，它的声明如下。

r_frame_rate 表示的是音视频流中可以精准表示所有时间戳的最低帧率。简单来说，如果当

前音视频流的帧率是恒定的，那么 r_frame_rate 表示的是音视频流的实际帧率；如果当前音视频流的帧率波动较大，那么 r_frame_rate 的值通常会高于整体平均帧率，以此作为每一帧的时间戳的单位。

对于没有时间戳的 pkt 结构，我们需要通过另外的方法计算一个并给它，方法如下。

```
if (pkt.pts == AV_NOPTS_VALUE) {
    // 计算每一帧的持续时长
    int64_t frame_duration = (double)AV_TIME_BASE /
av_q2d(in_video_st->r_frame_rate);

    // 将帧时长的单位转换为以 time_base 为基准
    pkt.duration = (double)frame_duration /
(double)(av_q2d(in_video_st->time_base) * AV_TIME_BASE);

    // 通过帧时长和帧数量计算每一帧的时间戳
    pkt.pts = (double)(video_frame_idx * frame_duration) /
(double)(av_q2d(in_video_st->time_base) * AV_TIME_BASE);
    pkt.dts = pkt.dts;
}
```

将输入流时间戳转换为输出流时间戳

从输入文件读取的码流包中保存的时间戳是以输入流的 time_base 为基准的，在写入输出文件之前需要转换为以输出流的 time_base 为基准。FFmpeg 提供的专用转换函数 av_rescale_q_rnd 可以对时间戳进行转换，其声明方式如下。

```
/**
 * 将输入数值按照指定参数进行基准转换，其数学含义等同于 "a * bq / cq"
 */
int64_t av_rescale_q_rnd(int64_t a, AVRational bq, AVRational cq, enum
AVRounding rnd) av_const;
```

时间戳和帧时长的转换方法可参考以下代码。

```
pkt.pts = av_rescale_q_rnd(pkt.pts, input_stream->time_base,
output_stream->time_base, (AVRounding)(AV_ROUND_NEAR_INF |
AV_ROUND_PASS_MINMAX));
pkt.dts = av_rescale_q_rnd(pkt.dts, input_stream->time_base,
output_stream->time_base, (AVRounding)(AV_ROUND_NEAR_INF |
AV_ROUND_PASS_MINMAX));
pkt.duration = av_rescale_q(pkt.duration,
input_stream->time_base,output_stream->time_base);
```

3. 写入输出文件的尾结构

在将输入文件的音频包和视频包全部写入输出文件后，必须将数据流尾部数据写入输出文件，方法如下。

```
/**
 * 将数据流尾部数据写入输出文件，并释放输出文件的私有数据
 */
int av_write_trailer(AVFormatContext *s);
```

调用方式十分简单，只需传入输出文件句柄作为参数即可。

```
result = av_write_trailer(output_fmt_ctx);
if (result < 0) {
    return result;
}
```

在实现前面的功能后，复用音视频流可以在函数 muxing 中实现。

```
int32_t muxing() {
    int32_t result = 0;
    int64_t prev_video_dts = -1;
    int64_t cur_video_pts = 0, cur_audio_pts = 0;
    AVStream *in_video_st = video_fmt_ctx->streams[in_video_st_idx];
    AVStream *in_audio_st = audio_fmt_ctx->streams[in_audio_st_idx];
    AVStream *output_stream = nullptr, *input_stream = nullptr;

    int32_t video_frame_idx = 0;

    result = avformat_write_header(output_fmt_ctx, nullptr);
    if (result < 0) {
        return result;
    }

    av_init_packet(&pkt);
    pkt.data = nullptr;
    pkt.size = 0;

    std::cout << "Video r_frame_rate:" << in_video_st->r_frame_rate.num << "/"
        << in_video_st->r_frame_rate.den << std::endl;
    std::cout << "Video time_base:" << in_video_st->time_base.num << "/" <<
        in_video_st->time_base.den << std::endl;

    while (1) {
```

```
    if (av_compare_ts(cur_video_pts, in_video_st->time_base, cur_audio_pts,
        in_audio_st->time_base) <= 0) {
        // Write video
        input_stream = in_video_st;
        result = av_read_frame(video_fmt_ctx, &pkt);
        if (result < 0) {
            av_packet_unref(&pkt);
            break;
        }

        if (pkt.pts == AV_NOPTS_VALUE) {
            int64_t frame_duration = (double)AV_TIME_BASE /
                av_q2d(in_video_st->r_frame_rate);
            pkt.duration = (double)frame_duration /
                (double)(av_q2d(in_video_st->time_base) * AV_TIME_BASE);
            pkt.pts = (double)(video_frame_idx * frame_duration) /
                (double)(av_q2d(in_video_st->time_base) * AV_TIME_BASE);
            pkt.dts = pkt.dts;
            std::cout << "frame_duration:" << frame_duration << ",
                pkt.duration:" << pkt.duration << ", pkt.pts" << pkt.pts <<
std::endl;
        }

        video_frame_idx++;
        cur_video_pts = pkt.pts;
        pkt.stream_index = out_video_st_idx;
        output_stream = output_fmt_ctx->streams[out_video_st_idx];
    }
    else {
        // Write audio
        input_stream = in_audio_st;
        result = av_read_frame(audio_fmt_ctx, &pkt);
        if (result < 0) {
            av_packet_unref(&pkt);
            break;
        }

        cur_audio_pts = pkt.pts;
        pkt.stream_index = out_audio_st_idx;
        output_stream = output_fmt_ctx->streams[out_audio_st_idx];
    }

    pkt.pts = av_rescale_q_rnd(pkt.pts, input_stream->time_base,
        output_stream->time_base, (AVRounding)(AV_ROUND_NEAR_INF |
```

```
            AV_ROUND_PASS_MINMAX));
        pkt.dts = av_rescale_q_rnd(pkt.dts, input_stream->time_base,
            output_stream->time_base, (AVRounding)(AV_ROUND_NEAR_INF |
            AV_ROUND_PASS_MINMAX));
        pkt.duration = av_rescale_q(pkt.duration, input_stream->time_base,
            output_stream->time_base);
        std::cout << "Final pts:" << pkt.pts << ", duration:" << pkt.duration <<
            ", output_stream->time_base:" << output_stream->time_base.num << "/"
            << output_stream->time_base.den << std::endl;
        if (av_interleaved_write_frame(output_fmt_ctx, &pkt) < 0) {
            std::cerr << "Error: failed to mux packet!" << std::endl;
            break;
        }
        av_packet_unref(&pkt);
    }

    result = av_write_trailer(output_fmt_ctx);
    if (result < 0) {
        return result;
    }

    return result;
}
```

13.2.4　释放复用器实例

在整个复用过程结束后，需要一一释放复用器所分配的各个对象，包括输入音频文件句柄、输入视频文件句柄，以及输出文件句柄。在释放输出文件句柄之前，须关闭对应的输出文件。

```
void destroy_muxer() {
    avformat_free_context(video_fmt_ctx);
    avformat_free_context(audio_fmt_ctx);

    if (!(output_fmt_ctx->oformat->flags & AVFMT_NOFILE)) {
        avio_closep(&output_fmt_ctx->pb);
    }
    avformat_free_context(output_fmt_ctx);
}
```

最终，main 函数的实现如下。

```
#include <cstdlib>
#include <iostream>
```

```cpp
#include <string>

#include "muxer_core.h"

static void usage(const char *program_name) {
    std::cout << "usage: " << std::string(program_name) << " video_file audio_file
        output_file" << std::endl;
}

int main(int argc, char **argv) {
    if (argc < 4) {
        usage(argv[0]);
        return 1;
    }
    int32_t result = 0;
    do {
        result = init_muxer(argv[1], argv[2], argv[3]);
        if (result < 0) {
            break;
        }
        result = muxing();
        if (result < 0) {
            break;
        }

    } while (0);
    destroy_muxer();

    return result;
}
```

与媒体文件解封装过程相反，该视频和音频数据封装测试程序指定视频基本流文件和音频文件作为输入，指定某格式的容器文件（如 MP4）作为输出。

```
muxer ~/Video/es.h264 ~/Video/test.mp3 output.mp4
```

使用 ffplay 可简单播放封装后输出的文件。

```
ffplay -i output.mp4
```

第 14 章
使用FFmpeg SDK添加视频滤镜和音频滤镜

音视频滤镜特效可以在多个应用场景中起到重要作用，例如，当前火热的网络直播和短视频应用中的美颜、变声特效等。在不同的平台上，可以用不同的方法实现音视频滤镜。livavfilter 库提供了一种较为便捷的跨平台机制，开发者可以根据实际需求实现复杂度不同的音视频滤镜功能。第 8 章曾介绍过如何使用 FFmpeg 的命令行工具实现音视频文件的编辑功能，然而一个可执行程序形式的 ffmpeg 工具扩展性相对有限，难以基于实际需求进行自定义开发。本章我们参考 FFmpeg 提供的示例程序，通过调用 FFmpeg SDK 的方式实现简单的音视频滤镜功能。

14.1 视频滤镜

在 FFmpeg 中，filter_video.cpp 演示了对一个视频文件进行解码并添加滤镜的基本方法。简单起见，本节我们直接读取 YUV 格式的图像序列到 AVFrame 结构中，对其添加滤镜并输出。

14.1.1 主函数实现

在 demo 目录中新建测试代码 video_filter.cpp。

```
touch demo/video_filter.cpp
```

在 video_filter.cpp 中实现主函数的基本框架。

```
#include <cstdlib>
#include <iostream>
#include <string>

static void usage(const char *program_name) {
    std::cout << "usage: " << std::string(program_name) << " input_file pic_width
pic_height pix_fmt filter_discr" << std::endl;
```

```
}

int main(int argc, char **argv) {
    if (argc < 6) {
        usage(argv[0]);
        return 1;
    }

    return 0;
}
```

14.1.2　视频滤镜初始化

在对读取的每一帧执行滤镜之前，需要进行一系列初始化操作，如初始化滤镜图、配置滤镜参数等。在 inc 目录中创建头文件 video_filter_core.h，在 src 目录中创建源文件 video_filter_core.cpp，在头文件中编写以下代码。

```
// video_filter_core.h
#ifndef VIDEO_FILTER_H
#define VIDEO_FILTER_H
#include <stdint.h>

int32_t init_video_filter(int32_t width, int32_t height, const char *pix_fmt,
const char *filter_descr);

#endif
```

在源文件中编写以下代码。

```
#include <iostream>
#include <stdlib.h>
#include <string.h>

#include "video_filter_core.h"
#include "io_data.h"

extern "C" {
#include <libavfilter/buffersink.h>
#include <libavfilter/buffersrc.h>
#include <libavutil/opt.h>
#include <libavutil/frame.h>
}
```

```
#define STREAM_FRAME_RATE 25

AVFilterContext *buffersink_ctx;
AVFilterContext *buffersrc_ctx;
AVFilterGraph *filter_graph;

AVFrame *input_frame = nullptr, *output_frame = nullptr;

static int32_t init_frames(int32_t width, int32_t height, enum AVPixelFormat
pix_fmt) {
    int result = 0;
    input_frame = av_frame_alloc();
    output_frame = av_frame_alloc();
    if (!input_frame || !output_frame) {
        std::cerr << "Error: frame allocation failed." << std::endl;
        return -1;
    }

    input_frame->width = width;
    input_frame->height = height;
    input_frame->format = pix_fmt;

    result = av_frame_get_buffer(input_frame, 0);
    if (result < 0) {
        std::cerr << "Error: could not get AVFrame buffer." << std::endl;
        return -1;
    }

    result = av_frame_make_writable(input_frame);
    if (result < 0) {
        std::cerr << "Error: input frame is not writable." << std::endl;
        return -1;
    }
    return 0;
}

int32_t init_video_filter(int32_t width, int32_t height, const char
*filter_descr) {
    int32_t result = 0;
    char args[512] = {0};
    const AVFilter *buffersrc = avfilter_get_by_name("buffer");
    const AVFilter *buffersink = avfilter_get_by_name("buffersink");
    AVFilterInOut *outputs = avfilter_inout_alloc();
    AVFilterInOut *inputs = avfilter_inout_alloc();
```

```cpp
AVRational time_base = (AVRational){1, STREAM_FRAME_RATE};
enum AVPixelFormat pix_fmts[] = {AV_PIX_FMT_YUV420P, AV_PIX_FMT_NONE};

do {
    filter_graph = avfilter_graph_alloc();
    if (!outputs || !inputs || !filter_graph) {
        std::cerr << "Error: creating filter graph failed." << std::endl;
        result = AVERROR(ENOMEM);
        break;
    }

    snprintf(args, sizeof(args),
        "video_size=%dx%d:pix_fmt=%d:time_base=%d/%d:pixel_aspect=%d/%d",
        width, height, AV_PIX_FMT_YUV420P, 1, STREAM_FRAME_RATE, 1, 1);
    result = avfilter_graph_create_filter(&buffersrc_ctx, buffersrc, "in",
        args, NULL, filter_graph);
    if (result < 0) {
        std::cerr << "Error: could not create source filter."
                  << std::endl;
        break;
    }

    result = avfilter_graph_create_filter(&buffersink_ctx, buffersink,
        "out", NULL, NULL, filter_graph);
    if (result < 0) {
        std::cerr << "Error: could not create sink filter." << std::endl;
        break;
    }

    result = av_opt_set_int_list(buffersink_ctx, "pix_fmts", pix_fmts,
        AV_PIX_FMT_NONE, AV_OPT_SEARCH_CHILDREN);
    if (result < 0) {
        std::cerr << "Error: could not set output pixel format." << std::endl;
        break;
    }

    outputs->name = av_strdup("in");
    outputs->filter_ctx = buffersrc_ctx;
    outputs->pad_idx = 0;
    outputs->next = NULL;

    inputs->name = av_strdup("out");
    inputs->filter_ctx = buffersink_ctx;
    inputs->pad_idx = 0;
```

```
            inputs->next = NULL;

            if ((result = avfilter_graph_parse_ptr(filter_graph, filter_descr,
                &inputs, &outputs, NULL)) < 0) {
                std::cerr << "Error: avfilter_graph_parse_ptr failed" << std::endl;
                break;
            }

            if ((result = avfilter_graph_config(filter_graph, NULL)) < 0) {
                std::cerr << "Error: Graph config invalid." << std::endl;
                break;
            }

            result = init_frames(width, height, AV_PIX_FMT_YUV420P);
            if (result < 0) {
                std::cerr << "Error: init frames failed." << std::endl;
                break;
            }
        } while (0);

        avfilter_inout_free(&inputs);
        avfilter_inout_free(&outputs);
        return result;
}
```

在上述代码中，我们在 init_video_filter 函数中实现了视频滤镜的初始化。整体初始化流程可以大致分为创建滤镜图结构、创建滤镜实例结构、创建和配置滤镜接口，以及根据滤镜描述解析并配置滤镜图等步骤，下面分别讨论。

创建滤镜图结构

视频滤镜功能最核心的结构为滤镜图结构，即 libavfilter 库中的 AVFilterGraph 结构，该结构声明在头文件 libavfilter/avfilter.h 中。

```
typedef struct AVFilterGraph {
    const AVClass *av_class;
    AVFilterContext **filters;
    unsigned nb_filters;

    char *scale_sws_opts; ///< 自动添加图像伸缩滤镜的参数选项

    int thread_type;
```

```
    int nb_threads;

    AVFilterGraphInternal *internal;

    void *opaque;

    avfilter_execute_func *execute;

    char *aresample_swr_opts; ///< 自动添加的音频重采样的参数选项

    AVFilterLink **sink_links;
    int sink_links_count;

    unsigned disable_auto_convert;
} AVFilterGraph;
```

我们可以使用一个极简的函数创建一个滤镜图结构。

```
AVFilterGraph *avfilter_graph_alloc(void);
```

当该函数返回非空值时，表示滤镜图结构创建成功。

创建滤镜实例结构

仅创建一个空的滤镜图结构显然是无法完成任何工作的，因此必须根据需求向滤镜图中加入相应的滤镜实例。FFmpeg 中预定义了多种常用的滤镜，此处我们需要获取 buffer 和 buffersink 两个滤镜作为视频滤镜的输入和输出。滤镜由 AVFilter 结构实现，AVFilter 结构定义在 libavfilter/avfilter.h 中。

```
typedef struct AVFilter {
    const char *name;

    const char *description;

    const AVFilterPad *inputs;

    const AVFilterPad *outputs;

    const AVClass *priv_class;

    int flags;

    int (*preinit)(AVFilterContext *ctx);
```

```
    int (*init)(AVFilterContext *ctx);

    int (*init_dict)(AVFilterContext *ctx, AVDictionary **options);

    void (*uninit)(AVFilterContext *ctx);

    int (*query_formats)(AVFilterContext *);

    int priv_size;        ///< 滤镜私有数据的大小

    int flags_internal;  ///< 供滤镜内部使用的标识位

    struct AVFilter *next;

    int (*process_command)(AVFilterContext *, const char *cmd, const char *arg,
        char *res, int res_len, int flags);

    int (*init_opaque)(AVFilterContext *ctx, void *opaque);

    int (*activate)(AVFilterContext *ctx);
} AVFilter;
```

在 AVFilter 结构中，绝大多数成员均为内部参数，主要供 libavfilter 库的内部函数使用，用户极少直接修改其中的值，使用指定的名称即可获取指定的滤镜。

```
const AVFilter *buffersrc = avfilter_get_by_name("buffer");
const AVFilter *buffersink = avfilter_get_by_name("buffersink");
```

在获取 buffer 和 buffersink 这两个滤镜后，接下来需要创建对应的滤镜实例。滤镜实例由 AVFilterContext 结构实现，AVFilterContext 结构定义在 libavfilter/avfilter.h 中。

```
struct AVFilterContext {
    const AVClass *av_class;      ///< 内部结构，主要用于实现日志输出等功能

    const AVFilter *filter;       ///< 当前滤镜上下文对应的滤镜实例

    char *name;                   ///< 滤镜名称

    AVFilterPad   *input_pads;    ///< 输入接口
    AVFilterLink **inputs;        ///< 输入链接
    unsigned   nb_inputs;         ///< 输入接口数量
```

```
    AVFilterPad    *output_pads;       ///< 输出接口
    AVFilterLink **outputs;            ///< 输出链接
    unsigned    nb_outputs;            ///< 输出接口数量

    void *priv;                        ///< 私有数据

    struct AVFilterGraph *graph;       ///< 滤镜图指针

    int thread_type;

    AVFilterInternal *internal;

    struct AVFilterCommand *command_queue;

    char *enable_str;
    void *enable;
    double *var_values;
    int is_disabled;

    AVBufferRef *hw_device_ctx;

    int nb_threads;

    unsigned ready;

    int extra_hw_frames;
};
```

libavfilter 库中定义了专门创建滤镜实例的函数，可以把滤镜实例添加到创建好的滤镜图结构中。该函数的声明方式如下。

```
int avfilter_graph_create_filter(AVFilterContext **filt_ctx, const AVFilter
*filt, const char *name, const char *args, void *opaque, AVFilterGraph
*graph_ctx);
```

该函数接收以下参数。

◎ filt_ctx：输出参数，返回创建完成的滤镜实例对象指针。

◎ filt：输入参数，指定获取的滤镜类型。

◎ name：输入参数，指定滤镜实例的名称。

◎ args：输入参数，用于初始化滤镜实例。

◎ opaque：输入参数，自定义信息。

◎ graph_ctx：输入参数，之前创建好的滤镜图实例，将当前创建完成的滤镜实例添加到
其中。

在创建 buffer 滤镜时，需要根据输入参数 args 指定的数据对滤镜进行初始化。

```
snprintf(args, sizeof(args),
"video_size=%dx%d:pix_fmt=%d:time_base=%d/%d:pixel_aspect=%d/%d", width,
height, AV_PIX_FMT_YUV420P, 1, STREAM_FRAME_RATE, 1, 1);
result = avfilter_graph_create_filter(&buffersrc_ctx, buffersrc, "in", args,
NULL, filter_graph);
if (result < 0) {
    std::cerr << "Error: could not create source filter." << std::endl;
    break;
}
```

在创建 buffersink 滤镜时，可以使用函数 av_opt_set 设置输出图像的像素格式。

```
result = avfilter_graph_create_filter(&buffersink_ctx, buffersink, "out", NULL,
NULL, filter_graph);
if (result < 0) {
    std::cerr << "Error: could not create sink filter." << std::endl;
    break;
}

result = av_opt_set_int_list(buffersink_ctx, "pix_fmts", pix_fmts,
AV_PIX_FMT_NONE, AV_OPT_SEARCH_CHILDREN);
if (result < 0) {
    std::cerr << "Error: could not set output pixel format." << std::endl;
    break;
}
```

创建和配置滤镜接口

对于创建好的滤镜，需要将相应的接口连接后方可正常工作。滤镜接口类型定义为
AVFilterInOut 结构，其本质是一个链表的节点。

```
typedef struct AVFilterInOut {
    /** 滤镜输入、输出接口名称 */
    char *name;

    /** 当前结构所关联的滤镜图结构实例*/
    AVFilterContext *filter_ctx;

    /** 连接到滤镜图结构的接口序号 */
```

```
    int pad_idx;

    /** 接口链表的后继 */
    struct AVFilterInOut *next;
} AVFilterInOut;
```

创建输入和输出接口的方法十分简单，具体如下。

```
AVFilterInOut *avfilter_inout_alloc(void);
```

直接调用上述方法即可创建输入接口和输出接口。

```
AVFilterInOut *outputs = avfilter_inout_alloc();
AVFilterInOut *inputs  = avfilter_inout_alloc();
```

在创建接口对象后，需要将滤镜对象和接口绑定。首先设置 buffersink_ctx 对象的输出接口。

```
outputs->name          = av_strdup("in");
outputs->filter_ctx    = buffersrc_ctx;
outputs->pad_idx       = 0;
outputs->next          = NULL;
```

此处，输出接口中的 filter_ctx 会指向 buffersink_ctx 对象，并且 name 被设为 in，这样在构建滤镜图时，当前接口将默认查找和连接名称为 in 的接口。

设置 buffersink_ctx 对象的方法如下。

```
inputs->name        = av_strdup("out");
inputs->filter_ctx = buffersink_ctx;
inputs->pad_idx    = 0;
inputs->next       = NULL;
```

输入接口中的 filter_ctx 指向 buffersink_ctx 对象，并且 name 被设为 out，这样在构建滤镜图时，当前接口将默认查找和连接名称为 out 的接口。

根据滤镜描述解析并配置滤镜图

在完成滤镜图、相关滤镜和接口结构的创建后，接下来需要根据字符串类型的滤镜描述信息对整体的滤镜图进行解析和配置。由于执行视频编辑操作的具体参数都已在滤镜描述字符串中给出，因此只有将配置描述加入滤镜图后，整个滤镜结构才知道应该如何执行编辑操作。解析滤镜描述可以使用下面的方法。

```
int avfilter_graph_parse_ptr(AVFilterGraph *graph, const char *filters,
                     AVFilterInOut **inputs, AVFilterInOut **outputs,
                     void *log_ctx);
```

其中，关键参数如下。

- ◎　graph：创建好的滤镜图结构。
- ◎　filters：滤镜描述字符串。
- ◎　inputs：输入接口的对象指针。
- ◎　outputs：输出接口的对象指针。

在本示例中，使用的滤镜描述为 "scale=640:480,transpose=cclock"，表示将视频帧按 640 像素×480 像素缩放，并且逆时针旋转 90°，调用方法如下。

```
if ((result = avfilter_graph_parse_ptr(filter_graph, filter_descr, &inputs,
&outputs, NULL)) < 0) {
    std::cerr << "Error: avfilter_graph_parse_ptr failed" << std::endl;
    break;
}
```

在解析滤镜描述后，需要验证滤镜图整体配置的有效性，方法如下。

```
int avfilter_graph_config(AVFilterGraph *graphctx, void *log_ctx);
```

调用方法如下。

```
if ((result = avfilter_graph_config(filter_graph, NULL)) < 0) {
    std::cerr << "Error: Graph config invalid." << std::endl;
    break;
}
```

14.1.3　循环编辑视频帧

在视频滤镜初始化后，接下来应读取 YUV 格式的视频帧并进行循环编辑，整体实现如下。

```
static int32_t filter_frame() {
    int32_t result = 0;
    if ((result = av_buffersrc_add_frame_flags(buffersrc_ctx, input_frame,
      AV_BUFFERSRC_FLAG_KEEP_REF)) < 0) {
        std::cerr << "Error: add frame to buffer src failed." << std::endl;
        return result;
    }
```

```cpp
    while (1) {
        result = av_buffersink_get_frame(buffersink_ctx, output_frame);
        if (result == AVERROR(EAGAIN) || result == AVERROR_EOF) {
            return 1;
        }
        else if (result < 0) {
            std::cerr << "Error: buffersink_get_frame failed." << std::endl;
            return result;
        }

        std::cout << "Frame filtered, width:" << output_frame->width << ",
            height:" << output_frame->height << std::endl;
        write_frame_to_yuv(output_frame);
        av_frame_unref(output_frame);
    }

    return result;
}

int32_t filtering_video(int32_t frame_cnt) {
    int32_t result = 0;
    for (size_t i = 0; i < frame_cnt; i++) {
        result = read_yuv_to_frame(input_frame);
        if (result < 0) {
            std::cerr << "Error: read_yuv_to_frame failed." << std::endl;
            return result;
        }

        result = filter_frame();
        if (result < 0) {
            std::cerr << "Error: filter_frame failed." << std::endl;
            return result;
        }
    }

    return result;
}
```

在上述代码中，从输入文件中读取 YUV 图像，以及将编辑后的 YUV 图像写入输出文件的功能依然使用前面章节中实现的 io_data 功能，此处不再赘述。这里重点关注 filter_frame 中的代码。

在 filter_frame 中，对一帧图像进行编辑主要分为两步。

（1）通过 av_buffersrc_add_frame_flags 将输入图像添加到滤镜图中。

（2）通过 av_buffersink_get_frame 从 sink 滤镜中获取编辑后的图像。

1．将输入图像添加到滤镜图中

将输入图像添加到滤镜图中所使用的函数为 av_buffersrc_add_frame_flags，声明方式如下。

```
int av_buffersrc_add_frame_flags(AVFilterContext *buffer_src, AVFrame *frame,
int flags);
```

该函数的关键参数如下。

◎　buffer_src：滤镜图的 src 滤镜。

◎　frame：保存输入图像的 AVFrame 结构指针。

◎　flags：标识位，可选 AV_BUFFERSRC_FLAG_NO_CHECK_FORMAT（不进行格式变化检测）、AV_BUFFERSRC_FLAG_PUSH（编辑帧立即输出）和 AV_BUFFERSRC_FLAG_KEEP_REF（给输出帧添加引用）的任意组合。

给滤镜图添加图像的方法如下。

```
if ((result = av_buffersrc_add_frame_flags(buffersrc_ctx, input_frame,
AV_BUFFERSRC_FLAG_KEEP_REF)) < 0) {
    std::cerr << "Error: add frame to buffer src failed." << std::endl;
    return result;
}
```

2．获取输出图像

在将图像添加到滤镜图后，可以通过循环调用函数 av_buffersink_get_frame 的方式获取图像处理结果，声明方式如下。

```
int av_buffersink_get_frame(AVFilterContext *ctx, AVFrame *frame);
```

该函数接收两个参数。

◎　ctx：滤镜图的 sink 滤镜。

◎　frame：保存输出图像的 AVFrame 结构指针。

在循环调用时，可以通过该函数的返回值判断是否有输出图像返回。该函数的返回值及释义如下。

◎ 返回非负值：表示成功。

◎ 返回 AVERROR(EAGAIN)：表示输出图像尚未准备完成，需要继续传入输入图像。

◎ 返回 AVERROR_EOF：表示全部输出图像已获取完成。

◎ 返回其他负值：函数执行失败。

循环获取输出图像的方法如下。

```
while (1) {
    result = av_buffersink_get_frame(buffersink_ctx, output_frame);
    if (result == AVERROR(EAGAIN) || result == AVERROR_EOF) {
        return 1;
    }
    else if (result < 0) {
        std::cerr << "Error: buffersink_get_frame failed." << std::endl;
        return result;
    }

    std::cout << "Frame filtered, width:" << output_frame->width << ", height:"
        << output_frame->height << std::endl;
    write_frame_to_yuv(output_frame);
    av_frame_unref(output_frame);
}
```

14.1.4　销毁视频滤镜

销毁视频滤镜主要指释放创建成功的滤镜图结构，以及释放保存输入和输出图像结构的 AVFrame 结构，方法如下。

```
static void free_frames() {
    av_frame_free(&input_frame);
    av_frame_free(&output_frame);
}

void destroy_video_filter() {
    free_frames();
    avfilter_graph_free(&filter_graph);
}
```

最终，测试 demo 的主函数实现如下。

```
#include <cstdlib>
#include <iostream>
```

```cpp
#include <string>

#include "io_data.h"
#include "video_filter_core.h"

static void usage(const char *program_name) {
    std::cout << "usage: " << std::string(program_name) << " input_file pic_width
        pic_height total_frame_cnt filter_discr output_file" << std::endl;
}

int main(int argc, char **argv) {
    if (argc < 4) {
        usage(argv[0]);
        return 1;
    }

    char *input_file_name = argv[1];
    int32_t pic_width = atoi(argv[2]);
    int32_t pic_height = atoi(argv[3]);
    int32_t total_frame_cnt = atoi(argv[4]);
    char *filter_descr = argv[5];
    char *output_file_name = argv[6];

    int32_t result = open_input_output_files(input_file_name, output_file_name);
    if (result < 0) {
        return result;
    }

    result = init_video_filter(pic_width, pic_height, filter_descr);
    if (result < 0) {
        return result;
    }

    result = filtering_video(total_frame_cnt);
    if (result < 0) {
        return result;
    }

    close_input_output_files();
    destroy_video_filter();

    return 0;
}
```

根据主函数中的参数定义，使用以下方法可以测试该视频滤镜的示例程序。

```
video_filter ~/Video/input_1280x720.yuv 1280 720 20 hflip filtered.yuv
```

播放编辑后的.yuv 图像数据可参考以下 ffplay 命令。

```
ffplay -f rawvideo -pix_fmt yuv420p -video_size 1280x720 filtered.yuv
```

14.2 音频滤镜

在实现了视频滤镜功能后，音频滤镜实现起来就较为容易了。从 FFmpeg 提供的示例程序 filter_audio.cpp 中可以看出，音频滤镜的实现方式与视频滤镜相似，输入音频使用的是计算获取的模拟数据。为了更加贴近实际应用场景，本节的示例程序使用的是一段实际的音乐文件解码产生的、参数已知的 PCM 采样数据，通过音频滤镜改变其参数，并将输出数据保存为另一段 PCM 采样数据。

14.2.1 主函数框架

在 demo 目录中新建测试代码 audio_filter.cpp。

```
touch demo/audio_filter.cpp
```

在 audio_filter.cpp 中实现主函数的基本框架。

```cpp
#include <cstdlib>
#include <iostream>
#include <string>

#include "io_data.h"
#include "audio_filter_core.h"

static void usage(const char *program_name) {
    std::cout << "usage: " << std::string(program_name) << " input_file volume
        output_file" << std::endl;
}

int main(int argc, char **argv) {
    if (argc < 4) {
        usage(argv[0]);
        return -1;
    }
```

```
    char *input_file_name = argv[1];
    char *output_file_name = argv[2];
    char *volume_factor = argv[3];

    int32_t result = 0;
    return result;
}
```

14.2.2　音频滤镜初始化

本节不再使用滤镜描述的方式创建滤镜，而是手动创建所需滤镜并将其连接起来创建音频滤镜。在 inc 目录中创建头文件 audio_filter_core.h，在 src 目录中创建源文件 audio_filter_core.cpp，在头文件中编写以下代码。

```
// audio_filter_core.h
#ifndef AUDIO_FILTER_CORE_H
#define AUDIO_FILTER_CORE_H
#include <stdint.h>

int32_t init_audio_filter(char* volume_factor);

#endif
```

在源文件中编写以下代码。

```
#include <iostream>
#include <stdlib.h>
#include <string.h>

#include "audio_filter_core.h"
#include "io_data.h"

extern "C" {
    #include "libavfilter/avfilter.h"
    #include <libavfilter/buffersink.h>
    #include <libavfilter/buffersrc.h>
    #include <libavutil/opt.h>
    #include <libavutil/frame.h>

    #include "libavutil/mem.h"
    #include "libavutil/opt.h"
    #include "libavutil/samplefmt.h"
```

```
    #include "libavutil/channel_layout.h"
}

#define INPUT_SAMPLERATE      44100
#define INPUT_FORMAT          AV_SAMPLE_FMT_FLTP
#define INPUT_CHANNEL_LAYOUT AV_CH_LAYOUT_STEREO

static AVFilterGraph *filter_graph;
static AVFilterContext *abuffersrc_ctx;
static AVFilterContext *volume_ctx;
static AVFilterContext *aformat_ctx;
static AVFilterContext *abuffersink_ctx;

static AVFrame *input_frame = nullptr, *output_frame = nullptr;

int32_t init_audio_filter(char *volume_factor) {
    int32_t result = 0;
    char ch_layout[64];
    char options_str[1024];
    AVDictionary *options_dict = NULL;

    /* 创建滤镜图 */
    filter_graph = avfilter_graph_alloc();
    if (!filter_graph) {
        std::cout << "Error: Unable to create filter graph." << std::endl;
        return AVERROR(ENOMEM);
    }

    /* 创建abuffer滤镜 */
    const AVFilter *abuffer = avfilter_get_by_name("abuffer");
    if (!abuffer) {
        std::cout << "Error: Could not find the abuffer filter." << std::endl;
        return AVERROR_FILTER_NOT_FOUND;
    }

    abuffersrc_ctx = avfilter_graph_alloc_filter(filter_graph, abuffer, "src");
    if (!abuffersrc_ctx) {
        std::cout << "Error: Could not allocate the abuffer instance." << std::endl;
        return AVERROR(ENOMEM);
    }

    av_get_channel_layout_string(ch_layout, sizeof(ch_layout), 0,
        INPUT_CHANNEL_LAYOUT);
    av_opt_set    (abuffersrc_ctx, "channel_layout", ch_layout,
```

```
                        AV_OPT_SEARCH_CHILDREN);
av_opt_set    (abuffersrc_ctx, "sample_fmt",
    av_get_sample_fmt_name(INPUT_FORMAT), AV_OPT_SEARCH_CHILDREN);
av_opt_set_q (abuffersrc_ctx, "time_base",      (AVRational){ 1,
    INPUT_SAMPLERATE },  AV_OPT_SEARCH_CHILDREN);
av_opt_set_int(abuffersrc_ctx, "sample_rate",    INPUT_SAMPLERATE,
     AV_OPT_SEARCH_CHILDREN);

result = avfilter_init_str(abuffersrc_ctx, NULL);
if (result < 0) {
    std::cout << "Error: Could not initialize the abuffer filter." << std::endl;
    return result;
}

/* 创建 volumn 滤镜 */
const AVFilter *volume = avfilter_get_by_name("volume");
if (!volume) {
    std::cout << "Error: Could not find the volumn filter." << std::endl;
    return AVERROR_FILTER_NOT_FOUND;
}

volume_ctx = avfilter_graph_alloc_filter(filter_graph, volume, "volume");
if (!volume_ctx) {
    std::cout << "Error: Could not allocate the volume instance." << std::endl;
    return AVERROR(ENOMEM);
}

av_dict_set(&options_dict, "volume", volume_factor, 0);
result = avfilter_init_dict(volume_ctx, &options_dict);
av_dict_free(&options_dict);
if (result < 0) {
    std::cout << "Error: Could not initialize the volume filter." << std::endl;
    return result;
}

/* 创建 aformat 滤镜 */
const AVFilter *aformat = avfilter_get_by_name("aformat");
if (!aformat) {
    std::cout << "Error: Could not find the aformat filter." << std::endl;
    return AVERROR_FILTER_NOT_FOUND;
}

aformat_ctx = avfilter_graph_alloc_filter(filter_graph, aformat, "aformat");
if (!aformat_ctx) {
```

```cpp
        std::cout << "Error: Could not allocate the aformat instance." << std::endl;
        return AVERROR(ENOMEM);
    }

    snprintf(options_str, sizeof(options_str),
"sample_fmts=%s:sample_rates=%d:channel_layouts=0x%"PRIx64,
            av_get_sample_fmt_name(AV_SAMPLE_FMT_S16), 22050,
            (uint64_t)AV_CH_LAYOUT_MONO);
    result = avfilter_init_str(aformat_ctx, options_str);
    if (result < 0) {
        std::cout << "Error: Could not initialize the aformat filter." << std::endl;
        return result;
    }

    /* 创建 abuffersink 滤镜 */
    const AVFilter *abuffersink = avfilter_get_by_name("abuffersink");
    if (!abuffersink) {
        std::cout << "Error: Could not find the abuffersink filter." << std::endl;
        return AVERROR_FILTER_NOT_FOUND;
    }

    abuffersink_ctx = avfilter_graph_alloc_filter(filter_graph, abuffersink,
        "sink");
    if (!abuffersink_ctx) {
        std::cout << "Error: Could not allocate the abuffersink instance." <<
std::endl;
        return AVERROR(ENOMEM);
    }

    result = avfilter_init_str(abuffersink_ctx, NULL);
    if (result < 0) {
        std::cout << "Error: Could not initialize the abuffersink instance." <<
            std::endl;
        return result;
    }

    /* 连接创建好的滤镜 */
    result = avfilter_link(abuffersrc_ctx, 0, volume_ctx, 0);
    if (result >= 0)
        result = avfilter_link(volume_ctx, 0, aformat_ctx, 0);
    if (result >= 0)
        result = avfilter_link(aformat_ctx, 0, abuffersink_ctx, 0);
    if (result < 0) {
        fprintf(stderr, "Error connecting filters\n");
```

```
        return result;
    }

    /* 配置滤镜图 */
    result = avfilter_graph_config(filter_graph, NULL);
    if (result < 0) {
        std::cout << "Error: Error configuring the filter graph." << std::endl;
        return result;
    }

    /* 创建输入帧对象和输出帧对象 */
    input_frame = av_frame_alloc();
    if (!input_frame) {
        std::cerr << "Error: could not alloc input frame." << std::endl;
        return -1;
    }

    output_frame = av_frame_alloc();
    if (!output_frame) {
        std::cerr << "Error: could not alloc input frame." << std::endl;
        return -1;
    }

    return result;
}
```

在上述代码中，视频滤镜初始化的主要步骤如下。

（1）通过 avfilter_graph_alloc 创建滤镜图。

（2）通过 avfilter_graph_alloc_filter 创建滤镜实例。

（3）为创建的滤镜实例配置相应的参数。

（4）连接创建好的各个滤镜。

其中，创建音频的滤镜图和滤镜实例的方法与创建视频的完全相同，这里着重讨论为滤镜配置实例参数和连接各个滤镜的方法。

1．配置滤镜参数

在音频滤镜示例程序中，我们共使用了 4 个滤镜构成整个滤镜图：abuffer 滤镜、volume 滤镜、aformat 滤镜和 abuffersink 滤镜。其中，abuffer 滤镜、volume 滤镜和 aformat 滤镜在创建后都需要配置必要的参数，主要有直接对滤镜实例配置参数、以字典形式对滤镜实例配置参数和以字符串形式对滤镜实例配置参数等。

直接对滤镜实例配置参数

创建和配置 abuffer 滤镜的方法如下。

```
const AVFilter  *abuffer = avfilter_get_by_name("abuffer");
if (!abuffer) {
    std::cout << "Error: Could not find the abuffer filter." << std::endl;
    return AVERROR_FILTER_NOT_FOUND;
}

abuffersrc_ctx = avfilter_graph_alloc_filter(filter_graph, abuffer, "src");
if (!abuffersrc_ctx) {
    std::cout << "Error: Could not allocate the abuffer instance." << std::endl;
    return AVERROR(ENOMEM);
}

av_get_channel_layout_string(ch_layout, sizeof(ch_layout), 0,
INPUT_CHANNEL_LAYOUT);
av_opt_set    (abuffersrc_ctx, "channel_layout", ch_layout,
AV_OPT_SEARCH_CHILDREN);
av_opt_set    (abuffersrc_ctx, "sample_fmt",
av_get_sample_fmt_name(INPUT_FORMAT), AV_OPT_SEARCH_CHILDREN);
av_opt_set_q (abuffersrc_ctx, "time_base",      (AVRational){ 1,
INPUT_SAMPLERATE },  AV_OPT_SEARCH_CHILDREN);
av_opt_set_int(abuffersrc_ctx, "sample_rate",    INPUT_SAMPLERATE,
AV_OPT_SEARCH_CHILDREN);

result = avfilter_init_str(abuffersrc_ctx, NULL);
if (result < 0) {
    std::cout << "Error: Could not initialize the abuffer filter." << std::endl;
    return result;
}
```

abuffer 滤镜所需要的主要为输入音频数据的各项参数，有采样率、采样值格式、声道布局等。通过 av_opt_set 及一系列的衍生函数，可以将字符串、整型数据、双精度浮点数、分数、一组二进制数据块等参数与名称一起作为一个键值对参数赋予指定的结构，常用的方法如下。

◎ av_opt_set：设置字符串为指定结构的参数。

◎ av_opt_set_int：设置整型数据为指定结构的参数。

◎　av_opt_set_double：设置双精度浮点数为指定结构的参数。

◎　av_opt_set_q：设置分数为指定结构的参数。

◎　av_opt_set_bin：设置一组二进制数据块为指定结构的参数。

在配置声道布局参数之前，还调用了 av_get_channel_layout_string 将枚举类型的声道布局参数转换为字符串类型。例如，本节实例使用的是立体声音频数据，声道布局类型为 AV_CH_LAYOUT_STEREO，该函数将其转换为字符串 stereo 作为滤镜的参数。

以字典形式对滤镜实例配置参数

创建和配置 volume 滤镜的方法如下。

```
/* 创建 volumn 滤镜 */
AVDictionary *options_dict = NULL;

// ......
const AVFilter *volume = avfilter_get_by_name("volume");
if (!volume) {
    std::cout << "Error: Could not find the volumn filter." << std::endl;
    return AVERROR_FILTER_NOT_FOUND;
}

volume_ctx = avfilter_graph_alloc_filter(filter_graph, volume, "volume");
if (!volume_ctx) {
    std::cout << "Error: Could not allocate the volume instance." << std::endl;
    return AVERROR(ENOMEM);
}

av_dict_set(&options_dict, "volume", volume_factor, 0);
result = avfilter_init_dict(volume_ctx, &options_dict);
av_dict_free(&options_dict);
if (result < 0) {
    std::cout << "Error: Could not initialize the volume filter." << std::endl;
    return result;
}
```

如果希望在 volume 滤镜中指定音频的音量，则需要将音量值作为参数写入一个字典类结构，并且将该字典类结构作为参数，在初始化滤镜实例时传入。在字典类结构中设置参数可以使用以下几种方法。

◎　av_dict_set：设置值类型为字符串类型的键值对参数。

◎ av_dict_set_int：设置值类型为整型的键值对参数。

◎ av_dict_parse_string：从输入的字符串中解析键值对。

在字典类结构中设置值类型为键值对参数后，可以通过下面的函数初始化滤镜实例。

```
int avfilter_init_dict(AVFilterContext *ctx, AVDictionary **options);
```

如果该函数返回非负值，则表示滤镜初始化成功。如果该函数返回负值，则表示滤镜初始化失败。在初始化后，需要用函数 av_dict_free 释放参数实例。

另外，对于在初始化滤镜时不需要指定任何参数的情况，该函数的参数 options 可设为空，如下所示。

```
result = avfilter_init_dict(filter_ctx, nullptr);
```

以字符串形式对滤镜实例配置滤镜参数

除字典形式外，还可以通过字符串形式给滤镜配置参数。创建和配置 aformat 滤镜的方法如下。

```
/* 创建 aformat 滤镜 */
const AVFilter *aformat = avfilter_get_by_name("aformat");
if (!aformat) {
    std::cout << "Error: Could not find the aformat filter." << std::endl;
    return AVERROR_FILTER_NOT_FOUND;
}

aformat_ctx = avfilter_graph_alloc_filter(filter_graph, aformat, "aformat");
if (!aformat_ctx) {
    std::cout << "Error: Could not allocate the aformat instance." << std::endl;
    return AVERROR(ENOMEM);
}

snprintf(options_str, sizeof(options_str),
        "sample_fmts=%s:sample_rates=%d:channel_layouts=0x%"PRIx64,
        av_get_sample_fmt_name(AV_SAMPLE_FMT_S16), 22050,
        (uint64_t)AV_CH_LAYOUT_MONO);
result = avfilter_init_str(aformat_ctx, options_str);
if (result < 0) {
    std::cout << "Error: Could not initialize the aformat filter." << std::endl;
    return result;
}
```

当以字符串形式给滤镜实例配置滤镜参数时，参数的形式为一串按指定格式排列而成的字符串，声明方式如下。

```
int avfilter_init_str(AVFilterContext *ctx, const char *args);
```

在本例中，我们指定输出音频数据的采样格式为 AV_SAMPLE_FMT_S16，采样率为 22050，声道布局为单声道，并按指定格式写入指定字符串，作为参数对滤镜 aformat 进行配置。

与函数 avfilter_init_dict 类似，如果按默认设置初始化滤镜实例，则给参数 args 传入空指针即可。

```
result = avfilter_init_str(filter_ctx, nullptr);
```

2．连接滤镜实例

由于滤镜实例是手动创建的，所以在创建后需要对各个滤镜实例进行手动连接。libavfilter 中提供了连接滤镜的函数 avfilter_link，它声明在 libavfilter/avfilter.h 中。

```
int avfilter_link(AVFilterContext *src, unsigned srcpad,
                  AVFilterContext *dst, unsigned dstpad);
```

该函数共需要四个输入参数。

◎ src：连接的源滤镜。

◎ srcpad：源滤镜连接口序号。

◎ dst：连接的目标滤镜。

◎ dstpad：目标滤镜连接口序号。

该函数通过返回值判断是否执行成功，当返回值为非负数时，表示执行成功；当返回值为负数时，表示执行失败。在创建并初始化所有滤镜后，可以通过多次调用函数 avfilter_link 逐个连接各个滤镜。

```
/* 连接创建完成的滤镜 */
result = avfilter_link(abuffersrc_ctx, 0, volume_ctx, 0);
if (result >= 0)
    result = avfilter_link(volume_ctx, 0, aformat_ctx, 0);
if (result >= 0)
    result = avfilter_link(aformat_ctx, 0, abuffersink_ctx, 0);
if (result < 0) {
    std::cout << "Error: Failed to connecting filters." << std::endl;
    return result;
}
```

14.2.3 循环编辑音频帧

在音频滤镜初始化后，逐帧循环编辑音频帧的方式与视频滤镜类似，在一个循环结构内读取音频采样数据，传入滤镜图并从中获取编辑输出的音频数据，整体实现方式如下。

```cpp
static int32_t filter_frame() {
    int32_t result = av_buffersrc_add_frame(abuffersrc_ctx, input_frame);
    if (result < 0) {
        std::cerr << "Error:add frame to buffersrc failed." << std::endl;
        return result;
    }

    while (1) {
        result = av_buffersink_get_frame(abuffersink_ctx, output_frame);
        if (result == AVERROR(EAGAIN) || result == AVERROR_EOF) {
            return 1;
        } else if (result < 0) {
            std::cerr << "Error: buffersink_get_frame failed." << std::endl;
            return result;
        }
        std::cout << "Output channels:" << output_frame->channels << ",
            nb_samples:" << output_frame->nb_samples << ", sample_fmt:" <<
            output_frame->format << std::endl;
        write_samples_to_pcm2(output_frame,
            (AVSampleFormat)output_frame->format, output_frame->channels);
        av_frame_unref(output_frame);
    }

    return result;
}

int32_t audio_filtering() {
    int32_t result = 0;
    while (!end_of_input_file()) {
        result = init_frame();
        if (result < 0) {
            std::cerr << "Error: init_frame failed." << std::endl;
            return result;
        }
        result = read_pcm_to_frame2(input_frame, INPUT_FORMAT, 2);
        if (result < 0) {
            std::cerr << "Error: read_pcm_to_frame failed." << std::endl;
            return -1;
```

```
    }
    result = filter_frame();
    if (result < 0) {
        std::cerr << "Error: filter_frame failed." << std::endl;
        return -1;
    }
}
return result;
}
```

无论将包含音频采样数据的 AVFrame 结构送入滤镜图，还是从滤镜图中获取包含输出音频采样数据的 AVFrame 结构，使用的方法都与视频滤镜一致，即分别使用函数 av_buffersrc_add_frame 和函数 av_buffersink_get_frame 实现。

14.2.4　销毁音频滤镜

销毁音频滤镜的方法与销毁视频滤镜的方法相同，主要包括释放创建成功的滤镜图结构，以及释放保存输入和输出图像结构的 AVFrame 结构，方法如下。

```
static void free_frames() {
    av_frame_free(&input_frame);
    av_frame_free(&output_frame);
}

void destroy_audio_filter() {
    free_frames();
    avfilter_graph_free(&filter_graph);
}
```

最终，测试 demo 的主函数实现如下。

```
#include <cstdlib>
#include <iostream>
#include <string>

#include "io_data.h"
#include "audio_filter_core.h"

static void usage(const char *program_name) {
    std::cout << "usage: " << std::string(program_name) << " input_file volume
        output_file" << std::endl;
}
```

```
int main(int argc, char **argv) {
    if (argc < 4) {
        usage(argv[0]);
        return -1;
    }

    char *input_file_name = argv[1];
    char *output_file_name = argv[2];
    char *volume_factor = argv[3];

    int32_t result = 0;
    do {
        result = open_input_output_files(input_file_name, output_file_name);
        if (result < 0) {
            break;
        }

        result = init_audio_filter(volume_factor);
        if(result < 0) {
            break;
        }

        result = audio_filtering();
        if(result < 0) {
            break;
        }
    } while (0);

failed:
    close_input_output_files();
    destroy_audio_filter();
    return result;
}
```

编译完成后，参考以下方法执行该测试程序。

```
audio_filter ~/Video/input_f32le_2_44100.pcm output.pcm 0.5
```

与 12.2 节中的方法类似，使用 ffplay 播放生成的.pcm 音频文件。

```
ffplay -f f32le -ac 2 -ar 44100 output.pcm
```

第15章
使用FFmpeg SDK进行视频图像转换与音频重采样

在第 14 章中我们讨论了如何使用 libavfilter 提供的视频滤镜和音频滤镜对视频数据和音频数据进行编辑操作。虽然 FFmpeg 提供的音视频滤镜可以实现十分复杂且强大的功能，然而从音视频滤镜的代码实现中我们可以直观地感受到，调用音视频滤镜通常不够便捷，尤其是当根据需求初始化滤镜图和滤镜实例时，往往需要经过较为复杂的初始化过程。对于部分简单且使用频率较高的功能，虽然使用 libavfilter 提供的滤镜也可以实现，但未必是最佳选择，本章我们讨论如何实现以下两个功能。

（1）视频缩放与图像格式转换。

（2）音频信号的重采样。

实际上，这两个功能在第 14 章中已经实现了，在本章中我们将尝试用更简单的方法实现。

15.1 视频图像转换

将视频中的图像帧按照一定比例或指定宽、高进行放大或缩小是图像和视频编辑中最为常见的操作之一。FFmpeg 提供了专门的 libswscale 库来实现视频缩放和图像格式转换功能。本章我们实现一个 demo 程序，调用 libswscale 库中提供的接口，将 YUV420P 格式的输入图像转换为 RGB24 格式输出。

15.1.1 主函数实现

在 demo 目录中新建测试代码 video_transformer.cpp。

```
touch demo/video_transformer.cpp
```

在 video_transformer.cpp 中实现主函数的基本框架。

```cpp
#include <cstdlib>
#include <iostream>
#include <string>

#include "video_swscale_core.h"
#include "io_data.h"

static void usage(const char *program_name) {
    std::cout << "usage: " << std::string(program_name) << " input_file input_size
        in_pix_fmt in_layout output_file output_size out_pix_fmt out_layout" <<
        std::endl;
}

int main(int argc, char **argv) {
    int result = 0;
    if (argc < 7) {
        usage(argv[0]);
        return -1;
    }

    return result;
}
```

15.1.2 视频格式转换初始化

我们使用一个特定的函数封装视频格式转换需要调用的代码。在 inc 目录中创建头文件 video_swscale_core.h，在 src 目录中创建源文件 video_swscale_core.cpp，并在头文件中编写以下代码。

```cpp
#ifndef VIDEO_SCALE_CORE_H
#define VIDEO_SCALE_CORE_H
#include <stdint.h>

int32_t init_video_swscale(char *src_size, char *src_fmt, char *dst_size, char
*dst_fmt);

#endif
```

在源文件中编写以下代码。

```cpp
#include <iostream>
#include <stdlib.h>
#include <string.h>

#include "video_swscale_core.h"
#include "io_data.h"

extern "C" {
#include <libavutil/imgutils.h>
#include <libavutil/parseutils.h>
#include <libswscale/swscale.h>
}

static AVFrame *input_frame = nullptr;
static struct SwsContext *sws_ctx;
static int32_t src_width = 0, src_height = 0, dst_width = 0, dst_height = 0;
static enum AVPixelFormat src_pix_fmt = AV_PIX_FMT_NONE, dst_pix_fmt =
AV_PIX_FMT_NONE;

static int32_t init_frame(int32_t width, int32_t height, enum AVPixelFormat
pix_fmt) {
    int result = 0;
    input_frame = av_frame_alloc();
    if (!input_frame) {
        std::cerr << "Error: frame allocation failed." << std::endl;
        return -1;
    }

    input_frame->width = width;
    input_frame->height = height;
    input_frame->format = pix_fmt;

    result = av_frame_get_buffer(input_frame, 0);
    if (result < 0) {
        std::cerr << "Error: could not get AVFrame buffer." << std::endl;
        return -1;
    }

    result = av_frame_make_writable(input_frame);
    if (result < 0) {
        std::cerr << "Error: input frame is not writable." << std::endl;
        return -1;
    }
    return 0;
```

```
}

int32_t init_video_swscale(char *src_size, char *src_fmt, char *dst_size, char
*dst_fmt) {
    int32_t result = 0;

    // 解析输入视频和输出视频的图像尺寸
    result = av_parse_video_size(&src_width, &src_height, src_size);
    if (result < 0) {
        std::cerr << "Error: Invalid input size. Must be in the form WxH or a valid
            size abbreviation. Input:" << std::string(src_size) << std::endl;
        return -1;
    }
    result = av_parse_video_size(&dst_width, &dst_height, dst_size);
    if (result < 0) {
        std::cerr << "Error: Invalid output size. Must be in the form WxH or a
            valid size abbreviation. Input:" << std::string(src_size) << std::endl;
        return -1;
    }

    // 选择输入视频和输出视频的图像格式
    if (!strcasecmp(src_fmt, "YUV420P")) {
        src_pix_fmt = AV_PIX_FMT_YUV410P;
    } else if (!strcasecmp(src_fmt, "RGB24")) {
        src_pix_fmt = AV_PIX_FMT_RGB24;
    } else {
        std::cerr << "Error: Unsupported input pixel format:" <<
            std::string(src_fmt) << std::endl;
        return -1;
    }

    if (!strcasecmp(dst_fmt, "YUV420P")) {
        dst_pix_fmt = AV_PIX_FMT_YUV410P;
    } else if (!strcasecmp(dst_fmt, "RGB24")) {
        dst_pix_fmt = AV_PIX_FMT_RGB24;
    } else {
        std::cerr << "Error: Unsupported output pixel format:" <<
            std::string(dst_fmt) << std::endl;
        return -1;
    }

    // 获取 SwsContext 结构
    sws_ctx = sws_getContext(src_width, src_height, src_pix_fmt,
```

```
                         dst_width, dst_height, dst_pix_fmt,
                         SWS_BILINEAR, NULL, NULL, NULL);
if (!sws_ctx) {
    std::cerr << "Error: failed to get SwsContext." << std::endl;
    return -1;
}

// 初始化 AVFrame 结构
result = init_frame(src_width, src_height, src_pix_fmt);
if (result < 0) {
    std::cerr << "Error: failed to initialize input frame." << std::endl;
    return -1;
}

return result;
}
```

上述视频图像转换的初始化过程相对较为简单，AVFrame 结构的创建、参数设置和分配存储区的方法在前面的章节中已多次使用。这里重点讨论两个新的知识点：解析输入视频的图像尺寸，以及获取 SwsContext 结构。

1. 解析输入视频的图像尺寸

在前面的章节中，在使用 FFmpeg 的二进制工具时通常使用参数-video_size 来指定输入视频的尺寸，其格式为 WxH，该方法以一个字符串的形式一次性传递图像的宽和高两个数值。为了将输入的字符串参数解析为独立的宽和高，FFmpeg 提供了专门的函数实现。

```
int av_parse_video_size(int *width_ptr, int *height_ptr, const char *str);
```

该函数接收三个参数。

◎　width_ptr：指向解析后的图像宽度。

◎　height_ptr：指向解析后的图像高度。

◎　str：字符串类型的输入参数。

当解析成功时，返回非负返回值。如果输入参数的格式不正确，则返回负值（错误码），调用方式如下。

```
result = av_parse_video_size(&src_width, &src_height, src_size);
if (result < 0) {
    std::cerr << "Error: Invalid input size. Must be in the form WxH or a valid
        size abbreviation. Input:" << std::string(src_size) << std::endl;
```

```
    return -1;
}
```

2. 获取 SwsContext 结构

视频图像转换的核心为一个 SwsContext 结构，其中保存了输入图像和输出图像的宽、高、以及像素格式等多种参数。通过 sws_getContext 函数可以十分方便地创建并获取 SwsContext 结构的实例，该函数声明于 libswscale/swscale.h 中。

```
struct SwsContext *sws_getContext(int srcW, int srcH,
                        enum AVPixelFormat srcFormat,
                        int dstW, int dstH,
                        enum AVPixelFormat dstFormat,
                        int flags, SwsFilter *srcFilter,
                        SwsFilter *dstFilter, const double *param);
```

sws_getContext 函数的常用参数如下。

◎ srcW/srcH/srcFormat：输入图像的宽、高，以及像素格式。

◎ dstW/dstH/dstFormat：输出图像的宽、高，以及像素格式。

◎ flags：指定图像在缩放时使用的采样算法或插值算法。

当 sws_getContext 函数执行成功时，返回创建完成的 SwsContext 结构指针；当 sws_getContext 函数执行失败时，返回空指针，调用方式如下。

```
sws_ctx = sws_getContext(src_width, src_height, src_pix_fmt,
                    dst_width, dst_height, dst_pix_fmt,
                    SWS_BILINEAR, NULL, NULL, NULL);
if (!sws_ctx) {
    std::cerr << "Error: failed to get SwsContext." << std::endl;
    return -1;
}
```

15.1.3 视频的图像帧循环转换

在初始化后，可以通过循环读取的方式对输入的 YUV 视频进行格式转换操作，整体实现方式如下。

```
int32_t transforming(int32_t frame_cnt) {
    int32_t result = 0;
    uint8_t *dst_data[4];
    int32_t dst_linesize[4] = {0}, dst_bufsize = 0;
```

```
result = av_image_alloc(dst_data, dst_linesize, dst_width, dst_height,
    dst_pix_fmt, 1);
if (result < 0) {
    std::cerr << "Error: failed to alloc output frame buffer."
            << std::endl;
    return -1;
}
dst_bufsize = result;

for(int idx = 0; idx < frame_cnt; idx++) {
    result = read_yuv_to_frame(input_frame);
    if (result < 0) {
        std::cerr << "Error: read_yuv_to_frame failed." << std::endl;
        return result;
    }
    sws_scale(sws_ctx, input_frame->data, input_frame->linesize, 0,
        src_height, dst_data, dst_linesize);

    write_packed_data_to_file(dst_data[0], dst_bufsize);
}

av_freep(&dst_data[0]);
return result;
}
```

从上述代码可知，通过 libswscale 对视频格式进行转换比使用滤镜更加便捷，转换的核心
函数为 sws_scale，声明方式如下。

```
int sws_scale(struct SwsContext *c, const uint8_t *const srcSlice[],
        const int srcStride[], int srcSliceY, int srcSliceH,
        uint8_t *const dst[], const int dstStride[]);
```

该函数的常用参数如下。

◎　c：在初始化过程中创建的 SwsContext 结构实例。

◎　srcSlice：输入源图像的缓存地址。

◎　srcStride：输入源图像的缓存宽度。

◎　srcSliceY：图像数据在缓存中的起始位置。

◎　srcSliceH：输入图像的高度。

◎　dst：输出目标图像的缓存地址。

◎ dstStride：输出目标图像的缓存宽度。

返回值表示输出目标图像的高度，调用过程如下。

```
sws_scale(sws_ctx, input_frame->data, input_frame->linesize, 0, src_height,
dst_data, dst_linesize);
```

15.1.4 视频格式转换结构的销毁和释放

在对所有输入的视频帧进行转换之后，需释放和销毁初始化时分配的 SwsContext 和 AVFrame 等结构，方法如下。

```
void destroy_video_swscale() {
    av_frame_free(&input_frame);
    sws_freeContext(sws_ctx);
}
```

主函数的整体实现如下。

```
#include <cstdlib>
#include <iostream>
#include <string>

#include "video_swscale_core.h"
#include "io_data.h"

static void usage(const char *program_name) {
    std::cout << "usage: " << std::string(program_name)
              << " input_file input_size in_pix_fmt in_layout output_file
output_size out_pix_fmt out_layout" << std::endl;
}

int main(int argc, char **argv) {
    int result = 0;
    if (argc < 7) {
        usage(argv[0]);
        return -1;
    }

    char *input_file_name = argv[1];
    char *input_pic_size = argv[2];
    char *input_pix_fmt = argv[3];
    char *output_file_name = argv[4];
```

```
    char *output_pic_size = argv[5];
    char *output_pix_fmt = argv[6];

    do {
        result = open_input_output_files(input_file_name, output_file_name);
        if (result < 0) {
            break;
        }
        result = init_video_swscale(input_pic_size, input_pix_fmt,
            output_pic_size, output_pix_fmt);
        if (result < 0) {
            break;
        }
        result = transforming(100);
        if (result < 0) {
            break;
        }
    } while (0);

failed:
    destroy_video_swscale();
    close_input_output_files();
    return result;
}
```

编译完成后，参考以下方法执行该图像转换程序。

```
video_transformer ~/Video/input_1280x720.yuv 1280x720 YUV420P scaled.data
640x480 RGB24
```

通过上述命令，YUV420P 格式的输入图像将转换为 RGB24 格式的输出图像。与 YUV 格式类似，RGB 格式的图像文件同样可使用 ffplay 播放。

```
ffplay -f rawvideo -pix_fmt rgb24 -video_size 640x480 scaled.data
```

15.2 音频重采样

当某段音频的采样频率与需求不符时，可通过 libswresample 库提供的接口按照指定的输出采样率对原音频信息进行重采样。本节我们参考 FFmpeg 提供的测试程序 resampling_audio.c，实现对输入音频信号重采样的 demo。

15.2.1　主函数实现

在 demo 目录中新建测试代码 audio_resampler.cpp。

```
touch demo/audio_resampler.cpp
```

在 audio_resampler.cpp 中实现主函数的基本框架。

```
#include <cstdlib>
#include <iostream>
#include <string>

#include "audio_resampler_core.h"
#include "io_data.h"

static void usage(const char *program_name) {
    std::cout << "usage: " << std::string(program_name) << " in_file
        in_sample_rate in_sample_fmt out_file out_sample_fmt out_sample_fmt" <<
        std::endl;
}

int main(int argc, char **argv) {
    int result = 0;
    if (argc < 7) {
        usage(argv[0]);
        return -1;
    }

    return result;
}
```

15.2.2　音频重采样初始化

在 inc 目录中创建头文件 audio_resampler_core.h，在 src 目录中创建源文件 audio_resampler_core.cpp，并在头文件中编写以下代码。

```
#ifndef AUDIO_RESAMPLEER_CORE_H
#define AUDIO_RESAMPLEER_CORE_H
#include <stdint.h>

int32_t init_audio_resampler(int32_t in_sample_rate, const char *in_sample_fmt,
                             const char *in_ch_layout,
                     int32_t out_sample_rate, const char *out_sample_fmt,
```

```
                                      const char *out_ch_layout);

#endif
```

在源文件中编写以下代码。

```
#include <iostream>
#include <stdlib.h>
#include <string.h>

#include "audio_resampler_core.h"
#include "io_data.h"

extern "C" {
    #include <libavutil/opt.h>
    #include <libavutil/channel_layout.h>
    #include <libavutil/samplefmt.h>
    #include <libswresample/swresample.h>
    #include <libavutil/frame.h>
}

#define SRC_NB_SAMPLES 1152

static struct SwrContext *swr_ctx;
static AVFrame *input_frame = nullptr;
int32_t dst_nb_samples, max_dst_nb_samples, dst_nb_channels, dst_rate, src_rate;
enum AVSampleFormat src_sample_fmt = AV_SAMPLE_FMT_NONE, dst_sample_fmt =
AV_SAMPLE_FMT_NONE;
uint8_t **dst_data = NULL;
int32_t dst_linesize = 0;

static int32_t init_frame(int sample_rate, int sample_format, uint64_t
channel_layout) {
    int32_t result = 0;
    input_frame->sample_rate = sample_rate;
    input_frame->nb_samples = SRC_NB_SAMPLES;
    input_frame->format = sample_format;
    input_frame->channel_layout = channel_layout;

    result = av_frame_get_buffer(input_frame, 0);
    if (result < 0) {
        std::cerr << "Error: AVFrame could not get buffer." << std::endl;
        return -1;
    }
```

```
    return result;
}

int32_t init_audio_resampler(int32_t in_sample_rate, const char *in_sample_fmt,
const char *in_ch_layout,
                        int32_t out_sample_rate, const char *out_sample_fmt,
const char *out_ch_layout) {
    int32_t result = 0;
    swr_ctx = swr_alloc();
    if (!swr_ctx) {
        std::cerr << "Error: failed to allocate SwrContext." << std::endl;
        return -1;
    }

    int64_t src_ch_layout = -1, dst_ch_layout = -1;
    if (!strcasecmp(in_ch_layout, "MONO")) {
        src_ch_layout = AV_CH_LAYOUT_MONO;
    } else if (!strcasecmp(in_ch_layout, "STEREO")) {
        src_ch_layout = AV_CH_LAYOUT_STEREO;
    } else if (!strcasecmp(in_ch_layout, "SURROUND")) {
        src_ch_layout = AV_CH_LAYOUT_SURROUND;
    } else {
        std::cerr << "Error: unsupported input channel layout." << std::endl;
        return -1;
    }
    if (!strcasecmp(out_ch_layout, "MONO")) {
        dst_ch_layout = AV_CH_LAYOUT_MONO;
    } else if (!strcasecmp(out_ch_layout, "STEREO")) {
        dst_ch_layout = AV_CH_LAYOUT_STEREO;
    } else if (!strcasecmp(out_ch_layout, "SURROUND")) {
        dst_ch_layout = AV_CH_LAYOUT_SURROUND;
    } else {
        std::cerr << "Error: unsupported output channel layout." << std::endl;
        return -1;
    }

    if (!strcasecmp(in_sample_fmt, "fltp")) {
        src_sample_fmt = AV_SAMPLE_FMT_FLTP;
    } else if (!strcasecmp(in_sample_fmt, "s16")) {
        src_sample_fmt = AV_SAMPLE_FMT_S16P;
    } else {
        std::cerr << "Error: unsupported input sample format." << std::endl;
        return -1;
```

```
}
if (!strcasecmp(out_sample_fmt, "fltp")) {
    dst_sample_fmt = AV_SAMPLE_FMT_FLTP;
} else if (!strcasecmp(out_sample_fmt, "s16")) {
    dst_sample_fmt = AV_SAMPLE_FMT_S16P;
} else {
    std::cerr << "Error: unsupported output sample format." << std::endl;
    return -1;
}

src_rate = in_sample_rate;
dst_rate = out_sample_rate;
av_opt_set_int(swr_ctx, "in_channel_layout",    src_ch_layout, 0);
av_opt_set_int(swr_ctx, "in_sample_rate",        src_rate, 0);
av_opt_set_sample_fmt(swr_ctx, "in_sample_fmt", src_sample_fmt, 0);

av_opt_set_int(swr_ctx, "out_channel_layout",    dst_ch_layout, 0);
av_opt_set_int(swr_ctx, "out_sample_rate",       dst_rate, 0);
av_opt_set_sample_fmt(swr_ctx, "out_sample_fmt", dst_sample_fmt, 0);

result = swr_init(swr_ctx);
if (result < 0) {
    std::cerr << "Error: failed to initialize SwrContext." << std::endl;
    return -1;
}

input_frame = av_frame_alloc();
if (!input_frame) {
    std::cerr << "Error: could not alloc input frame." << std::endl;
    return -1;
}
result = init_frame(in_sample_rate, src_sample_fmt, src_ch_layout);
if (result < 0) {
    std::cerr << "Error: failed to initialize input frame." << std::endl;
    return -1;
}
max_dst_nb_samples = dst_nb_samples = av_rescale_rnd(SRC_NB_SAMPLES,
    out_sample_rate, in_sample_rate, AV_ROUND_UP);
dst_nb_channels = av_get_channel_layout_nb_channels(dst_ch_layout);
std::cout << "max_dst_nb_samples:" << max_dst_nb_samples << ",
    dst_nb_channels:" << dst_nb_channels << std::endl;

return result;
}
```

与 15.1 节中视频的图像帧循环转换的代码相比，音频重采样的初始化过程略微复杂。本节重点讲解其中所用到的结构和函数。

创建音频重采样结构

FFmpeg 专门提供了一个 SwrContext 结构来实现对音频信号的重采样功能。SwrContext 结构是一个黑盒结构，在头文件中无法直接查看其内部数据定义，只能通过相应的接口创建和设置参数。创建 SwrContext 结构的方法声明于 libswresample/swresample.h 中。

```
struct SwrContext *swr_alloc(void);
```

创建 SwrContext 结构的代码如下。

```
struct SwrContext *swr_ctx = swr_alloc();
if (!swr_ctx) {
    std::cerr << "Error: failed to allocate SwrContext." << std::endl;
    return -1;
}
```

配置音频重采样参数

在创建 SwrContext 结构之后，就可以通过 av_opt_set_int 和 av_opt_set_sample_fmt 等方法为 SwrContext 结构配置必要的参数了。

```
av_opt_set_int(swr_ctx, "in_channel_layout",    src_ch_layout, 0);
av_opt_set_int(swr_ctx, "in_sample_rate",         src_rate, 0);
av_opt_set_sample_fmt(swr_ctx, "in_sample_fmt", src_sample_fmt, 0);

av_opt_set_int(swr_ctx, "out_channel_layout",    dst_ch_layout, 0);
av_opt_set_int(swr_ctx, "out_sample_rate",        dst_rate, 0);
av_opt_set_sample_fmt(swr_ctx, "out_sample_fmt", dst_sample_fmt, 0);
```

通过上述方法可以为 SwrContext 结构配置输入音频信息和输出音频信息的声道布局、采样率和采样格式等参数。

初始化音频重采样结构

在为 SwrContext 结构配置好参数之后，需要初始化方可使用。初始化 SwrContex 结构的方法非常简单，使用 swr_init 实现即可，声明方式如下。

```
int swr_init(struct SwrContext *s);
```

调用方法如下。

```
result = swr_init(swr_ctx);
if (result < 0) {
    std::cerr << "Error: failed to initialize SwrContext." << std::endl;
    return -1;
}
```

15.2.3　对音频帧循环重采样

从输入文件中循环读取原始音频信号，在进行重采样后将输出音频信号写入输出文件，整体实现方法如下。

```
static int32_t resampling_frame() {
    int32_t result = 0;
    int32_t dst_bufsize = 0;
    dst_nb_samples = av_rescale_rnd(swr_get_delay(swr_ctx, src_rate) +
        SRC_NB_SAMPLES, dst_rate, src_rate, AV_ROUND_UP);
    if (dst_nb_samples > max_dst_nb_samples) {
        av_freep(&dst_data[0]);
        result = av_samples_alloc(dst_data, &dst_linesize, dst_nb_channels,
            dst_nb_samples, dst_sample_fmt, 1);
        if (result < 0) {
            std::cerr << "Error:failed to reallocat dst_data." << std::endl;
            return -1;
        }
        std::cout << "nb_samples exceeds max_dst_nb_samples, buffer
            reallocated." << std::endl;
        max_dst_nb_samples = dst_nb_samples;
    }
    result = swr_convert(swr_ctx, dst_data, dst_nb_samples, (const uint8_t
        **)input_frame->data, SRC_NB_SAMPLES);
    if (result < 0) {
        std::cerr << "Error:swr_convert failed." << std::endl;
        return -1;
    }
    dst_bufsize = av_samples_get_buffer_size(&dst_linesize, dst_nb_channels,
        result, dst_sample_fmt, 1);
    if (dst_bufsize < 0) {
        std::cerr << "Error:Could not get sample buffer size." << std::endl;
        return -1;
    }
    write_packed_data_to_file(dst_data[0], dst_bufsize);

    return result;
```

```
}

int32_t audio_resampling() {
    int32_t result = av_samples_alloc_array_and_samples(&dst_data,
        &dst_linesize, dst_nb_channels, dst_nb_samples, dst_sample_fmt, 0);
    if (result < 0) {
        std::cerr << "Error: av_samples_alloc_array_and_samples failed." <<
            std::endl;
        return -1;
    }
    std::cout << "dst_linesize:" << dst_linesize << std::endl;

    while (!end_of_input_file()) {
        result = read_pcm_to_frame2(input_frame, src_sample_fmt, 2);
        if (result < 0) {
            std::cerr << "Error: read_pcm_to_frame failed." << std::endl;
            return -1;
        }
        result = resampling_frame();
        if (result < 0) {
            std::cerr << "Error: resampling_frame failed." << std::endl;
            return -1;
        }
    }

    return result;
}
```

上述代码在整体逻辑上可分为读取→处理→写出,其中,处理和写出过程涉及新的处理函数,下面分别介绍。

1. 音频信号采样转换函数 swr_convert

音频信号采样转换函数 swr_convert 的作用是将按某采样率采样的一段输入音频信号按照指定输出采样率转换为输出音频信号。音频信号采样转换通过函数 swr_convert 实现,声明方式如下。

```
int swr_convert(struct SwrContext *s, uint8_t **out, int out_count,
                const uint8_t **in , int in_count);
```

该函数共接收五个输入参数。

◎ s: 初始化完成的 SwrContext 结构。

◎　out：输出音频信号缓存。

◎　out_count：输出音频信号每声道的缓存大小。

◎　in：输入音频信号缓存。

◎　in_count：输入音频信号的每声道采样点数。

该函数的返回值表示输出音频信号的每声道采样点数，如果执行失败，则返回负值（错误码），调用方式如下。

```
result = swr_convert(swr_ctx, dst_data, dst_nb_samples, (const uint8_t
**)input_frame->data, SRC_NB_SAMPLES);
if (result < 0) {
    std::cerr << "Error:swr_convert failed." << std::endl;
    return -1;
}
```

2．音频数据缓存的分配

在对音频帧循环重采样的代码实现中，输出音频帧缓存是以二维数组的方式定义的。输出音频帧缓存所需要的内存空间大小与声道数、每声道采样点数和采样点格式有关。分配一个输出音频帧缓存可使用下面的函数实现。

```
int av_samples_alloc_array_and_samples(uint8_t ***audio_data, int *linesize,
                                        int nb_channels, int nb_samples,
                                        enum AVSampleFormat sample_fmt,
                                        int align);
```

该函数接收两个输出参数和四个输入参数，其中，输出参数如下。

◎　audio_data：输出采样点缓存的指针。

◎　linesize：输出采样点缓存的大小。

输入参数如下。

◎　nb_channels：输出音频声道数。

◎　nb_samples：每声道的采样点数。

◎　sample_fmt：输出音频信号的采样点格式。

◎　align：内存字节对齐标识位，0 表示对齐，1 表示不对齐，默认为 0。

如果执行成功，则返回缓存大小。如果执行失败，则返回负值（错误码），调用方式如下。

```
int32_t result = av_samples_alloc_array_and_samples(&dst_data, &dst_linesize,
dst_nb_channels, dst_nb_samples, dst_sample_fmt, 0);
if (result < 0) {
    std::cerr << "Error: av_samples_alloc_array_and_samples failed." <<
        std::endl;
    return -1;
}
```

在前文的代码中还调用了函数 av_samples_get_buffer_size，它的声明方式如下。

```
int av_samples_get_buffer_size(int *linesize, int nb_channels, int nb_samples,
enum AVSampleFormat sample_fmt, int align);
```

该函数的参数结构与分配音频采样缓存函数 av_samples_alloc_array_and_samples 的结构相同，其作用为返回指定格式音频信号的缓存大小，调用方式如下。

```
dst_bufsize = av_samples_get_buffer_size(&dst_linesize, dst_nb_channels,
result, dst_sample_fmt, 1);
if (dst_bufsize < 0) {
    std::cerr << "Error:Could not get sample buffer size." << std::endl;
    return -1;
}
```

15.2.4　音频重采样结构的销毁和释放

在对所有的输入音频信息进行重采样后，即可退出程序，销毁手动创建的结构及分配的内存，主要包括 SwrContext 结构，以及输入和输出的音频数据缓存，代码如下。

```
void destroy_audio_resampler() {
    av_frame_free(&input_frame);
    if (dst_data)
        av_freep(&dst_data[0]);
    av_freep(&dst_data);
    swr_free(&swr_ctx);
}
```

主函数的整体实现如下。

```
#include <cstdlib>
#include <iostream>
#include <string>
#include "audio_resampler_core.h"
#include "io_data.h"
static void usage(const char *program_name) {
```

```cpp
  std::cout << "usage: " << std::string(program_name)
        << " in_file in_sample_rate in_sample_fmt out_file out_sample_fmt "
           "out_sample_fmt "
        << std::endl;
}
int main(int argc, char **argv) {
  int result = 0;
  if (argc < 7) {
    usage(argv[0]);
    return -1;
  }
  char *input_file_name = argv[1];
  int32_t in_sample_rate = atoi(argv[2]);
  char *in_sample_fmt = argv[3];
  char *in_sample_layout = argv[4];
  char *output_file_name = argv[5];
  int32_t out_sample_rate = atoi(argv[6]);
  char *out_sample_fmt = argv[7];
  char *out_sample_layout = argv[8];
  do {
    result = open_input_output_files(input_file_name, output_file_name);
    if (result < 0) {
      break;
    }
    result = init_audio_resampler(in_sample_rate, in_sample_fmt,
                                  in_sample_layout, out_sample_rate,
                                  out_sample_fmt, out_sample_layout);
    if (result < 0) {
      std::cerr << "Error: init_audio_resampler failed." << std::endl;
      return result;
    }
    result = audio_resampling();
    if (result < 0) {
      std::cerr << "Error: audio_resampling failed." << std::endl;
      return result;
    }
  } while (0);
  close_input_output_files();
  destroy_audio_resampler();
  return result;
}
```

编译完成后，参考以下方法执行音频重采样测试程序。

```
audio_resampler ~/Video/input_f32le_2_44100.pcm 44100 fltp STEREO resampled.pcm
22050 s16 MONO
```

上述命令将输入的.pcm 音频数据按照 22050 单声道的格式重采样，并以 16 位有符号整型数据的形式保存到输出文件中。执行完成后使用 ffplay 播放输出.pcm 音频文件。

```
ffplay -f s16le -ac 1 -ar 22050 ./build/resampled.pcm
```

更多的内容和资源，请参考本书代码仓库中的内容。